农户参与生活垃圾分类处理机制及效率研究

王成军　著

科学出版社

北　京

内 容 简 介

本书为一本系统研究中国农村生活垃圾分类处理的学术著作，在对中国农村生活垃圾治理技术、模式、政策和现状总结的基础上，重点研究了农户作为农村生活垃圾产生主体，参与农村生活垃圾分类处理的社会心理机制，并进一步将农户参与纳入分类处理效率的分析框架中，从理论和实证两个层面分析了农户参与对处理效率的影响，同时兼论了农户分类意愿与行为差异的原因，以及影响分类精准度的驱动因素。本书兼顾了学理性和实践性。

本书可供农村生活垃圾治理的研究者和实践管理工作者参考阅读。

图书在版编目（CIP）数据

农户参与生活垃圾分类处理机制及效率研究 / 王成军著. -- 北京 : 科学出版社, 2025. 7. -- ISBN 978-7-03-082653-4

Ⅰ. X799.305

中国国家版本馆 CIP 数据核字第 2025F98L70 号

责任编辑：陶 璇/责任校对：王晓茜

责任印制：张 伟/封面设计：有道设计

科学出版社 出版

北京东黄城根北街 16 号

邮政编码：100717

http://www.sciencep.com

北京华宇信诺印刷有限公司印刷

科学出版社发行 各地新华书店经销

*

2025 年 7 月第 一 版 开本：720×1000 1/16

2025 年 7 月第一次印刷 印张：15 1/4 插页：2

字数：310 000

定价：168.00 元

（如有印装质量问题，我社负责调换）

作 者 简 介

王成军，男，1977 年 12 月生，安徽省霍邱县人。海南师范大学教授，博士生导师，海南省领军人才（教育和科技类），浙江省高校创新领军人才（哲学社会科学类），浙江省中青年学科带头人，浙江省乡村振兴研究院方向带头人。曾任浙江农林大学经济管理学院副院长和人文社会科学处首任处长。兼任中国国民党革命委员会浙江省第十四届委员会委员及民革浙江省委教育科技委员会副主任委员，中国国民党革命委员会浙江农林大学支部主任委员，杭州市临安区第九届、第十届政协委员。曾作为中组部、团中央第 16 批博士服务团成员赴贵州大学挂职。香港大学、澳大利亚埃迪斯·科文大学访问学者。中国农业经济学会理事、中国国外农业经济研究会理事、浙江省农业经济学会常务理事。长期从事农业资源与环境经济、农村与区域发展领域研究，主持国家社会科学基金重点项目、国家自然科学基金面上项目等各类国家级课题 5 项，主持教育部人文社科规划基金项目、浙江省自然科学基金项目、浙江省哲学社会科学规划课题等各类省部级课题 13 项。在 *Energy Economics*、《中国农村经济》、《农业经济问题》、《管理评论》等国内外期刊发表各类学术论文 90 余篇。

前 言

生态宜居是实现乡村全面振兴的重要目标，尽管目前我国农村人居环境已经得到明显改善，美丽宜居乡村建设扎实推进，但随着农村经济的快速发展和城镇化水平的不断提高，农民的生活方式和消费模式不断变化，农村生活垃圾的产生与排放量也急剧增加。目前我国农村每人每天产生生活垃圾大约 1 公斤，每年排放生活垃圾总量已经超过 4 亿吨，农村人均生活垃圾排放量早已超过城镇，且排放量仍然在快速增长。全国 50 多万个行政村中，目前仍有部分村庄未进行生活垃圾分类处理，垃圾污染状况日益严重，农村生活垃圾已经成为破坏农村人居环境的最主要来源之一。因此，农村生活垃圾能否得到妥善处理，已经成为乡村全面振兴战略目标能否顺利实现的关键要素。“分户收集、统一清运、集中处理”的传统农村生活垃圾处理方式，由于缺乏民意表达，资源配置不合理，农户参与意识不强，最终的治理效率低下，如何动员群众参与治理农村生活垃圾，提高农村生活垃圾分类处理效率，已经成为解决农村生活垃圾治理问题的关键。本书在国家社科基金重点项目的资助下，以农户参与农村生活垃圾分类处理为研究对象，通过系统的理论分析结合多期的调查数据展开探索研究。

全书在参与现状及变迁—参与驱动机制—参与处理效率的逻辑框架下，主要进行以下几个方面的研究：一是对相关政策进行梳理，并基于农户层面的调查数据对农户参与生活垃圾分类处理及农村生活垃圾处理现状进行分析；二是构建农户参与农村生活垃圾分类处理行为分析框架，并将此分析框架解构为农户参与农村生活垃圾分类处理行为驱动机制和农户参与生活垃圾分类处理意愿与行为的背离机制，分别运用实证分析的方法进行验证；三是运用计量经济学模型对农户参与对农村生活垃圾分类处理效率的影响机制进行了实证检验，并讨论了影响农户生活垃圾分类准确率的影响因素。本书主要结论如下。

第一，我国农村生活垃圾产生量较大，分类治理效果较弱。近年来，农村生活垃圾无害化处理能力的增长速度显著低于生活垃圾治理投入资金的增加速度。第二，我国农村当前处于生活垃圾源头分类治理阶段，积极引导农户参与到农村生活垃圾分类处理中，是这一阶段的重点。第三，农户自身特征及外在环境因素对其是否参与生活垃圾分类存在影响。农户参与农村生活垃圾分类处理的行为态度、主观规范、知觉行为控制和行为意愿对农户生活垃圾分类处理行为有着显著正向影响，其中主观规范的影响最大。第四，态度和知觉行为控制等造成了农户分类意愿与行为的背离。农户行为态度、主观规范、知觉行为控制及农村居民的个体特征因素对其生活垃圾分类意愿与行为的一致性有着显著影响，其中知觉行为控制的影响最大。第五，农户的直接参与更加有利于促进农村生活垃圾分类处理效率的提高。当农户参与形式不同时，农村生活垃圾分类处理效率也存在差异。与农户间接参与相比，农户直接参与垃圾分类处理方式更有利于提高垃圾分类处理效率。即垃圾分类知晓率、参与垃圾分类和垃圾分类监督次数等农户直接参与行为对农村生活垃圾分类处理效率具有显著的正向影响；付费垃圾治理等间接参与行为对农村生活垃圾分类处理效率具有显著负向影响。第六，主观规范、知觉行为控制对农户生活垃圾分类准确率有显著的影响。通过对农户生活垃圾分类准确程度影响因素进行实证研究，发现分类态度、亲戚朋友分类行为、村民掌握分类知识与分类标准等均呈显著的正向影响，在垃圾分类上花费的时间呈显著的负向影响。分类的奖惩制度呈显著的正向影响。此外，在社会人口因素方面，年龄呈显著的正向影响。通过聚类分析，对影响农户生活垃圾分类准确性的因素按重要程度进行排序发现，重要性排在第一位的是主观规范（亲戚朋友）。针对农户参与农村生活垃圾分类处理及进一步提升农村垃圾处理效率中存在的问题，基于上述研究结论，本书从激励农户参与农村生活垃圾分类处理、从农户参与角度提升农村生活垃圾分类处理效率，以及怎样优化相关配套措施等方面提出了政策建议。

与以往的研究相比，本书具有以下几个鲜明的特征：第一，本书在社会心理学计划行为理论框架之下，结合我国农村实际进行理论拓展，首次构建了农户参与农村生活垃圾分类处理的参与机制模型，并进一步运用“漏斗效应”和“门槛效应”理论，分析了农户参与意愿与参与行为背离的心理作用机制。从理论上对计划行为理论进行扩展，使之能够用于揭示农户参与农村生活垃圾分类处理的背后机制。第二，本书首次运用农户行为理论与农村生活垃圾分类处理效率测算框架相结合的研究方法，对农户参与农村生活垃圾分类处理现象进行探索性研究，析出关键变量，开发测量量表，建构系统的农户参与农村生活垃圾分类处理及其对处理效率影响的概念体系。第三，本书科学界定了农村生活垃圾处理过程中的投入要素和产出构成，运用成本导向的数据包络分析（data envelopment analysis，DEA）技术对农村生活垃圾分类处理效率进行测算，并进行系统的统计分析，这是一项有现实意义的研究工作，但目前相关研究鲜见。第四，本书采用村庄和农户层面大样本的调查数据，构建多种统计和计量经济学模型，从定量化的角度对农户参与农村生活垃圾分类处理的机制、意愿和行为背离的驱动因素、农户参与对处理效率的影响以及分类的准确性等问题进行检验，这在以往的研究中也很少见。在样本和定量化研究等方面，本书研究为后续关于农村生活垃圾分类处理的研究工作提供了一点启示。

推进农村人居环境治理的发展，不仅是农民自身建设的事情，更是以人民为中心的发展理念和社会主义制度优越性在农村的体现。在建设社会主义伟大事业的进程中，如何补齐农村发展的短板，尤其是补齐农村人居环境建设的短板，理应成为各界人士努力的重点。本书在探寻农户参与农村生活垃圾分类处理的机理方面做了一点儿微不足道的工作，抛砖的目的是引玉，希望能够为后续研究者提供一点儿参考材料。

目　录

1 绪　论

1.1 概 念 界 定

为了明晰研究范围，对研究中涉及的基本概念进行必要的界定是基础性和前提性工作。因此，本书在开篇部分，首先对研究中涉及的一些基本概念进行界定，以免读者在研读过程中由于对研究对象理解的差异出现认识上的偏差。

1.1.1 农户

本书研究所称农户是指居住于农村地区，由于日常生活所需，产出生活垃圾的农村居民。这些农户拥有参与生活垃圾分类处理的能力，可能正在参与生活垃圾分类处理，也可能愿意但并未参与生活垃圾分类处理，也包括虽然参与了生活垃圾分类处理但在心理上并不愿意参与的农户。

1.1.2 农村生活垃圾

农村生活垃圾是指农村居民所废弃的不需要或者无用的固体、液体等物质（操建华，2019）。一般可将农村生活垃圾分为可回收垃圾、厨余垃圾、有害垃圾和其他垃圾四大类。可回收垃圾指可以通过回收、处理再利用的垃圾，包括废弃纸箱、玻璃瓶、塑料瓶、钢铁等；厨余垃圾主要指农户日常饮食、做饭等过程中产生的垃圾，具有高水分含量且为有机物的特性，包括剩余饭菜、废弃蔬菜瓜果等；有害垃圾是指若处理不当会对农户身体健康不利、破坏环境的垃圾，包括废弃锂电池、农药、水银体温计等；其他垃圾指以上垃圾之外的塑料袋、烟头、厕纸等。还有一些地区把农村生活垃圾主要划分为可堆肥垃圾和不可堆肥垃圾两大类。

1.1.3 农村生活垃圾分类处理

贺文清（2019）从宏观层面出发，对垃圾分类的概念做了基本界定，其认为垃圾分类是指按照一定的规定或标准对垃圾进行分类贮存、分类投放以及分类搬运等，并经过一系列活动转化为公共资源的过程。广义上的生活垃圾分类行为包括一切与个体生活垃圾有关的行为，具体包括制造与收集垃圾、垃圾分类、垃圾回收利用、无用垃圾处理等一系列行为。在狭义上，个人进行生活垃圾分类处理的行为一般是指进行生活垃圾源头分类。Geller（1982）认为，生活垃圾源头分类是指从垃圾产生的源头个人家庭开始，每一个家庭都要按照相应的分类方式，将产生的垃圾做分类处理，然后用不同的垃圾袋进行分装，最后将垃圾袋投放到指定的地方。源头分类的重要性被广泛认可，Jank 等（2015）、王笃明等（2016）均指出，个体对垃圾的分类，是垃圾管理系统中的第一个环节，根据分类办法将生活垃圾在源头端进行分离，可以减少在整个生活垃圾管理过程中的后续流程难度。陈兰芳等（2012）指出，由于垃圾分类标准目前尚且没有理论作为参考，不同国家、同一国家不同城市对分类标准界定仍有较大的差距。目前对城市生活垃圾分类处理的标准较为清晰，根据王君（2017）的总结，我国 2004 年颁布的《城市生活垃圾分类及其评价标准》规定，生活垃圾可分为可回收物、大件垃圾、可堆肥垃圾、可燃垃圾、有害垃圾和其他垃圾六类。然而，有一些学者指出，鉴于我国城市生活垃圾分类刚刚起步，将生活垃圾划分为四种类型是一种较为可行的方法，即可回收物、易腐垃圾、有害垃圾、其他垃圾（阎宪等，2010；陈必鸣，2014）。

在农村方面，目前尚没有明确的分类标准办法出台，但薛玲等（2016）同样也建立了农村生活垃圾四分类法，将垃圾分为可回收垃圾、有机垃圾、不可回收垃圾和有毒有害垃圾四类。农村生活垃圾分类处理是指以农村生活垃圾分类投放为基础，对分类后的生活垃圾采用堆肥、回收、焚烧填埋等恰当的方式进行处理。比如，对厨余垃圾可以进行有机堆肥处理，对可回收垃圾进行二次利用，对不可回收垃圾进行焚烧后填埋，将有毒有害垃圾进行集中专业处理等。本书研究表明，农村生活垃圾分类处理就是按照一定的法规或准则对生活垃圾分类贮存、投放和搬运，并由此转化成公共资源等一系列活动的统称。其作为一种可持续的经济发展和生态保护模式，是保护我国生态环境、发展循环经济的重要手段。农村生活垃圾分类不但有利于减少生活垃圾的处置费用，还可以提高生活垃圾的资源化水平，从而达到生活垃圾减量化、资源循环化的目标。

1.1.4 农村生活垃圾分类处理效率

效率是由机械效率的概念延伸而来的，目前效率问题研究已经成为经济学热点研究问题之一。由于资源短缺性以及人类需求无限性特点，为了提高资源的利用效率，如何使资源达到最有效配置状态成为学者的研究关注点。意大利经济学家维弗雷多·帕累托提出了“帕累托效率”，为效率问题的研究奠定了基础（Schumpeter，1949）。

农村生活垃圾分类处理可以看作是一个帕累托改进的过程，在农村生活垃圾分类处理的实施过程中，需要一定的劳动力和资金等各种生产资料投入。如果农村生活垃圾分类处理中投入、产出相匹配，即农村生活垃圾分类处理效率较高，则可以说农村生活垃圾分类处理中投入、产出分配达到了帕累托最优。因此，本书中农村生活垃圾分类处理效率是指农村生活垃圾分类处理中各项产出量的加权综合值和各项投入量的加权综合值的对比关系。

1.1.5 农户参与农村生活垃圾分类处理

“参与”一词在《现代汉语词典》（第7版）中指“参加（事务的计划、讨论、处理）”。农户参与农村生活垃圾分类处理行为是指农户为了提高生活环境的质量，参与到农村生活垃圾分类处理事务的出谋划策、探讨利弊和具体实施等行为中。农户是农村生活垃圾的产生者，农村环境治理的效果关系到农村人居环境的好坏，与农户自身利益直接相关。因而，在农村生活垃圾高效处理中，农户的参与是极其重要的。

所以，本书关于农户参与农村生活垃圾分类处理的定义是：为了更好地满足农户对农村生活环境的需要，农户以不同方式，直接或间接参与到农村生活垃圾的分类学习、筹资、监督以及实际垃圾分类等环节中去的行为。因分类学习参与、监督参与以及实际从事分类，均表现为农户亲自参与的行为，而筹资参与仅仅是付费，不亲自参与，因此，为了简化分析起见，本书将农户参与生活垃圾分类处理学习、监督和实际分类的行为统一归为农户直接参与行为，将参与筹措资金的行为归为间接参与行为。

1.1.6 农户生活垃圾分类准确性

在统计学上，准确性也叫准确度，是指在测试或者考察某一测试指标时，其性状的观测值与其真值相接近。农户生活垃圾分类准确性即代表从农村居民个体视角出发，研究其参与生活垃圾分类处理后的实际效果，这是衡量垃圾分类绩效的一个重要指标。

在进行效果评价时，往往会涉及多个评价指标，每个评价指标的计算方法、结果单位各不相同，而运用综合评价方法可以定量表示评估的结果（吉崇喆和鞠晓丹，2017）。综合评价法是指运用多个指标，从而实现对多个参评单位做出评价的方法。它的评价过程主要是通过一些测算方法，实现同时完成多个指标的评价，一般要根据指标的重要性进行加权处理，目前已有不少学者进行了运用（徐婷婷，2010；陈冉，2013；刘方，2014）。

首先判定农户生活垃圾分类准确性的各个指标。①参考《城市生活垃圾分类及其评价标准》《浙江省城镇生活垃圾分类管理办法》等现行分类办法。②通过梳理文献中生活垃圾分类成效关于个人部分的研究发现，曹占峰（2012）、吉崇喆和鞠晓丹（2017）、李乐兰（2018）等认为农户生活垃圾分类准确性主要包括知晓率和参与率。最终确定通过三个维度进行农户生活垃圾分类准确性的测量：一是垃圾分类准确性的政府年终考核结果，主要参考当地政府部门年终对各行政村村民生活垃圾分类准确性的考核最终分数，目前嘉兴市对村民分类投放准确性的考核主要为随机抽检村内垃圾投放点 10 处，根据投放点分类的情况进行打分；二是垃圾分类知晓率，对居民个人进行问卷测试，选取多种生活垃圾匹配当地的垃圾分类方法，得到相应的准确率；三是民意测评，居民主观感受自己是否能对生活垃圾进行准确分类。

其次通过德尔菲法，进行权重赋值。确定过程如下：一是分别在嘉兴市推进城乡生活垃圾分类工作领导小组办公室、嘉兴市农业农村局农业综合行政执法大队、嘉兴市乡镇（街道）各抽取五位专家，组成共 15 位专家的领导小组。其都曾经参与或正在参与生活垃圾分类的相关工作，对嘉兴市农村生活垃圾分类的基本情况、尚存问题都非常了解，并且十分愿意参与到本评价中来。二是将权重赋值表派发给专家，同时对权重的确定原则进行了解释，由每个专家进行独立的评价。三是回收结果并计算各指标权重的均值。经过打分、统计，三项指标权重三次的确定过程详见表 1.1。

表 1.1　权重赋值过程表

专家编号	第一次判断			第二次判断			第三次判断		
	垃圾分类准确性的政府年终考核结果	垃圾分类知晓率	民意测评	垃圾分类准确性的政府年终考核结果	垃圾分类知晓率	民意测评	垃圾分类准确性的政府年终考核结果	垃圾分类知晓率	民意测评
1	0.5	0.3	0.2	0.5	0.3	0.2	0.5	0.3	0.2
2	0.5	0.4	0.1	0.5	0.4	0.1	0.5	0.3	0.2
3	0.6	0.3	0.1	0.6	0.3	0.1	0.6	0.2	0.2
4	0.5	0.4	0.1	0.5	0.3	0.2	0.5	0.3	0.2
5	0.6	0.2	0.2	0.6	0.2	0.2	0.5	0.3	0.2
6	0.7	0.2	0.1	0.6	0.2	0.2	0.6	0.2	0.2
7	0.5	0.3	0.2	0.5	0.3	0.2	0.5	0.3	0.2
8	0.5	0.3	0.2	0.5	0.3	0.2	0.5	0.3	0.2
9	0.7	0.2	0.1	0.6	0.3	0.1	0.6	0.3	0.1
10	0.5	0.2	0.3	0.5	0.2	0.3	0.5	0.2	0.3
11	0.5	0.3	0.2	0.5	0.3	0.2	0.5	0.3	0.2
12	0.7	0.2	0.1	0.4	0.3	0.3	0.4	0.3	0.3
13	0.5	0.3	0.2	0.5	0.3	0.2	0.5	0.3	0.2
14	0.5	0.4	0.1	0.5	0.4	0.1	0.5	0.3	0.2
15	0.5	0.4	0.1	0.5	0.4	0.1	0.5	0.3	0.2
平均值	0.6	0.3	0.2	0.5	0.3	0.2	0.5	0.3	0.2

注：本表结果为德尔菲法结果

最终以第三次评分的算术平均值作为权重的标准，最终可得垃圾分类准确性的赋分为 Y=0.5×垃圾分类准确性的政府年终考核结果+0.3×垃圾分类知晓率+0.2×民意测评。垃圾分类准确性的政府年终考核结果、垃圾分类知晓率、民意测评各项满分均为 1，最终垃圾分类准确性的分值将介于 0~1。

1.2　农村生活垃圾治理的重要性和迫切性

1.2.1　农村生活垃圾治理的重要性

随着经济社会发展和物质消费水平大幅提高，人民生活水平快速提升，中国农村的经济发展实现了质的飞跃。同时，农民物质消费的不断增长，也催生了生活垃圾的产生与排放量的急剧增加（宿莹，2022；韩泽东等，2019；韩智勇等，2015），农村环境隐患日益突出。中国农村居民人均日产生活垃圾 0.8 千克左右（唐林等，2019），年垃圾排放总量也逐年增高，且排放量仍以每年 8%~10%的速度在递增（康佳宁，2019）。目前，全国所有行政村对生活垃圾进行分类治理的不足 50%，垃圾污染现象普遍存在，生活垃圾已经成为破坏农村居民生活环境质量的最主要来源之一（许增巍，2016）。

改善农村人居环境，是党中央从“以人为核心”战略和全局高度作出的重大决策部署，深刻影响着广大农民群众的根本福祉，事关农民群众健康，事关美丽中国建设。在此背景下，农村人居环境整治的重要性更加凸显。

1.2.2　农村生活垃圾治理的迫切性

我国在农村生活垃圾治理和人居生态环境改善方面较城镇地区起步晚，直至 2015 年，《住房城乡建设部等部门关于全面推进农村垃圾治理的指导意见》出台，这标志着我国农村生活垃圾治理和农村人居环境整治行动正式启动。2016 年的中央一号文件——《中共中央 国务院关于落实发展新理念加快农业现代化实现全面小康目标的若干意见》明确提出要开展农村人居环境整治行动和美丽宜居乡村建设，继续推进农村环境综合整治，实施农村生活垃圾治理 5 年专项行动；2017 年的中央一号文件——《中共中央 国务院关于深入推进农业供给侧结构性改革加快培育农业农村发展新动能的若干意见》提出推进农村生活垃圾治理专项行动，促进垃圾分类和资源化利用；2018 年的中央一号文件——《中共中央 国务院关于实施乡村振兴战略的意见》指出，要持续改善农村人居环境，实施农村人居环境整治三年行动计划，以农村垃圾、污水治理和村容村貌提升为主攻方向，整合各种资源，强化各种举措，稳步有序推进农村人居环境突出问题治理；2019 年的中央一号文件——《中共中央 国务院关于坚持农业农村优先发展做好“三农”工作的若干意见》提出要抓好农村人居环境整治三年行动，深入学习推广浙江“千村示范、万村整治”工程经验，全面推开以农村垃圾污水治理、厕所革命和村容村貌提升为重点的农村人居环境整治，确保到2020年实现农村人居环境阶段性明显改善，村庄环境基本干净整洁有序，村民环境与健康意识普遍增强；2020年的中央一号文件——《中共中央 国务院关于抓好“三农”领域重点工作确保如期实现全面小康的意见》提出对标全面建成小康社会加快补上农村基础设施和公共服务短板，全面推进农村生活垃圾治理，开展就地分类、源头减量试点；2021年的中央一号文件——《中共中央 国务院关于全面推进乡村振兴加快农业农村现代化的意见》再次对农村生活垃圾分类进行了重点部署，指出要健全农村生活垃圾收运处置体系，推进源头分类减量、资源化处理利用；2022年的中央一号文件——《中共中央 国务院关于做好2022年全面推进乡村振兴重点工作的意见》提出要扎实稳妥推进乡村建设，接续实施农村人居环境整治提升五年行动；2023年的中央一号文件——《中共中央 国务院关于做好2023年全面推进乡村振兴重点工作的意见》提出要扎实推进农村人居环境整治提升，推动农村生活垃圾源头分类减量，及时清运处置。历年来中央一号文件中不断提出促进农村人居环境整治各项任务，这凸显出了农村人居环境整治工作的重要性以及生活垃圾分类治理的紧迫性。2016~2023年连续八年的中央一号文件均提出提升农村人居环境，这更是凸显了我国政府解决农村环境污染问题的决心。为深入贯彻落实党中央、国务院关于实施乡村建设和农村人居环境改善提升行动决策部署，住房和城乡建设部等相关部门多次发布关于加强农村生活垃圾收运处置体系建设管理的通知，旨在明确加强农村生活垃圾治理的目标任务，协调推进县、乡、村三级生活垃圾收运处置设施的建设与服务工作，进一步拓宽农村生活垃圾收运处理体系的覆盖范围、提高无害化处理程度、完善长效管护机制。对农村生活垃圾治理问题进行系统研究，已经成为一个迫切需要解决的现实问题。

1.3　从农户角度解读农村生活垃圾治理的基础性、必要性和有效性

1.3.1　从农户参与角度解读农村生活垃圾治理的基础性

农村生活垃圾治理属于公共服务范畴，存在着较强的正外部性特征，一般存在外部性特征的公共物品都为政府所供给，所以，农村生活垃圾治理中便存在着农户参与不充分、供给受限的实际问题（王娜，2021）。要根治农村生活垃圾治理问题，除政府要发挥积极的引导作用外，农户也要作为主体参与其中，发挥其

主观能动性。同时，农户是农村生活垃圾分类处理执行过程中的微观行为主体以及农村生活垃圾分类处理过程中的主要利益相关者与参与者，这就决定了在农村生活垃圾治理工作中，应首先考虑怎样让农户积极参与到生活垃圾分类治理工作中。因此，尊重农户参与意愿、引导农户垃圾分类处理是解决农村生活垃圾处理问题的基础性要求。

1.3.2 从农户参与角度解读农村生活垃圾治理的必要性

农户参与生活垃圾分类治理属于一种对农村社会集体有益的协作行为，社会资本在这一过程中发挥着举重若轻的作用。通常情况下，社会资本可有效地激励个体积极参与合作行为，通过信任互惠、信息传播、规范约束与关系网络，破解农村生活垃圾分类治理中的“集体行动困境”和“公地悲剧”，激发农户参与分类治理的意愿和偏好，减少生活垃圾分类治理的交易成本，继而促进分类治理集体行动的成功可能性（祁毓等，2015）。此外，农户参与农村生活垃圾分类治理也是在一定制度框架下的自主选择行为，农户对于环境问题的感知态度和对环境的关心程度通常影响着他们参与垃圾分类治理选择的偏好和深度，从而决定着集体合作行为决策的进程和结果。环境关心是指个体对环境问题的认识和对解决环境问题所持有的态度，也就是个体在解决环境问题的决策过程中做出努力的意愿（Dunlap and Robert，2002）。因此，农村生活垃圾的有效治理需要提高农民对的环境的关注度，挖掘农户参与生活垃圾分类处理的方式和激励机制。有学者提出，发挥农户的主体作用有利于破解农村环境问题，依靠农户进行农村环境自主治理，可解决农村内源性污染（贾亚娟和赵敏娟，2019）。农户是农村生活垃圾分类的主体，提高农村垃圾分类水平离不开农户的积极参与。厘清农户参与生活垃圾分类的激励机制，有效引导农户参与到农村生活垃圾分类处理中，是农村生活垃圾治理的必然要求。

1.3.3 从农户参与角度解读农村生活垃圾治理的有效性

农户参与对于提高农村生活垃圾分类处理效率必不可少。农户既是农村生活垃圾治理难题的制造者和受害者，又是农村生活垃圾分类处理的受益者，有自发参与农村生活垃圾分类处理的内驱力。农户作为农村生活垃圾治理的第一主体，其参与垃圾分类的认知、参与垃圾分类的意愿、实施垃圾分类的行为等都会对农村生活垃圾分类处理起到促进或阻碍作用。如何激励农户积极参与农村生活垃圾分类处理，是现阶段快速有效推动农村生活垃圾治理的重要途径。依据农户选择偏好探究其参与生活垃圾分类治理的可行性和所需构件，并设计和实施农户偏好的分类治理政策与方案，是切实落实农村生活垃圾分类治理、改善农村人居环境行之有效的方法。

1.4 农村生活垃圾治理领域重要的理论与实践问题

1.4.1 需要关注的现实问题

随着农村城镇化步伐的加快，农村垃圾组成也从过去容易降解的果皮菜叶、秸秆稻草发展成废纸、橡胶、塑料包装物等各种垃圾，其分类和处理变得越来越困难。农村生活垃圾给我国生态环境、财政支付等都带来了很大的压力，也给“中国美丽乡村”的进程增添新的难题。

为使农村生活垃圾得到有效处理，除了增加农村生活垃圾管理服务的供给以外，还需提倡农村生活垃圾分类。生活垃圾分类是解决农村生活垃圾治理问题的可行路径。2015 年，《住房城乡建设部等部门关于全面推进农村垃圾治理的指导意见》出台，明确提出要全面治理生活垃圾，推行垃圾源头减量。自 2015 年以来，农村垃圾治理连续十年被写进中央一号文件，而且还被列为“农村人居环境整治行动”的头等任务。国家在“十四五”规划中提出，创新完善垃圾处理等领域价格形成机制。一系列文件的发布和项目实施情况，无不说明如今在美丽宜居乡村的建设中，推进农村生活垃圾分类处理已经成为重点。以浙江省为例，截至 2021 年，生活垃圾分类处理行政村覆盖率达 96%。嘉兴市隶属于浙江省，至 2019 年已经实现在农村中生活垃圾“四分类”整建制全面覆盖，截至 2022 年，正在全市 176 个行政村中试推广以智能回收为特色的农村收运体系。

尽管目前农村生活垃圾分类处理工作保持稳中向好的态势，但生活垃圾分类作为一项全民运动，牵涉面广、技术细节杂、点面协调难，各地农村的垃圾分类工作成效不一，且随着农村中生活垃圾分类工作的深入推行，往往面临着一些共性问题：一是垃圾的日益快速增长与当前垃圾处理能力不足之间的矛盾日益凸显，“分户收集、统一清运、集中处理”的典型垃圾处理模式出现失灵的情况（李相儒等，2020）；二是作为农村生活垃圾源头分类重要主体的农户不仅对垃圾没有进行有效分类而带来的健康风险的感知不够全面（Akil et al.，2015），还因垃圾种类繁杂，难以系统掌握垃圾分类标准（刘余等，2023），不少农民的垃圾投放正确率较低，往往需要依赖收运人员二次分拣才能完成分类过程（邱成梅，2020；袁威和关文晋，2020）。

总之，由于农村居民的物质生活水平不断提高，农户生活垃圾排放量急速增长。同时，伴随着农村城镇化步伐的加快，农村垃圾组成也从过去容易降解的果皮菜叶、秸秆稻草等发展成废纸、橡胶、塑料包装物等各种垃圾组合，分类和处理难度越来越大，导致农村生活垃圾分类处理效率低下，农户垃圾分类参与率低，分类准确率不高等，这些已成为亟待解决的现实问题。

1.4.2 亟须开拓的理论问题

农村生活垃圾危害的扩展致使农村生活垃圾处理已成为全社会关注的焦点，学者从不同方面对农村生活垃圾处理进行了研究。在自然科学方面，主要集中于垃圾的分类、处理和转化利用技术等方面（张后虎等，2010；高庆标和徐艳萍，2011；普锦成等，2012；巫丽俊等，2013；李红等，2016）。社会科学关于农村生活垃圾处理的研究目前尚处于起步发展阶段，多将其作为农村环境治理和公共物品供给的内容来研究，主要集中于经验介绍、模式、途径、政策和制度等方面（Reschovsky and Stone，1994；叶春辉，2007；Kotchen，2009；李齐云和张维娜，2010；宁清同和胡晓舒，2011；付素霞和田磊，2013；杨金龙，2013；赵晶薇等，2014；韩洪云等，2016；许增巍等，2016）。同时，新形势下出现的政府、社会组织和村集体多元协作农村生活垃圾治理模式也引起了学者的关注（李齐云和张维娜，2010；宋言奇，2010；曲延春，2014；邓立新，2014；景小红和赵秋成，2016）。然而，目前对农户参与农村生活垃圾分类处理及其对处理效率影响的研究较少，更缺乏系统的理论分析和细致的实证论证。农户参与生活垃圾分类处理的现状与困境如何？哪些因素影响到农户的参与行为？如何激励农户有效参与生活垃圾分类处理以提高农村生活垃圾处理的效率？另外，在激励农户参与生活垃圾分类处理的实践中存在部分农户（大约占参与农户的 40%）的参与意愿与实际参与行为不一致的现象（许增巍等，2016）。那么，是什么原因造成意愿与行为背离呢？造成背离的原因究竟是源于农户自身还是源于外部环境呢？明晰农户参与农村生活垃圾分类处理的驱动机制以及农户参与对农村生活垃圾分类处理效率的作用机理是解答以上难题的关键所在。因此，本书研究以农村生活垃圾处理的具体实践为研究对象，对农户参与农村生活垃圾分类处理行为及其对治理效率的影响进行系统探索，以期为农村生活垃圾处理的研究理论提供补充，为建设生态宜居乡村、实现“农村美”提供理论支撑。

1.5 本书的研究思路与框架

1.5.1 本书研究思路

本书旨在从农户参与角度探索农村生活垃圾分类处理效率的提升途径，揭示农户参与对农村生活垃圾分类处理效率的影响机理，并对农户参与农村生活垃圾分类处理方式的提升进行探索性分析。依照“分类处理现状及政策变迁—农户参与驱动及背离原因—分类处理效率与农户参与”的逻辑框架开展研究，并从激励农户参与生活垃圾分类、提升农村生活垃圾分类处理效率和优化相关配套政策等方面提出解决农村生活垃圾治理问题的政策建议。

本书从内部作用机理与外部制度环境提出增强农户关于环境的主观感知已迫在眉睫，优化农户的环境行为，提升农户在环境治理中的主体性地位，让农户可以主动加入到农村生活垃圾治理中去。进行生活垃圾治理基础设施建设、因地制宜地提升农村生活垃圾收运处置体系运行管理水平，以及建立共建共治共享的农村生活垃圾处理工作机制等政策建议，为解决农村生活垃圾分类处理效率低下问题提供解决方案。

整个研究过程重点针对以下几个拟解决的关键问题开展。

（1）如何把农户参与行为考虑进农村生活垃圾分类处理效率测算的架构中，建立农户参与对农村生活垃圾分类处理效率影响的概念化模型，是学界研究的难点之一。建立农户参与行为和农村生活垃圾分类处理效率测算联动系统理论框架，并对研究对象进行调查研究，结合实际修正理论框架，进一步进行实证研究，是本书要解决的重点和难点问题之一。如何在理论归因基础上根据农村生活垃圾处理的实际情况构建概念化模型，如何将概念化模型中的有关变量及其逻辑关系进一步转化成调查问卷和数学模型，如何进行假设检验，这些问题仍待进一步深入研究。

（2）农户参与意愿与行为背离根源的探索性研究是学界研究的难点之一。运用制度分析与发展框架对现象进行探究，从农村生活垃圾处理实践中识别农户参与意愿与行为背离的关键要素、提炼关键要素构念，建构农户参与农村生活垃圾分类处理意愿与行为背离的概念体系，使研究结论具有准确性、科学性、可验证性和信度，是本书的重点和难点之二。鉴于现象的复杂性，将采用理论分析与实践探索相对照的研究方法，并从多个视角（读文献、深度访谈、数据分析等）相互印证以求真。

（3）对农村生活垃圾分类处理效率准确测算是学界研究的难点之一。要检验农户参与对农村生活垃圾分类处理效率影响的理论分析结论，需采用科学合理的方法对农村生活垃圾分类处理效率进行准确测算。结合现有效率估计方法的特点，拟选用成本导向的方向性距离函数，以及 DEA 技术进行估计。如何科学合理地选取农村生活垃圾处理的投入要素和产出，进行准确的统计度量，并结合实际选择有效测算函数形式进行效率测算，是本书的重点和难点之三。

基于拟解决的关键问题，本书主要有以下七个部分的研究内容：①构建农户参与农村生活垃圾分类处理行为分析框架；②搜集宏观与微观两种不同层面的有关数据，深刻剖析我国农村的生活垃圾治理现状与现实问题，并掌握现阶段农户参与农村生活垃圾分类处理的现状；③农户参与农村生活垃圾分类处理行为驱动机制的实证研究；④农户参与农村生活垃圾分类处理意愿与行为背离影响因素的实证研究；⑤农户参与对农村生活垃圾分类处理效率影响机制的实证研究；⑥农户参与农村生活垃圾分类处理准确率影响因素的实证研究；⑦从改良完善现有激励农户参与农村生活垃圾分类政策，以及怎样发挥好相关配套政策等方面提出优化农村生活垃圾治理的政策建议。

上述各部分内容的研究重点及其内在联系为：研究内容①通过构建农户参与农村生活垃圾分类处理行为分析框架，确定研究内容③和研究内容④的研究假说；研究内容②侧重分析农村生活垃圾治理的现实问题及农户参与垃圾分类处理的现状；研究内容③在研究内容①和研究内容②的基础上，侧重分析农户参与生活垃圾分类处理行为的驱动机制；研究内容④是对研究内容③的补充，侧重分析是什么原因导致农户参与生活垃圾分类处理意愿与行为的背离；研究内容⑤和研究内容⑥分别从农户参与和农户分类准确率两个方面探究提升农村生活垃圾分类处理效率的方法；研究内容⑦在对研究内容①~研究内容⑥所得研究结果归纳分析的基础上，提出优化农村生活垃圾治理的政策建议。总而言之，在最终研究目标引领下各部分前后相承，形成逻辑统一的整体，同时每个部分又各自有所侧重，突出对个别关键问题的研究。具体的研究思路如图 1.1 所示。

1.5.2 研究框架

根据以上研究思路，本书的主要框架构成如下所示。

第 1 章为绪论。该章将主要介绍文章的研究背景、研究目的与主要研究内容，确定本书的研究思路及制定出本书的技术路线，并介绍本书所使用的研究方法。

第 2 章为理论基础与分析框架。该章首先对个体行为决策理论和公共物品理论等相关理论进行梳理，构建农户参与农村生活垃圾分类处理行为分析框架；其次，将该理论分析框架解构成两部分，分别是农户参与农村生活垃圾分类处理行为驱动机制以及农户参与生活垃圾分类处理意愿与行为的背离机制；最后，通过理论分析，构建农户参与垃圾分类处理对农村生活垃圾分类处理效率的影响机制和农户生活垃圾准确分类驱动机制。

第 3 章为农村生活垃圾治理主体、政策及治理现状。该章首先对农村生活垃圾治理的相关主题进行界定和辨析；其次，从国家和地方两个层面对农村生活垃圾治理的相关政策进行梳理，概括介绍我国农村生活垃圾治理的历史演变过程；最后使用宏观统计资料描述性分析我国农村生活垃圾治理的现状，为后文的进一步分析奠定现实基础。

第 4 章为农户参与农村生活垃圾分类处理现状分析。该章首先阐述了我国农村生活垃圾的现状，主要是从宏观层面进行农村生活垃圾治理资金投入、农村生活垃圾分类治理成效及区域差异性、分类治理体系不健全等分析；其次以调研走访的方式获取微观数据，并凭借相关图表呈现出研究区域概况、浙江省试点村生活垃圾分类治理概况与农户参与生活垃圾分类处理的现状，为下一步研究的展开提供现实依据。

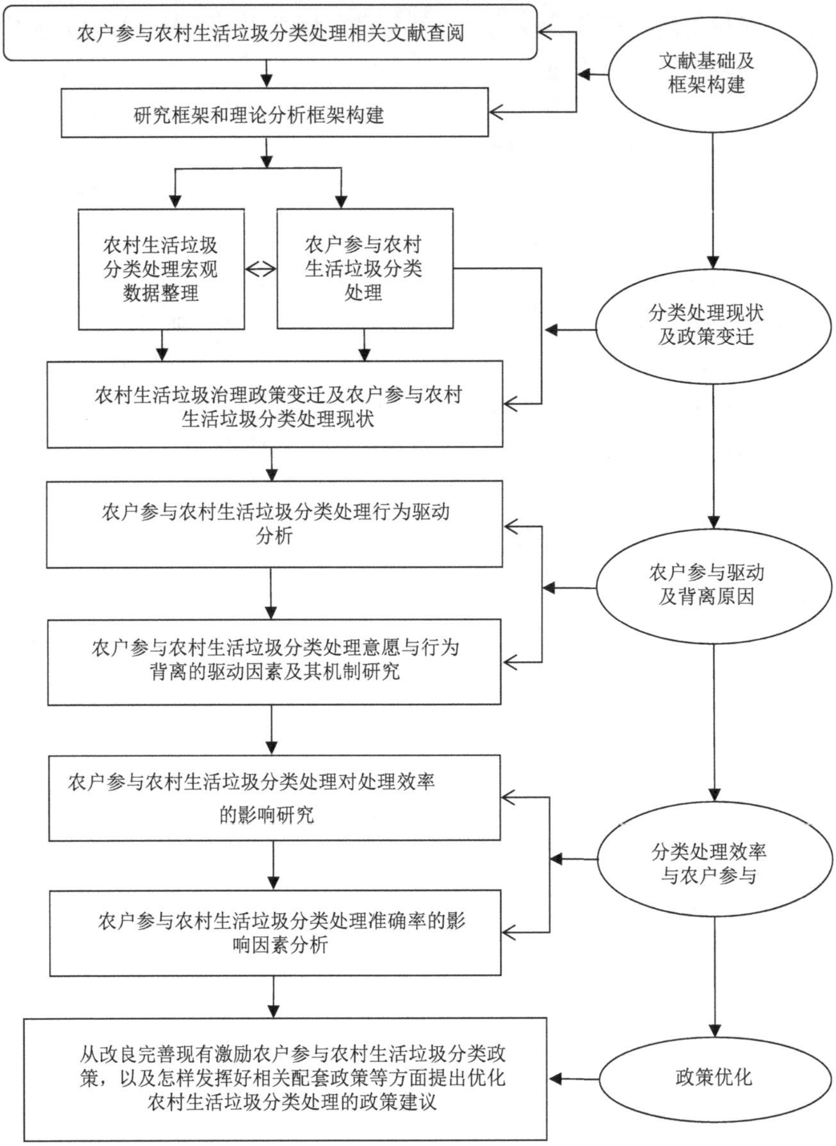

图 1.1　具体的研究思路

第 5 章为农户参与农村生活垃圾分类处理行为驱动分析。该章主要讨论农户参与农村生活垃圾分类处理行为的驱动机制，分析农户特征变量及社会、经济、市场和政策等外界环境对农户参与生活垃圾分类行为的影响。

第 6 章为农户参与农村生活垃圾分类意愿与行为背离机制研究。由于农户对生活垃圾分类处理的意愿与行为之间的低相关现象是制约我国农村生活垃圾分类水平提高的最大障碍，因此，该章利用农村生活垃圾治理典型区域——浙江省部分地区的农户问卷调查数据，对农户参与生活垃圾分类处理意愿与行为的影响因素及其差异进行实证分析。

第 7 章为农户参与农村生活垃圾分类处理对处理效率的影响。该章从农户参与视角探究提高农村生活垃圾分类处理效率的途径，基于 2019 年浙江省杭州市 187 个村的调查数据，采用 DEA 模型测算农户参与下农村生活垃圾分类处理的效率，采用 Tobit 模型实证分析农户参与对农村生活垃圾分类处理效率的影响，并从投入产出角度进一步分析农户参与对农村生活垃圾分类处理效率产生影响的途径。

第 8 章为农户生活垃圾准确分类驱动分析。该章选取目前农村生活垃圾分类工作开展已取得一定成效的浙江省嘉兴市作为案例区域，基于农户生活垃圾分类的准确性，展开影响其分类准确性的系统性分析。

第 9 章为研究结果与激励措施。该章在上述各章节研究结果的基础上，归纳研究结论，并从激励农户参与农村生活垃圾分类处理，从农户参与角度提升农村生活垃圾分类处理效率，以及怎样优化相关配套措施等方面提出了政策建议。

2 理论基础与分析框架

框架、理论和模型存在区别。框架是元理论结构，用来划定研究的范围，也是指导研究分析的方向。理论就是对框架内某些具体变量给予其具体意义，并说明其相互关系及推断可能的结果，如计划行为理论（theory of planned behavior，TPB）、态度-情景-行为（attitude-context-behavior，ABC）理论、规范激活理论（norm activation model，NAM）、自我调节理论（self-regulation theory，TSR）等。模型是对理论中的一组有限变量进行假设并运用相关数据来验证，如结构方程模型（structural equation modeling，SEM）等。一般情况下，一个框架可以包括多个理论，一个理论可以包括多个模型。

由于本书的研究框架“分类处理现状及政策变迁—农户参与驱动及背离原因—分类处理效率与农户参与”中“农户参与驱动及背离原因”适用于运用个体行为决策理论进行分析，“分类处理效率与农户参与”适用于运用公共物品理论进行分析，故本章的研究基于以计划行为理论为主的多个个体行为决策理论，构建农户参与农村生活垃圾分类处理行为分析框架。参考以公共物品理论为主的多个相关理论，分析农户参与分类处理对农村生活垃圾分类处理效率的影响机制及农户生活垃圾分类准确率驱动机制。上述分析框架和影响机制可以从计划行为理论、态度-情景-行为理论、规范激活理论、自我调节理论、动机-机会-能力（motivation- opportunity-ability，MOA）模型、公共物品理论和公众参与理论等找到理论依据。

基于农户参与农村生活垃圾分类处理行为分析框架，本书选取农户参与农村生活垃圾分类处理行为驱动机制以及农户参与农村生活垃圾分类处理意愿与行为背离机制等关键部分，分别建立具体的模型进行分析。本书还选取农户参与农村生活垃圾分类处理对农村生活垃圾分类处理效率的影响机制以及农户生活垃圾分类准确率驱动机制，分别建立具体的模型进行分析。

2.1 个体行为决策理论

2.1.1 个体行为决策理论概述

主要运用于个体行为决策中的理论有计划行为理论、规范激活理论、态度-情景-行为理论等，并根据社会心理学的研究流派进行划分，上述理论主要分为两个学派，一是在理性人假设下研究个体行为决策理论，其中计划行为理论的应用最为广泛（朱燕芳等，2020）；二是基于社会人假设的个体行为决策研究，主要以规范激活模型最为典型（石志恒和张衡，2020；俞振宁等，2023）。相较于社会人假设下的行为理论模型，个体行为决策假设是一个理性人假设，综合评估与执行行为相关的收益和成本的理性过程，这种行为理论模型比较适合本书的分析。

在理性人的假设中，个人行为决策过程就是对执行行为所涉及的利益和代价进行全面评价的理性过程。行为意愿在理性行为理论中处于核心地位，是指个体在多大程度上愿意实施某项具体的行为（Fishbein and Ajzen，1977）。虽然实际行为难以测量，但行为意愿与实际行为之间具有高度相关性，因此，行为意愿一般会取代实际行为的测量，以检验个体行为决策过程中的各种影响因素。行为意愿则主要受到行为态度和主观规范等因素的影响。行为态度表现为个体在执行某一行为时产生的收益与成本之间的综合权衡，而主观规范则表现为个体在社会规范压力下对于这一行为的评估。尽管理性行为理论从个体理性和社会理性的角度解构了个体决策的内在机制，但在许多情况下，行为并不完全受个人意志的支配，这一点受到了一些研究者的质疑。为了弥补这一不足，Ajzen（1985）提出了计划行为理论，增加了知觉行为控制，该理论已被广泛应用到不同方面的行为研究当中，并且已经证明可以显著增强研究对行为的解释力和预测力（张书赫和王成军，2020）。因此，计划行为理论是对理性行为理论的重要补充，其应用也最为广泛。在接下来的小节中，本书会对计划行为理论的内涵和发展进行详细的梳理。

2.1.2　计划行为理论

计划行为理论的假设是人们会有目标，会根据当时的环境条件来制定步骤以实现目标，并且会考虑到可能的因素（如资源）和可能的结果（如成功概率）。它还认为人们会根据自己的价值观来选择最优方案，并且会根据新出现的信息来修正计划（Ajzen，1991）。与“农户”的定义相比较，计划行为理论的假设符合农户定义。

2.1.2.1　计划行为理论的内涵

计划行为理论的渊源可追溯到 Fishbein（1963）的多属性态度理论中，它主要探讨了行为态度作为行为意愿的关键因素，期望行为结果及对行为结果的评价决定了行为态度。后来，Fishbein 和 Ajzen（1977）又拓宽了多属性态度理论并提出了理性行为理论：行为意愿是由行为态度和主观规范共同作用来直接决定的，但理性行为理论却忽视了实际控制条件在行为中所起的作用，为了增加模型的解释能力和适用范围，Ajzen 于 1985 年初步提出计划行为理论（Ajzen，1985），并于 1991 年发表《计划行为理论》一文（Ajzen，1991）。计划行为理论在多属性态度理论的基础上增加了知觉行为控制因子，从人们主观上感知到的行为相关信息的视角出发，将期望价值理论作为切入点，阐释了个体行为中的一般性决策过程。计划行为理论一经提出便受到社会行为研究者的普遍欢迎，如 Taylor 和 Todd（1995）基于该理论构建出一体化生活垃圾管理模型，并证实计划行为理论在预测居民生活垃圾循环利用等行为中的有效性。作为目前最为经典的个体行为预测和解释理论，计划行为理论被许多国内外研究者在多行为领域运用，并且多次被证实对大多数行为有较高的解释力和预测力。

计划行为理论的五要素分别是行为态度、主观规范、知觉行为控制、行为意愿和实际行为（闫岩，2014）。其中，行为态度是指一个人对某特定行为的喜欢或反感程度的评价；主观规范是个体在实施某种行为过程中所感知到的一种社会压力作用；知觉行为控制是个体对完成某特定行为的自我效能感（对自己是否有能力达成这一行为的感知）及对该行为实施的控制能力（Rodgers et al.，2008）。计划行为理论模型具体见图 2.1。

要详细解读计划行为理论模型（图 2.1），应该从四个阶段来看。第一阶段，本书研究认为实际行为除了受行为意愿的影响之外，还受个人能力、机会以及资源等实际控制条件所限制，这些条件都能对行为产生影响。其中，知觉行为控制是实际控制条件下的主观代理变量之一，它除了通过行为意愿作用于行为之外，还可以间接地衡量实际控制条件对于行为的直接作用程度。第二阶段，本书研究主张认为行为态度、主观规范和知觉行为控制共同决定了行为意愿，且态度越积

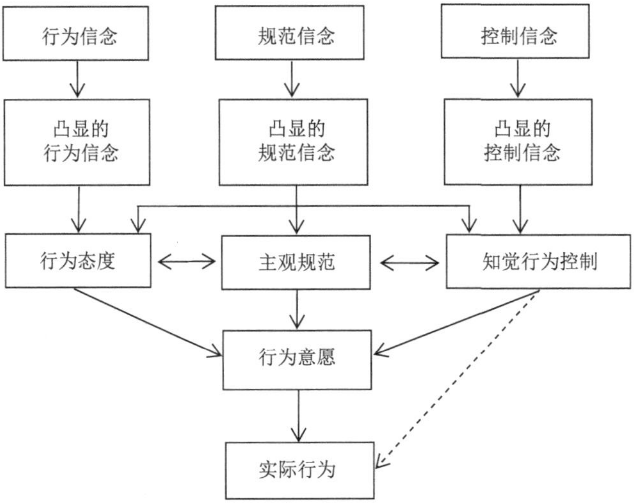

图 2.1　计划行为理论模型

虚线部分表示知觉行为控制是从主观角度来间接衡量实际控制条件对参与行为的影响

极，对周围其他人的压力或期望越大，主观上知觉实际控制条件越充分，行为意愿就越高，否则越低，且这三者拥有共同的信念基础，即彼此独立，又两两相关。第三阶段，本书研究认为个体拥有的行为信念、规范信念和控制信念分别影响行为态度、主观规范和知觉行为控制，且来自社会网络压力的规范信念同时会对行为态度和知觉行为控制产生影响。第四阶段，也是很容易被学者忽视的一个阶段，即个体拥有大量有关行为的信念，在特定的时间和环境下，只有一部分能从主观上获取，这些可获取的信念被称作凸显信念，它们才是行为态度、主观规范和知觉行为控制的认知与情绪的基础，其他一切内部因素和外部因素必须通过影响这些凸显信念来间接发挥作用。另外，个人特征和社会文化背景的不同，会导致所获取的凸显信念具有差异性，但这两点未在基本的计划行为理论模型图中显现出来。

2.1.2.2 计划行为理论的发展

尽管计划行为理论框架对于预测和解释行为关系的研究具有非常高的参考价值，学界也运用该理论得到了许多有意义的结论（段文婷和江光荣，2008）。但对计划行为理论的质疑和扩充从未停歇，这些质疑和讨论主要集中在以下五个方面。

一是行为态度。Ajzen（1991）认为，对某一特定行为的态度由可获取的行为信念而来，行为信念包括信念强度和对该行为结果的评估。行为态度是计划行为理论的核心概念，通常被认为是行为意愿最有力的预测变量（Lim and Dubinsky，2005），只是选取哪种变量能更准确有效地衡量行为态度，是学界较为感兴趣的问题。一些学者认为计划行为理论不应只强调工具性态度，即仅以有没有价值来评判，还应加入对情感性态度的衡量，即以是否喜爱来评判（Bagozzi et al.，2001）。

二是主观规范。主观规范主要由规范信念（重要他人或团队对个体某特定行为支持或反对的期望）和顺从动机（个体顺从该期望或压力的程度）来反映个体所受到的社会压力。在大部分研究中，主观规范对意愿的影响最弱（Terry et al.，1999；Lim and Dubinsky，2005）。Cialdini 等（1991）提出，规范是一个多维度的概念，应将主观规范划分为个人规范（个体认为自己应该怎样做）、示范性规范（重要他人怎样做）和指令性规范（重要他人认为个体应该怎样做），这种划分得到了一些学者的认同。

三是知觉行为控制。知觉行为控制主要受控制信念（主观上感知到的可能促进和阻碍某一特定行为的影响因素）和知觉强度（主观感知到的上述因素对行为的影响程度）的影响。知觉行为控制是对客观因素的评估，是计划行为理论中受争议最多的一个概念。一些学者认为，对知觉行为控制的测量，应涉及完成某一特定行为的信心和行为控制两方面。另一些学者认为，知觉行为控制的测量方法不够合理，使用更为有效的测量方法，是走出理论困境的最佳途径（Conner and Sparks，2011）。

四是意愿与行为之间的传递机制。随着行为态度、主观规范和知觉行为控制的测量方法的完善，学界的争议已逐渐转移到讨论行为意愿与行为之间的传递机制上。尽管多数研究均认为行为意愿与行为之间有着高度相关性，但还有一部分的行为方差不能被解释（Conner and Sparks，2011），行为意愿和行为依旧是两个不同的概念。Gollwitzer（1999）探讨出了一种可能的传递机制，他们认为行为的发生分为两个阶段，首先是动机阶段，这个阶段同计划行为理论的行为意愿相似；其次是执行阶段，个体将在此阶段制订具体的行动计划。

五是其他可能影响行为的变量。除了增强计划行为理论模型中已有因子的解释能力之外，不少学者还尝试引入新的变量，以提高理论的解释力，如渴望程度、预期后悔、风险感知、行为经验等。其中，行为经验是对计划行为理论造成冲击最大的变量。计划行为理论通过知觉行为控制来反映行为经验对行为的影响，但一些学者认为行为是由个体习惯决定的，是自动化或习惯化的，并非由主观感知所决定（Gollwitzer，1999）。Conner 和 Sparks（2011）也通过元分析证明了行为意愿与行为经验和行为有直接关系，可以分别解释 13%的行为方差和 7.2%的行为意愿方差。

2.1.3　其他相关理论

2.1.3.1　态度-情景-行为理论

态度-情景-行为理论提出内部环境态度与外部环境因素共同作用于个体的环境行为，且在环境态度与行为的关系中，外部环境起到调节作用。具体而言，当情景因素的影响为中性时，环境态度和环境行为的关系最强；当情景因素极为有利或不利的时候，可能会大大促进或阻碍环境行为的发生，此时环境态度对环境行为的影响会接近于零（Hines et al.，1987）。当积极的态度和有利的外部环境的数值大于消极的态度和不利的外部环境的数值时，某种行为就会发生（Guagnano et al.，1995）。

2.1.3.2　规范激活理论

规范激活理论同样适用于预测个体环境行为，其创始人 Schwartz（1973）认为，环境行为是一种兼顾利己性和利他性的公共行为，环境行为的产生源于个体规范的激活，结果认知（个体意识到没有执行某项环境行为将对他人造成的不良后果）和责任归属（个体认为应承担不良后果的责任）会激活个体规范，从而产生具有外部性的环境行为。该理论共包括个人规范、责任归属和结果意识三个核心变量。个人规范指个体对采取某种行为的道德义务感（秦曼等，2020）；个人规范由责任归属和结果意识两个条件激活并直接作用于行为意愿（Schwartz，1977），此外，结果意识还会通过责任归属间接影响个人规范。目前，规范激活理论已被广泛应用于各种情境下的"利他"意愿与行为研究。

2.1.3.3 自我调节理论

自我调节理论的核心是愿望，其创始人 Bagozzi（1992）指出态度、主观规范和知觉行为控制会诱发具有情感性动机的愿望，进而产生行为意愿。随着时间的推移，个体行为的调节通常伴随着个人内部过程的变化（Lord et al.，2010），即行为预测、行为操作和自我反省三个阶段（乐国安和纪海英，2007）。行为预测指行为操作之前的准备与确定行动阶段的过程；行为操作指行为施展期间影响注意和行为表现的过程；自我反省指发生在行为操作之后并影响个体对先前经验反应的过程，它接下来又影响对后续行为的预测。简而言之，自我调节理论是指个体自我推测其自身是否具备胜任某行为的能力，推测的结果影响个体行为的选择、努力付出的程度以及时间坚持的长短。自我调节理论与计划行为理论相比，最大的不同就是未加入知觉行为控制变量。Bagozzi（1992）认为，愿望可以衡量过去行为的影响，将愿望作为中介变量可以细化态度对行为意愿的影响。

2.1.3.4 动机-机会-能力模型

动机-机会-能力模型认为动机和行为间的一致性需要在意志的控制下才可能实现，其中动机包括态度、意愿、社会规范等主观因子。该模型在动机和行为间纳入了衡量习惯与知识的能力因子，以及衡量实际控制条件的机会因子（Ölander and ThØgersen，1995）。该模型主要强调组织行为结果受到机会、动机和能力三要素的影响，其中，机会反映了有利于结果产生的外部条件，动机体现了完成某任务的意愿、兴趣和动力，能力是完成某任务具备的知识和技能水平。相关研究表明，机会转化程度还取决于动机和能力（Kim et al.，2015）。

2.1.3.5 制度分析与发展框架

制度分析与发展（institutional analysis and development，IAD）框架广泛应用于公共池塘资源领域的研究中，该框架通过分析外界环境变量（社会环境、政策制度、基础设施、市场条件等）来预测行动舞台（参与处理意愿与能力的综合）与行动结果（参与行为）之间影响的调节作用（王群，2010）。从解决公共池塘资源的组织工具到适用于人类发展或制度发展的更多、更具体的制度分析框架，制度分析与发展框架的适用性和解释力不断在进步。制度分析与发展框架将物质属性和社区属性纳入考察的范围内，并通过一系列的应用规则来影响行动情境内部结构的互动关系，影响行动场景的类型，并产生相应的结果。

一般来说，制度研究依赖三个具体程度不同的理论工作：框架、理论和模型。框架的开发和运用是理论分析最一般的形式，框架确认了制度分析需要考虑的因素和各因素间的大致关系，并蕴含了理论诊断和调整的逻辑。因此，包含在一个框架中的因素可以帮助分析者在进行一项分析时，提出需要得到解决的问题。理论的开发和运用有助于诊断特定现象，解释其过程，理论是预测结果所必需的要素。模型的开发和使用涉及对一组有限的变量和参数做出精确的假设，以运用某种特定的理论得到精确预测。

2.2 公共物品理论

农村生活垃圾分类处理是农村公共物品供给和农村环境治理的核心内容。首先，农村公共物品供给应以公共物品理论为基础。其次，公众参与理论适用于分析本书的主要落脚点——农户参与农村生活垃圾分类处理；再次，在新公共服务理论中政府通过民主协商、沟通决策，帮助公民表达和实现共同利益，对提高农户参与农村生活垃圾分类处理具有重要意义；最后，以公共物品理论和新公共服务理论为分析基础的治理理论，是分析农村环境治理的理论支撑。同时，农村生活垃圾的有效处理需要地方政府、农户、非政府组织以及私人部门等多元化主体的协同参与。

2.2.1 公共物品理论概述

公共物品是对应于私人物品而言的，是具有所有消费者能同时进行集体消费性质的产品和服务，但不同学者对于公共物品范围的界定不太一致。Samuelson（1954）首次对公共物品进行定义：每个人消费该物品都不会致使其他人减少对这种物品的消费，如海上引航的灯塔是纯粹的公共物品。公共物品具有以下特征（张舜梅，2006）。一是非排他性，即消费者在消费公共物品的同时不能阻止其他成员对该产品的消费。“免费搭便车”的现象主要由于公共物品的非排他性特点。就公共环境的治理而言，主要以不支付环境费用的同时也可以享用清洁环境带来的利益的形式体现。二是非竞争性，即消费者数量的改变并不会影响公共物品边际成本的改变。就公共环境的治理而言，消费者享用清洁环境人数的改变不会影响清洁环境的治理成本；三是效用的不可分割性。就公共环境的治理而言，与消费者享用清洁环境的效用是一样的。但是，李华和张靖会（2008）提出，生活中不只有纯公共物品的存在，不满足所有公共物品性质的准公共物品也大量存在，且准公共物品可同时具有公共物品和私人物品的属性，介于两者之间，主要包括：消费具有排他性，但不具有竞争性；消费共同享用，技术上排他，达到临界值会出现拥挤效应；具有明显的外部性，消费具有一定程度的排他性。

Czajkowski 等（2015）开发了一种环境产品的选择模型，该模型允许消费者通过消费体验环境产品来了解其环境偏好。作为准公共物品的农村生态环境，拥有竞争性和非排他性。农村环境在产权界定方面比较模糊，不能向消费者直接收取费用，也不能阻止任何消费者对农村环境的享用，即农村环境具有非排他性的特点（乐小芳等，2003）。但是，一些人对农村环境的享用会影响他人对农村环境的享用，即农村环境具有竞争性的特点。基于准公共物品的内涵和性质，一些学者对准公共物品的提供方式开展了深入的研究，力求提出能提高准公共物品供给效率的最优模式。曾贤刚（2005）通过研究提出，准公共物品的供给应该采用市场准入方式，由政府部门和私人部门相互协作，政府在实行管制的基础上，通过公开招标允许私人部门等参与提供，不仅可以保证供给效率，还可以通过市场竞争防止垄断。张继承（2010）提出农村生活垃圾的治理是准公共物品，只有政府部门提供则可能会出现供给满足不了消费者需求的情况，完全由私人部门提供会增加消费者的付费成本，因此农村生活垃圾的治理应采取公私合作的供给方式。

可见，农村生活垃圾分类处理属于典型的准公共物品，获得了学者的认可和肯定，具有较强的竞争性和较弱的排他性。同时，农村面积较广、村落分布不集中。因此，农村生活垃圾的产生总量大但比较分散，运输费用高，大规模垃圾处理不易形成，这些决定了农村生活垃圾处理的成本较高。农村生活垃圾处理具有成本高、效益低的特点，私人部门提供服务的积极性偏低，进而导致市场失灵，农村生活垃圾处理的供给效率低。

2.2.2 公众参与理论

自《市民参与的阶梯》论文刊出以来，美国公民权利运动高涨，民众积极参与到现代治理理论之中，为公众参与行为可行性奠定了基础，至今公众参与治理已经涉及社会的多个方面。公众参与主要包括立法、决策、治理等三个层面的参与。因此，公众参与理论是本书农户参与农村生活垃圾分类处理的直接理论来源。

农户参与农村生活垃圾分类处理主要包含四个特征：一是补充性。政府主要以税收等方式获得公共财产，是农村生活垃圾处理服务供给中的重要提供者。就资金和技术上的制约而言，农户一般倾向于以公益性范围窄、规模较小、技术不高、对农民有明显好处的方式参与公共事业。它们可以有效地补充政府供给，提高公共物品的供给效率。二是不可或缺性。农户参与农村生活垃圾分类处理的服务供给是供给主体多元化的直观体现，是社会治理的进步。从具体过程来看，农户参与农村生活垃圾分类处理的服务供给决策可以提高农户提供公共物品的参与水平，也是农户参与农村环境治理一个主要途径。农户参与农村生活垃圾分类处理的资金供给是解决农村环境问题供给资金缺乏的有效方法。农户参与农村生活垃圾分类处理的行动参与供给能有效减少地方政府解决农村环境问题的劳动力和资金供给，减少公共资金的投入。因此，农村生活垃圾分类处理供给不能缺乏农户参与。三是强目的性。长期以来，政府作为农村公共物品的提供者，自上而下的供给行为可能会导致供需不一致，以致供给效率低下。农户是农村生活垃圾分类处理的直接受益者，农户是否能获得自身所需的清洁环境是决定农村人居环境治理质量好坏的决定因素。四是参与方式的多样性。农户参与农村生活垃圾分类处理供给，既可以通过出资付费的方式，也可以通过农户自身直接以参与分类行动的方式对农村生活垃圾分类处理供给。

2.2.3 新公共服务理论

Robert 和 Janet（2002）指出新公共服务理论以公共行政理论为基础，以公共利益为目标，重视民主价值的体现，是现代公共社会和公共管理实践的选择结果。该理论的核心内容主要包括：政府应以服务职能为主、公共利益是目标、行动具有民主性、为公民服务以及责任复杂，即新公共服务理论认为在公共治理的过程中，政府角色应该是参与者的身份，公民才是公共治理的核心（杨丹华，2009）。

农村生活垃圾分类处理服务是以政府为主要提供主体的公共服务。目前，政府仍然是农村生活垃圾治理的主要力量。新公共服务理论则认为农户是农村公共治理体系主要参与者和受益者，是公共治理体系的核心。然而，相关研究表明农户参与农村生活垃圾分类处理意愿与行为有待提高，主要是因为政府与农户之间缺乏有效的沟通和决策，政府对农村生活垃圾分类处理进行决策时忽略了农户的民意表达。因此，政府应该建立健全农户民意表达渠道，构建农户参与农村生活垃圾分类处理机制，改善农村人居环境。

2.3 农户参与农村生活垃圾分类处理行为分析框架

通过个体行为决策理论的梳理分析，可以发现一个有趣的现象，不同的理论，虽然在形式和模型中具体的因子有所不同，但都有一定的交集，如计划行为理论以知觉行为控制作为行为实际控制条件的代理变量，而态度-情景-行为理论用外部条件因子来衡量实际控制条件，动机-机会-能力模型中的机会因子其实说的也是实际控制条件这回事。即虽然彼此之间存在差异，但并非绝对的不同。鉴于此，本书认为，在借鉴前人理论来构建某特定行为的决策机理时，不宜从不同的理论模型中截取某一部分来拼凑出一个模型，而应在某一代表性理论的基础上，参照其他相关理论，对该代表性理论进行完善和扩展，使之更加适用于预测和解释该特定行为。

鉴于农户参与农村生活垃圾分类处理存在着参与意愿不高、有意愿没行为等问题及上述分析，本节主要基于计划行为理论，并参考其他个体行为决策理论，如态度-情景-行为理论、规范激活理论、自我调节理论、动机-机会-能力模型和制度分析与发展框架，对计划行为理论进行扩展，构建农户参与农村生活垃圾分类处理行为的分析框架。

在开展分析之前，首先对计划行为理论的缺陷进行审视，可以发现以下问题：一般性的计划行为分析框架是否足以准确地分析出农户参与农村生活垃圾分类的决策机理？哪些因子导致了农户参与农村生活垃圾分类处理行为的发生？这些因子相互间的关系又是什么？已有文献指出存在有意愿没行为情况，这一农户参与农村生活垃圾分类处理意愿与行为之间表现不同的原因又是什么？回答这些问题是构建农户参与农村生活垃圾分类处理行为分析框架的重要内容。

2.3.1 农户参与农村生活垃圾分类处理行为分析框架的构建

农村生活垃圾妥善处理的受益者是农户，单个农户的垃圾分类处理将会在一个很微小的程度上改善农村生活环境，所以农户参与生活垃圾分类处理将会产生一定的外部收益，具有利他性，是一种小范围带有公共物品供给性质的有计划的环境行为。在分析农户参与分类行为时，学界普遍接受、广为认可的模型主要是计划行为理论模型，该理论为本书的开展奠定了基本的模型概念。然而，计划行为理论框架并不能十分准确地代替某特定行为的发生机制，其创立者 Ajzen（1991）也指出，计划行为理论是一个笼统的、指导性的理论框架，针对不同的研究情境，可能需要增加新的关系、新的变量，以提高该理论的实用性与解释力。故本节将基于对相关理论的审视，对计划行为理论进行扩展，使之更加适用于预测和分析农户参与生活垃圾分类处理这一特定行为。

2.3.1.1 *农户参与农村生活垃圾分类处理行为的基础分析框架*

由于主观心理的外在行动表现是农户的参与行为，本书利用认可度最高的计划行为理论进行基础理论分析框架的构建。计划行为理论认为农户是否参与生活垃圾分类处理首先由其主观意愿决定，而农户在主观意愿上是否存在参与生活垃圾分类的意愿，主要取决于三个方面的因素，一是农户是否充分意识到了参与垃圾分类的好处，或者不参与垃圾分类的害处，即主体对参与行为的态度；二是外界是否有足够的吸引力或者有足够的约束压力，即主体的行为规范；三是农户在主观上感觉自己的能力是否能够满足参与垃圾分类处理的要求，也就是农户感觉其实施分类行为是否可以成功，即主体的知觉行为控制。同时，态度、主观规范、知觉行为控制相互影响并共同决定农户参与意愿。另外，农户参与农村生活垃圾分类处理行为受到农户参与农村生活垃圾分类处理意愿和知觉行为控制的影响，考虑到知觉行为控制是从主观角度来间接衡量实际控制条件对参与行为的影响的，故以虚线表示。据此可以构建出以下农户参与农村生活垃圾分类处理的基础分析框架，如图 2.2 所示。

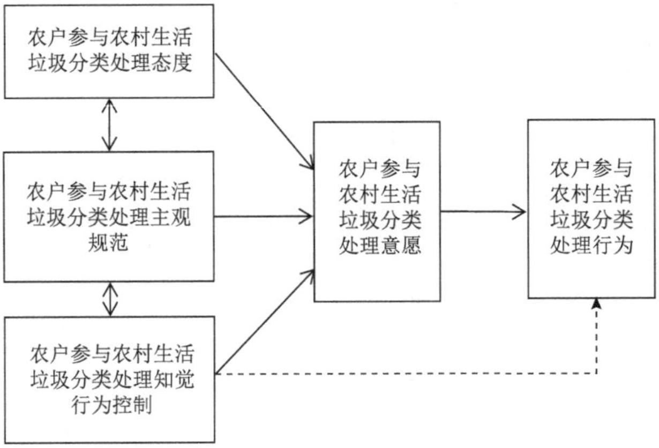

图 2.2　农户参与农村生活垃圾分类处理行为基础分析框架

2.3.1.2　农户参与农村生活垃圾分类意愿与行为之间的传递机制

计划行为理论认为，导致行为发生的主要原因是行为意愿。在其他相关理论中，虽然没有明确指出这种作用机制，但却异曲同工地使用了其他因子来归纳行为意愿与行为之间的这种关系，如态度-情景-行为理论中的个体态度因子、规范激活理论中的个体规范因子、动机-机会-能力模型中的动机因子等。自我调节理论更是引入愿望因子，以细化态度对行为意愿的影响，从而更好地界定行为意愿。可见，行为意愿是影响行为的重要因素，是一个被普遍认可了的观点。但众多研究表明，意愿与行为之间往往是背离的（王子坤等，2018）。

一个普适性的观点为何会受到如此多的质疑？意愿与行为背离的原因是什么？这引起了许多学者的注意。一些学者从不同因素对意愿与行为的影响差异出发，寻找背离的原因，如许增巍（2016）认为农户参与农村环境治理行为的失败，往往是因为意愿与行为的背离，农户身体状况、年家庭人均收入、社会网络等因素均显著影响到背离的程度。陈绍军等（2015）通过对宁波市实地调查数据的实证分析发现，居民参与垃圾分类的意愿明显高于实际行为，垃圾处理设施的便利性、居民的责任感等均是造成背离的原因。但这种通过其他因素去研究意愿与行为背离的方法忽略了一个非常重要的事实。假设其他因素对意愿和行为的影响是相同的，均没有造成背离，但是意愿也不等同于行为，两者之间并不具有天然一致性。如果按照这个思路来看，因为忽略了意愿与行为本身的背离，那么此时再去测度某些因素对背离的影响，这样的结果并不准确。比如，在农户参与农村生活垃圾分类处理行为中，社会网络带给农户的参与分类行为压力本应是通过参与分类主观规范因子来影响参与分类行为意愿，最终影响参与分类行为的。此时社会网络因素并不是影响意愿与行为背离的原因，而是因为意愿与行为本身的背离，才造成了社会网络对意愿与行为影响的差异。所以，只有控制了意愿与行为本身的背离，再去讨论其他因素对背离的影响，才有意义。

另一些学者对意愿与行为之间的传递机制进行了研究，如 Armitage 和 Conner（2001）运用元分析法证明了计划行为理论中意愿和行为之间还有相当一部分的方差没有得到解释，需要在意愿与行为间添加新的变量来提高模型的预测能力。Gollwitzer（1999）认为，在意愿与行为之间，还存在着一个执行阶段。在执行阶段中，个体会通过制订具体的行为计划，进而实施相应的行为。这些研究为探究意愿与行为之间的传递机制提供了新视角，扩展了理论边缘，但尚未得出一致性的结论。本书认为，意愿与行为之间存在着一套复杂的传导机制，这需要进一步的研究与大量的验证才能得到准确的答案，但有一个经常被忽略的事实是可以肯定的，即行为意愿的程度一定大于等于由行为意愿导致的实际行为发生的程度。基于这一事实，可以反向推导出两点可能的原因：一是行为意愿对行为的转化并不完全；二是一部分低程度的行为意愿并未转化为行为。

当行为意愿对行为的转化并不完全时，可以认为行为意愿与行为之间存在一个宽进窄出的漏斗，使得高程度的行为意愿只能导致低程度的行为发生，即漏斗效应。运用到农户参与农村生活垃圾分类处理行为中时，漏斗效应会在农户参与农村生活垃圾分类处理意愿和行为之间发生如下作用，如图 2.3 所示。

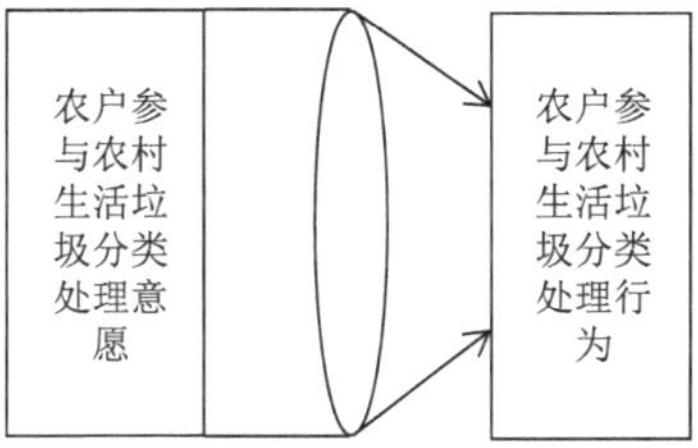

图 2.3　农户参与农村生活垃圾分类处理意愿与行为之间的漏斗效应

同时，当一部分低程度的行为意愿并未转化为行为时，可以认为行为意愿与行为之间存在这样一个门槛，当行为意愿的程度高于门槛时，意愿会影响到行为的发生；当行为意愿的程度低于门槛时，意愿并不对行为造成影响，即门槛效应。运用到农户参与农村生活垃圾分类处理行为中时，门槛效应会在农户参与农村生活垃圾分类处理意愿和行为之间发生如下作用，如图 2.4 所示。

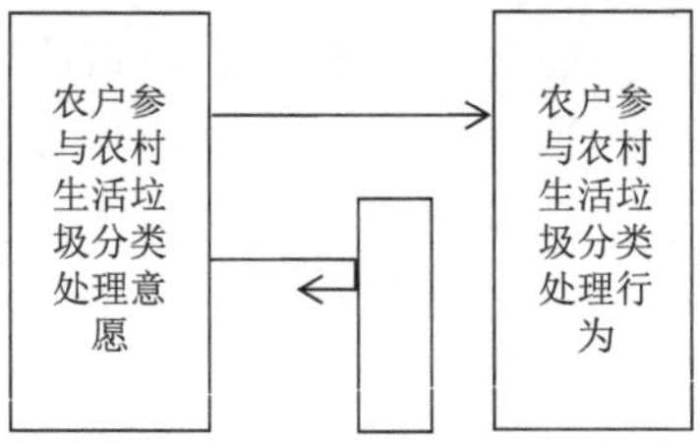

图 2.4 农户参与农村生活垃圾分类处理意愿与行为之间的门槛效应

当同时考虑漏斗效应和门槛效应时，由于门槛效应的存在，漏斗效应实际将只对高于门槛程度的行为意愿转化为行为的过程产生影响。综合门槛效应和漏斗效应的影响，农户参与农村生活垃圾分类处理意愿与行为之间的传递机制如图 2.5 所示。

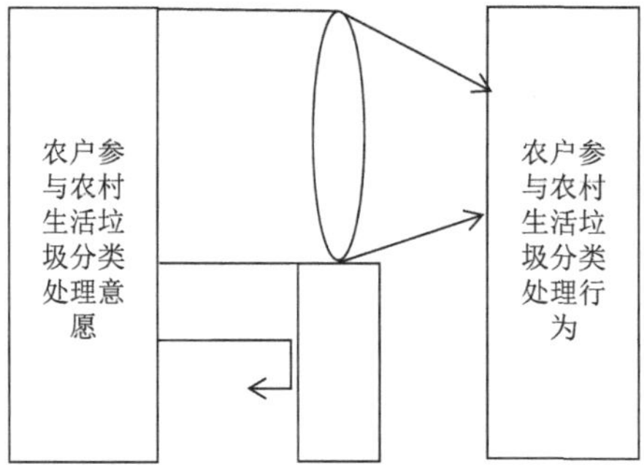

图 2.5 农户参与农村生活垃圾分类处理意愿与行为之间的传递机制

2.3.1.3 两种异质性与两类特殊外部因素

一是两种异质性。计划行为理论框架的隐含前提是每个个体都是同质的，且假设每个个体所面临的外部环境是一致且稳定的（闫岩，2014）。这个假设忽略了个体的异质性以及因此导致的每个个体所感知到的外部环境是不同的情形。而且，当模型所套用的情景从一个地区扩充到两个及以上地区后，地区异质性同样会使不同区域个体所感知到的外部环境存在差异。计划行为理论并未直接纳入异质性因子，但由凸显信念形成的行为意愿、主观规范及知觉行为控制都是由个体感知导致的，这一过程包含了个体异质性造成的感知的不同，但并未包含区域异质性的影响，且并未考虑到个体异质性和区域异质性对意愿与行为间的传递机制的影响。在其他相关理论中，大多都不同程度地涉及了异质性对行为的影响，如自我调节理论中的愿望因子，个体异质性会促使其对某一特定行为的不同程度愿望的产生。又如态度-情景-行为理论中的外部条件因子，该因子等同于全部的可能对该特定行为产生影响的实际控制条件，那么就可以认为，它其实等于计划行为理论中的知觉行为控制、区域异质性的调节作用以及下文将要论述的隐性外部因素和突发性外部因素的总和。

目前，已有不少学者意识到了异质性的存在，大多数的做法是在实证模型中引入性别、年龄、地区虚拟变量等来衡量异质性的影响（康佳宁等，2018）。本书认为，异质性主要分为个体异质性和地区异质性两种，两种异质性先对该行为的一系列凸显信念产生影响，然后分别对行为态度、主观规范和知觉行为控制造成影响，从而引起不同人和不同地区之间参与意愿与参与行为的差异。除此之外，两种异质性还将对行为意愿与行为间的传递机制造成影响，即造成具有差异性的漏斗效应和门槛效应。

在农户参与农村生活垃圾分类处理这一特定行为中，农户的个人特征，如性别、年龄、族别、受教育程度、收入等决定了农户之间的异质性。不同村域之间的社会环境、政策制度、基础设施、市场条件等宏观环境变量的不同决定了村域之间的异质性。具体来讲，异质性会使农户对同一行为产生不同的参与信念强度及行为结果评价，其不仅是影响行为态度的因素，也是影响同一村域不同农户行为态度差异性的主要原因。同时，异质性比较直观地决定了农户的社会网络结构，从而使不同农户的重要他人对其技术采纳行为产生的压力或期望有所不同，并会对农户顺从这种压力或期望的意愿产生影响。知觉行为控制是从主观上来衡量实际控制条件的因子，由于异质性的存在，每个农户的主观衡量标准都是不同的，进而感受到的对参与农村生活垃圾分类处理行为促进或阻碍的因素及这些因素对农户参与农村生活垃圾分类处理行为的影响程度均不同。制度分析与发展框架认为，外界环境变量（即村域异质性）会在意愿与行为间起调节作用（王亚华，2017），这点与本书的观点相同，即村域异质性会对门槛效应和漏斗效应起到调节作用。意愿与行为之间的作用机制同样是被纳入主观框架中的一部分，那么农户的异质性会使得影响每个农户的漏斗效应和门槛效应的程度不同。综上所述，异质性对农户参与农村生活垃圾分类处理行为的影响如图 2.6 所示。

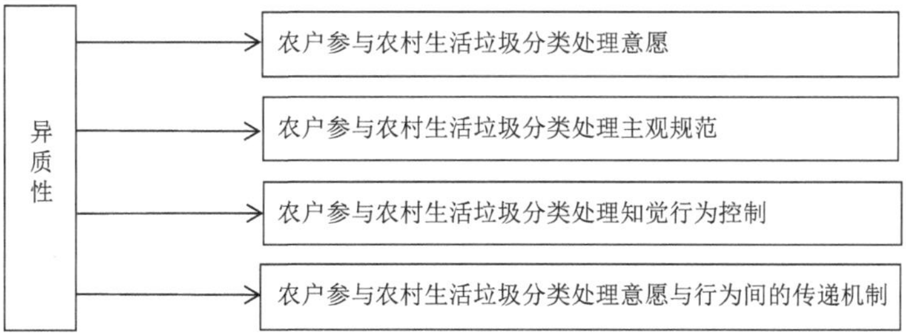

图 2.6　异质性的影响

二是两类未纳入计划行为理论的特殊外部因素。因为知觉行为控制是完全从主观上评判的属性，一部分学者认为其并不能准确地衡量出实际控制条件所产生的影响。本书认为，学界过多地对知觉行为控制概念内容的批判，是有悖于 Ajzen 引入该因子的初衷的。一些学者用以扩充模型的外部情景因素，其实是可以从主观上来衡量的。同一个因素无法直接认定其是从主观衡量的效果好，还是从客观衡量的效果好，这需要通过模型的验证或对实际情况的进一步讨论来判断。那些可以从主观上衡量的外部因素，其实已经被 Ajzen 纳入了知觉行为控制中，这时候讨论这个因素在客观上的影响，只是换了一个角度看待同一个问题。比如，在探讨农户测土配方施肥技术采纳行为的计划行为理论模型中引入外部因素因子，并设置其代理变量为家距配方肥配置点的距离，无论是用配方肥配置点距家的距离这一客观变量，还是用农户对家距配方肥配置点的距离远近主观评价这一主观变量，都是在代理同一问题。也就是说，可以从主观上衡量的外部因素其实并不是对计划行为理论的扩充，当从主观上衡量这些问题时，上述问题就被归为知觉行为控制因子，从而纳入计划行为理论模型中。故针对不同的情景，主观角度和客观角度的孰优孰劣，是不一定的。本书认为，Ajzen 的本意并不是偏向于主观和客观的选择，而是使用什么样的变量和方式去测量知觉行为控制因子，才能使从主观角度衡量的问题更好地反映现实情况。

虽然应在方法和选择上进一步对知觉行为控制因子进行优化，但不可否认的是，用知觉行为控制因子来衡量实际控制条件，其本身是存在缺陷的。就算找到了可以完美体现且包含所有可从主观测度的实际控制条件，依然会有两类实际控制条件，即两类特殊的外部因素没有被纳入知觉行为控制。一类是尚未从主观上感知到的，或者说被忽略了的，但会对实际行为造成影响的外部因素，即隐性外部因素。本书将隐性外部因素定义为：个体在执行实际行为的过程中所遇到的非突发性的且事先未预料到的阻碍或促进该行为顺利实施的因素，这类因素的形成往往源自主观对实际控制条件认识的不足或高估。另外一类是虽然可以从主观上感知到，但由于是突发事件或小概率事件，其不会对行为意愿产生影响，但当它发生的时候，会直接影响到实际行为的发生，即突发性外部因素。本书将突发性外部因素定义为：个体在执行实际行为的过程中所遇到的突发性的且先前并未在意的阻碍或促进该行为顺利实施的因素。

隐性外部因素、突发性外部因素和可从主观衡量的外部因素都包括在实际控制条件中，那么，为什么将它们称作特殊的外部因素呢？一些学者在研究中忽视了这个问题，认为外部因素将同时对意愿和行为产生影响。但隐性外部因素和突发性外部因素之所以特殊，是因为它们只对实际行为产生影响，而不对行为意愿产生影响。也就是说，抛开计划行为理论框架不谈，当单独衡量外部因素的影响时，也要把这两类只影响行为的外部因素同其他同时影响意愿和行为的外部因素区别开来。将它们运用到农户参与农村生活垃圾分类处理行为中时，隐性外部因素和突发性外部因素会直接对农户参与农村生活垃圾分类处理行为造成影响，而不会影响到农户参与农村生活垃圾分类处理的行为意愿，如图 2.7 所示。

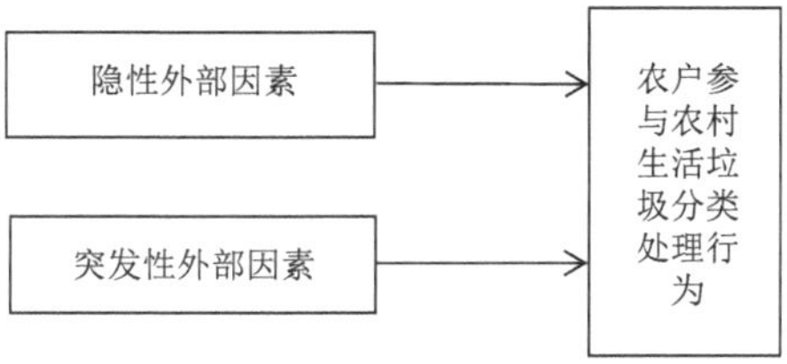

图 2.7　两类特殊外部因素的影响

2.3.1.4　农户参与农村生活垃圾分类处理行为分析框架描述

在构建农户参与农村生活垃圾分类处理行为具体的分析框架时，还需要对农户参与农村生活垃圾分类处理行为态度、主观规范和知觉行为控制做进一步的界定。

农户参与分类态度主要是由农户参与分类信念的强度和对农户参与分类行为结果的评估两方面来决定的。农户参与农村生活垃圾分类主观规范的测量要先通过开放性问题明确哪些个人或团体会对农户参与农村生活垃圾分类处理行为造成影响。再通过这些重要他人给农户参与农村生活垃圾分类处理带来的压力或期望、农户顺从这种压力或期望的意愿以及重要他人是否参与了农村生活垃圾分类处理行为给农户带来的示范效应三个方面来衡量。测量农户参与农村生活垃圾分类处理行为的知觉行为控制时，要从个体感知到的可能促进或阻碍参与分类的因素及这些因素对农户参与农村生活垃圾分类处理行为的影响程度两个大方面来衡量。值得注意的是，一部分学者在应用计划行为理论分析农户行为时，人为地选择或者从前人的研究中挑选衡量态度、主观规范和知觉行为控制的变量，这样研究所得的信度和效度都较差，会降低理论的解释力（Ajzen，1991）。正确的做法是应通过三类开放性问题来分别获得行为信念、规范信念及控制信念中出现频率较高的凸显信念作为衡量上述三种因子的信息来源。三类开放性问题为：农户参与农村生活垃圾分类处理行为对其自身有哪些益处和害处？哪些重要他人或团队会影响农户参与农村生活垃圾分类处理行为的发生？哪些因素会促进或阻碍农户参与农村生活垃圾分类处理行为的发生？（段文婷和江光荣，2008）。根据上述观点，本书构建了农户参与农村生活垃圾分类处理行为分析框架，如图 2.8 所示。后文中防治补贴等激励政策的影响机制类似于两种异质性对行为的影响机制，即防治补贴等激励政策将通过影响农户参与农村生活垃圾分类处理行为的一系列凸显信念，进而分别对农户参与农村生活垃圾分类处理行为态度、主观规范和知觉行为控制造成影响。

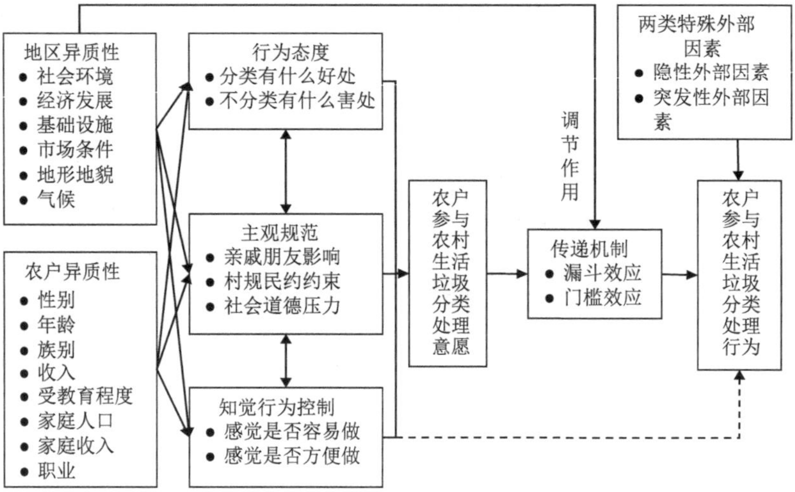

图 2.8　农户参与农村生活垃圾分类处理行为分析框架

虚线部分表示知觉行为控制是从主观角度来间接衡量实际控制条件对参与行为的影响

2.3.2　农户参与农村生活垃圾分类处理行为分析框架的解构

本章开始就指明框架、理论和模型存在区别。通过对计划行为理论等个体行为决策理论的分析与借鉴，并以此为基础构建农户参与农村生活垃圾分类处理行为分析框架，划定了农户参与农村生活垃圾分类处理行为的研究范围，指明了研究方向。在同一分析框架之中，能够挑选不同的模型，构建不同变量间的具体关系。

本书的研究内容⑤和研究内容⑥分别揭示农户参与农村生活垃圾分类处理行为驱动机制和农户参与农村生活垃圾分类处理意愿与行为的背离机制，并进行实证检验，再结合农户参与农村生活垃圾分类处理行为的分析框架来看，可将分析框架进行解构，分为上述两条作用机制，再选用合适的方法进行验证。首先是农户参与农村生活垃圾分类处理行为驱动机制，如图 2.9 所示。

其次是农户参与农村生活垃圾分类处理意愿与行为的背离机制，如图 2.10 所示。部分农户参与农村生活垃圾分类处理决策机制失灵的表现为参与意愿与参与行为的背离，对背离根源的探索性研究是学界的一个研究难点（余威震等，2017）。虽然已经有一些学者对背离的机理进行了研究，但正如前文所述，大部分学者都忽视了一个重要的问题，就是由门槛效应和漏斗效应所导致的参与意愿与参与行为本身的背离。

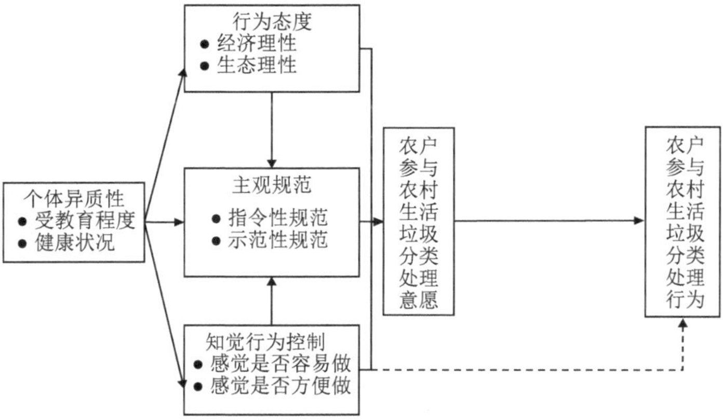

图 2.9 农户参与农村生活垃圾分类处理行为驱动机制

虚线部分表示知觉行为控制是从主观角度来间接衡量实际控制条件对参与行为的影响

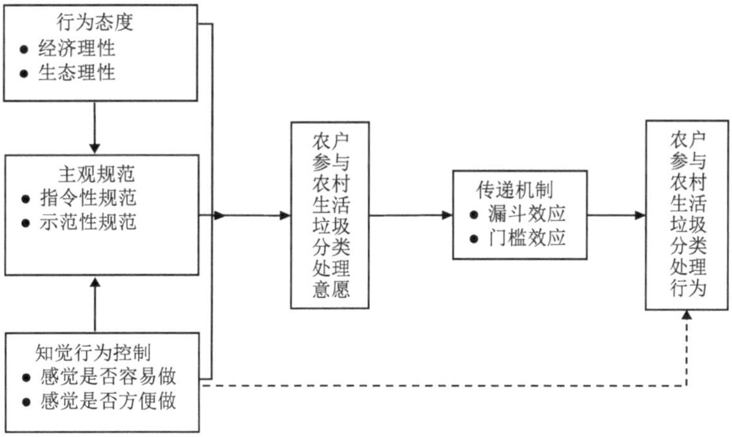

图 2.10 农户参与农村生活垃圾分类处理意愿与行为的背离机制

虚线部分表示知觉行为控制是从主观角度来间接衡量实际控制条件对参与行为的影响

通过本书所构建的农户参与农村生活垃圾分类处理分析框架可以看出，具体见图 2.8，造成背离的原因主要有三个方面。一是由于参与意愿与参与行为之间存在的门槛效应和漏斗效应，会降低参与意愿对参与行为的影响。二是农户异质性与村域异质性不仅会通过影响农户参与农村生活垃圾分类处理行为态度、主观规范与知觉行为控制来影响参与意愿，还会直接对门槛效应和漏斗效应的作用程度产生影响，从而影响到参与行为。三是实际控制条件，当从主观上来衡量时，纳入知觉行为控制因子，当从客观上来衡量时，纳入外部因素因子，但不管衡量的方式怎样变化，实际控制条件均会同时对参与意愿和参与行为造成影响，从而导致参与意愿与参与行为的背离。

2.4 农户参与对农村生活垃圾分类处理效率的影响机制

近年来，我国农村经济飞速发展，农户收入水平和物质消费水平发生了新的变化，农村生活垃圾的产生和排放量也急剧增加。在此背景下，农村生活垃圾能否得到妥善处理，已经成为乡村生态宜居能否顺利实现的关键因素。农户是农村生活垃圾的产生者又是垃圾分类的主要参与者，其参与农村生活垃圾分类处理程度是影响农村生活垃圾分类处理效果的直接因素，即农户参与是提高农村生活垃圾分类处理效率的关键途径。因此，探究农户参与对农村生活垃圾分类处理效果的影响和作用机理具有重要的现实意义。

2.4.1 农户直接参与对农村生活垃圾分类处理效率的影响

农户直接参与农村生活垃圾分类处理是指农户通过发挥自身的主观能动性，以自身的实际行动直接参与农村生活垃圾分类处理的过程。一方面，农户直接参与农村生活垃圾分类处理有助于降低农村生活垃圾分类处理的投入。首先，农户直接参与农村生活垃圾分类处理，能够有效降低垃圾二次分类处理费用和农村生活垃圾分类处理总成本，从而有效减少政府对农村环境治理拨款，节约垃圾处理的公共资金总投入（李小云，2001；胡洪彬，2009）。其次，农户直接参与农村生活垃圾分类行动，有助于减少村庄保洁、收集、清运等人员的工资投入（王爱琴等，2016），降低村级生活垃圾处理的经费开支。另外，农户直接参与农村生活垃圾分类处理，会使分类后的垃圾在质和量上改变，分类准确率提高，二次分拣设施投入降低，机构运行资金投入也会随之降低（谢文理等，2008）。另一方面，农户直接参与农村生活垃圾分类处理有助于增加生活垃圾分类处理的产出。农户既是农村生活垃圾的制造者，也是农村生活垃圾分类处理的最直接受益者，农户应当成为农村生活垃圾分类处理的核心主体（刘春霞和郭鸿鹏，2016），其直接参与农村生活垃圾分类，有助于提高农村生活垃圾分类准确率和垃圾处理水平（曾小溪和曾福生，2012；王爱琴等，2016）。

2.4.2 农户间接参与对农村生活垃圾分类处理效率的影响

农户间接参与农村生活垃圾分类处理是指农户通过支付一定的成本支持农村生活垃圾分类处理的过程。一方面，农户间接参与可能会增加农村生活垃圾分类处理的投入。政府“自上而下”的决策结果是农户参与农村生活垃圾分类处理的主要因素，农户作为农村生活垃圾污染主体，可通过“财政—集体—农户”各出一点的筹资模式参与到农村生活垃圾的分类处理中（许增巍等，2016；李冠杰，2017）。但我国农村生活垃圾分类处理不仅存在农户自愿支付行为，还存在着上级“安排式”的支付行为（焦艳鹏，2013）。当农户参与支付是迫于服从政策性要求时，支付行为反而会增加农户乱扔乱倒垃圾等行为的发生（Anderson and Leal，1991），造成农村所需清洁体系人员的数量增加，最终导致农村生活垃圾分类处理中人力投入的增加。此外，随之产生的农户滥用垃圾清理设施的倾向，会造成垃圾桶、分拣设施等固定投入增加，运行资金投入也会随之增加。另一方面，农户间接参与农村生活垃圾分类处理会降低农村生活垃圾分类处理产出。在支付费用相同的情况下，农户的个体“理性”会促使其追求自身效用的最大化（Jones et al.，2010），其往往采取“搭便车”的策略以获取自身在垃圾分类处理中的效益最大化（许增巍等，2016），农户更可能会以过度产生垃圾、降低参与垃圾分类等行为来弥补其垃圾处理的支付成本，从而导致垃圾分类准确率降低。

根据上述观点，本书构建了农户参与对农村生活垃圾分类处理效率的影响机制，如图 2.11 所示。

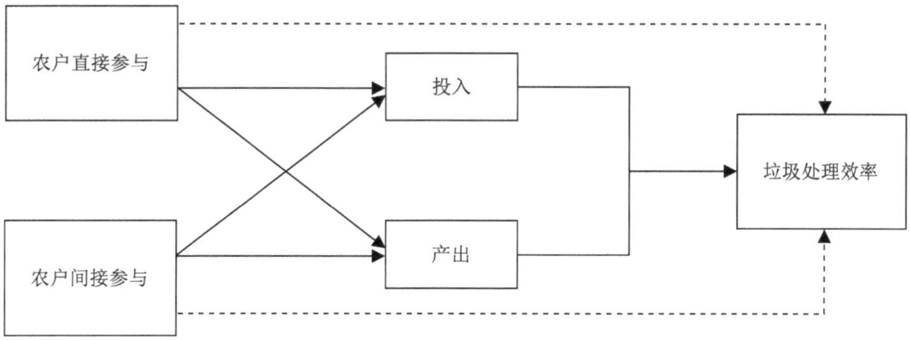

图 2.11 农户参与对农村生活垃圾分类处理效率的影响机制

图中虚线部分表示该种影响过程存在偶然性，是否会产生影响要根据具体的实证结果

2.5 农户生活垃圾准确分类驱动机制

为更好地探讨农户生活垃圾准确分类的驱动机制，从行为和结果两个角度进行综合考虑，进行全过程绩效评价分析。首先，在农村生活垃圾产生环节，从产生垃圾的主体——农户自身出发，考虑引入计划行为理论，探究农户生活垃圾分类的态度、主观规范和知觉行为控制可能会给其垃圾分类准确性带来的影响。在垃圾分类处理中，态度主要表现为农户是否认同、倾向于进行生活垃圾分类，即农户对分类行为所持的感受。主观规范是指农户在垃圾分类时承受的外界压力，具体表现为家人朋友、邻居等对其垃圾分类行为的影响。知觉行为控制则体现的是农户参与分类时的自信水平，涵盖内部因子（以往分类经验等）与外部因子（预

期分类时会发生的时空阻碍）。

其次，在生活垃圾处理环节，从探寻阻碍或促进农户垃圾分类准确性的因素出发，考虑引入“搭便车”理论、激励理论，探究垃圾分类收运情况、制度可能会给其垃圾分类准确性带来的影响。结合“搭便车”理论，农村生活垃圾具有很强的负外部性，最终将由政府来处理，费用将由社会共担，外部不经济问题很难得到解决。因此，可以利用政府干预市场等方式来改善垃圾分类中出现的外部不经济现象，提高垃圾分类效果。在考虑“搭便车”行为时，往往会考虑激励理论带来的制约。根据激励理论，强化理论应用于农村生活垃圾分类时，将影响农户垃圾分类的准确性，即相关的奖惩制度实施情况会对农户的垃圾分类准确性产生正向或负向的影响。根据上述分析，构建出农户生活垃圾准确分类驱动机制，如图 2.12 所示。

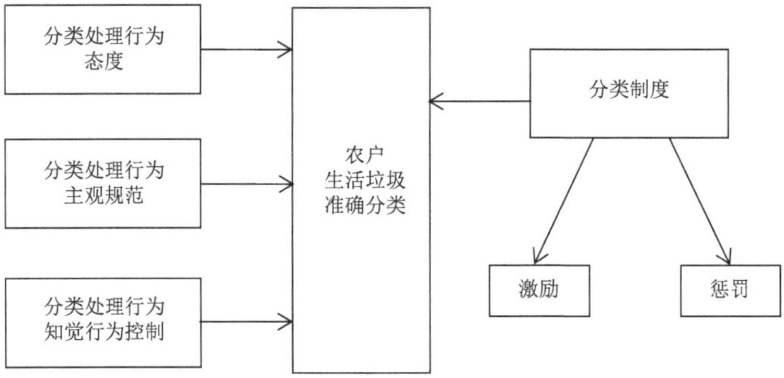

图 2.12　农户生活垃圾准确分类驱动机制

2.6　本章小结

如何建立本书研究的分析框架，在理论上衔接个体行为决策理论和公共物品理论，在实证上指导建立具体模型，在实践中激励农户参与农村生活垃圾分类处理与提升农村生活垃圾分类处理效率，完善激励政策，是本章的主要任务。本章主要结论如下所示。

（1）根据计划行为理论，农户参与农村生活垃圾分类处理的意愿越强烈，实际行为的响应也会越积极。农户参与农村生活垃圾分类处理行为并非直接受意愿的影响，由于行为与意愿之间存在的门槛效应和漏斗效应，一部分行为意愿并没有转化为农户参与农村生活垃圾分类处理行为；单纯讨论那些实际控制条件是从主观衡量还是从客观衡量没有意义，针对不同的情形，主观衡量未必没有客观衡量有效，反之亦然。知觉行为控制因子是农户参与农村生活垃圾分类处理行为实际控制条件的代理变量，但它只等价于可从主观衡量的农户参与农村生活垃圾分类处理行为的实际控制条件，并未包括隐性外部因素和突发性外部因素；农户异质性和村域异质性不仅会对农户参与农村生活垃圾分类处理行为态度、主观规范及知觉行为控制产生影响，还会影响门槛效应和漏斗效应的程度，即影响到意愿对农户参与农村生活垃圾分类处理行为的转化程度。基于此，本书在农户是否参与农村生活垃圾分类的心理认知层面，将农户的认知判断、意愿选择和行为响应联系起来，构建了农户参与农村生活垃圾分类处理行为的分析框架。

（2）农户直接参与农村生活垃圾分类处理是指农户通过发挥自身的主观能动性，以自身的实际行动直接加入农村生活垃圾分类处理的过程。一方面，农户直接加入农村生活垃圾分类处理有助于减少投入农村生活垃圾分类处理的其他成本。另一方面，农户直接参与农村生活垃圾分类处理有助于增加农村生活垃圾分类处理的产出。农户间接参与农村生活垃圾分类处理是指农户通过支付一定的成本支持农村生活垃圾分类处理的过程。一方面，农户间接参与可能会增加农村生活垃圾分类处理投入，克服投入不足；另一方面，农户间接参与农村生活垃圾分类处理会减少农村生活垃圾分类处理产出。

3 农村生活垃圾治理主体、政策及治理现状

本章将在第 2 章对农户参与农村生活垃圾分类处理等概念界定的基础上，通过对相关文献、政策文本和宏观数据的统计分析，总结我国农村生活垃圾治理主体类型及其治理方式，梳理我国农村生活垃圾治理政策的演进过程，从宏观层面统计分析我国农村生活垃圾治理的现状，揭示我国农村生活垃圾治理当前阶段面临的问题，为农户参与农村生活垃圾分类处理奠定基础。

3.1 农村生活垃圾治理的主体及方法

随着农村的快速发展，农户生产垃圾数量既快又多，农村生活垃圾问题与农户日益增长的居住环境要求之间的矛盾逐渐凸显，农村生活垃圾治理受到了各级政府的重视。下面将从文献研究的角度归纳总结农村生活垃圾分类治理主体、治理模式和治理技术等。

3.1.1 农村生活垃圾治理主体

（1）政府应该发挥主导作用。农村环境污染问题治理是政府的职责，治理农村环境问题是公共服务的重要组成部分，政府应当发挥其主导作用（Diekmann and Preisendörfer，1992）。加强地方政府的职责，是解决新农村生活垃圾问题的关键，必须采取多种途径促进农村生活垃圾的处置（王宁娟和赵映诚，2013）。政府应从不同角度发挥农村生活垃圾分类处理中的关键性。其一，资金。由于一些村庄无力支持过高的管理成本，垃圾清运率低且处理方式简单（非正规地焚烧或掩埋），最终引发一系列连锁反应（王爱琴等，2016）。其二，基础设施。大多数村庄仅在村内有垃圾堆放点，没有安装垃圾分类设备，基本为混合收集（王君，2017；谢玉，2017）。其三，制度。当前关于生活垃圾处理的法律和行政法规大多是根据城市的需要而制定的，而理论上可以适用于农村的立法，但又缺乏可操作性（宁清同和胡晓舒，2011）。其四，清运服务。全国 60 多万个建制村中，大部分垃圾管理服务处于刚刚起步阶段，安排专人开展运维的较少（魏佳容，2015）；目前仅在沿海、经济较发达地区的县城形成了“村收集、镇中转、县（市）处理”的垃圾管理模式（王爱琴等，2016）。

（2）其他主体应该发挥的作用。由于农村生活垃圾产生量已超过城市，是我国生活垃圾的重要组成部分，具有产生原因多、涉及人数多、治理费用高等特点，

因此，其治理主体也理应是多元的。垃圾分类问题不只需要政府承担，还需要企业、社会组织及每一个个体的共同参与（Chen et al.，2017）。因此，农村生活垃圾治理不应仅由政府承担，应该构建公众、私人部门及政府相互协作模式，3P（public-private-partnership，公共私营合作制，又称 PPP）治理模式是解决农村生活垃圾管理最有力的手段之一，既在社会治理方面为政府降低成本，又可以在治理环境方面提高效率。可以尝试引进 BOT（build-operate-transfer，建设-经营-转让）等模式来促进农村生活垃圾处理规模化、产业化，需要以政府投入作为基础，吸引社会各方资本参与垃圾治理（余思海和朱晴，2017）。例如，中国台北市农村生活垃圾治理以“理论指导+政府重视+制度创新”的模式成功调动了农户与社会的积极性。台北市政府积极履行公共服务职能，以科学理论为指导，与市场相互补充共同解决治理过程中出现的问题。私人部门是生活垃圾处理主体的重要组成部分，应完善私人部门参与生活垃圾治理体系，形成农村生活垃圾治理的长效机制（Bai and Sutanto，2002）。政府在公共事务中起主导地位，应引入市场参与机制，制定多方主体参与治理政策法规，明确各方主体参与治理的权利和义务，形成多元主体共同参与相互协作的局面（吴清津等，2014）。为了协调好各主体之间的资源，共同为垃圾治理贡献力量，目前国际上出现了 4P（public-private-people-partnership，其是指政府、市场、公众三位一体的合作伙伴关系）治理模式，以此来提高治理成效。按照农村生活垃圾分类治理供给主体的差异，可将其分为村民自主供给、政府供给、市场供给和多元共治等四种主要模式（姜利娜和赵霞，2020），为了提高政策实施效果，各方主体应参与政策制定和落实。农村生活垃圾治理以改善农村生活环境为目标，在基础设施建设、相关法律法规建设、长效管理机制等方面由政府主导，其他主体协同参与（沈苏莉，2014）。总而言之，农村人居环境治理需要政府、公众和市场等多主体参与合作，为更好解决农村生活垃圾污染问题形成治理合力（刘敏，2020）。

3.1.2 农村生活垃圾分类处理模式

垃圾分类处理是当前农村生活垃圾治理的主要模式，同时，农村生活垃圾分类处理的模式也受经济发展程度、地理位置、运输条件及行政村规模等因素的影响，故应遵守因地制宜的处理原则。目前我国农村生活垃圾分类处理模式主要包括集中处理模式、分散处理模式及分散处理与集中处理相结合的处理模式等三种。

就集中处理模式而言，在中央和地方财政的大力支持下，“户分类、村集中、镇转运、市处理”的垃圾处理运作模式基本形成。当前我国相对发达地区的农村生活垃圾收运处理模式主要以“村收集、镇转运、县处理”的传统全集中控制传输模式（control transmission protocol，CTP）为主，关于农村生活垃圾治理经济性分析也仅限于理论和小规模示范层面，得出农村生活垃圾流控制传输模式

（stream control transmission protocol，SCTP）最佳组合为“门前投放+上门收集+机器成肥”，通过科学合理地选择分类投放与收集，资源化站房布点与规模，因地制宜制订资源化产品政府绿色回购计划，最终形成兼具经济、高效、环保优势且可复制与可推广的简单控制传输（simple control transmission，SCT）模式。经济欠发达、区域面积较大的地区比较适宜采用聚居地集中处理的模式（Chu and Chiu，2003），虽然集中处理模式有利于垃圾治理长效化、科学化，但其运输成本高、资源配置不合理、缺乏民意表达等缺点并不适宜于所有地区。按照规范激活理论框架的逻辑，农村居民在生活垃圾集中处理方面的个体规范显著影响个体支付意愿，在农村生活垃圾集中处理行为意愿形成过程中，个体道德责任感对其有很大影响，居民一旦形成环保的价值观念，农村生活垃圾集中处理工作将会更加高效，较高的支付意愿也将有效缓解农村生活垃圾集中处理成本高这一难题（王新，2022）。

就分散式处理模式而言，其一般针对离乡（镇）较远的山村，在垃圾分类的基础上，应采取回收、田野沤肥及填埋等处理方式，使生活垃圾运输成本降低。农村村落分散，生活垃圾管理成本远高于城市，要充分考虑农村生活垃圾的成分和特点，可采取户分类、以村为单位的就地处理和按照距离分片的垃圾处理模式，有效降低运输成本和集中垃圾处理费用（Coase，1937）。分散处理模式中的就地消纳的处理模式，既可以满足偏远地区农户对垃圾处理的需求，也具有实施的可行性（姜利娜和赵霞，2020）。国家应考虑不同地区、经济发展水平不同的农村生活垃圾分散处理配套设施和技术水平，因地制宜发展农村生活垃圾分类处理模式，更快推广实施农村生活垃圾分类处理（Conner and Armitage，1998）。

就分散和集中相结合的垃圾处理模式而言，结合农村实际情况，可以选择分散式处理模式和集中处理模式相结合的垃圾处理模式，对于可堆肥、可回收垃圾应采取分散式处理模式，视其为主要处理模式；对于有害垃圾采取集中式处理模式，视其为次要处理模式（Conner and Sparks，2011）。在分散和集中相结合的处理模式中，以分类为前提的分散处理和集中处理相结合的垃圾处理模式在实践中采纳得较多（张爱平等，2017）。针对我国农村生活垃圾治理面临的困境及存在的问题，也可以在现有治理模式的基础上，对农村生活垃圾进行前端减量和就地、就近资源化利用，建立户分类、村收集、乡转运、县处理相结合的农村生活垃圾治理模式，并通过完善法律法规和标准、建立引导推进机制以及培育分类和资源化利用市场等三种途径促进农村生活垃圾分类减量和资源化利用的有效实施（贾小梅等，2018）；也可以采用农村生活垃圾市场化运营模式，该模式在运营方案、收集方法和运营成本费用等方面重点加强管理，使农村生活垃圾市场化运营具有可行性（Denhardt R and Denhardt J V，2000）。

从农村生活垃圾处理技术来看，垃圾的最终处理方式主要包括填埋、焚烧和资源化利用三种。由于农村生活垃圾处理的技术水平相对薄弱，且农村居民还没有较强的垃圾分类意识，主要以露天焚烧和填埋这两种垃圾处理方式为主，这种方式不仅会对环境造成二次污染，还不利于无害化处理技术的发展进程。总的来说，填埋作为就地处理的主要技术，需要较大土地面积，且与人均国内生产总值、城市化水平负相关；垃圾焚烧可用于发电，需要较高的技术水平以避免产生有害气体；资源化利用则与人均国土面积负相关，与人均国内生产总值、城市化水平、受教育程度及相关法律体系的完善程度正相关。

3.2 政策梳理及变迁

农村生活垃圾分类治理工作有利于实现农村生活垃圾减量化、资源化和无害化目标，是推动改善农村人居环境的客观要求，是实现乡村宜居的重要抓手。本节主要对农村生活垃圾治理的政策进行梳理，分析存在的主要问题，为中国不同区域的农村生活垃圾分类治理提供可复制、可推广的经验。

3.2.1 农村生活垃圾治理政策梳理

本节以“农村生活垃圾”为关键词，通过对国家部委的官方网站以及政策数据库进行收集整理，汇总了 1999~2021 年我国所颁布的有关农村生活垃圾治理的政策文件。从中央政策和地方政策两个层面对相关政策文件进行梳理，分析我国农村生活垃圾治理政策的变化。

3.2.1.1 全国层面

1999 年，国家环境保护总局印发《关于加强农村生态环境保护工作的若干意见》，提到各地环境保护部门应结合本地特点和村镇建设规划的实施，开展以生活污水及垃圾处理等为主要内容的“环境优美城镇（村镇）”或“环境保护先进城镇（村镇）”的创建工作，然而当时农村生活垃圾方面的立法基本处于空白期。

2004 年 12 月 29 日，第十届全国人民代表大会常务委员会第十三次会议修订通过的《中华人民共和国固体废物污染环境防治法》第四十九条提到，农村生活垃圾污染环境防治的具体办法由地方性法规规定。

2005 年，《国务院关于落实科学发展观加强环境保护的决定》指出妥善处理生活垃圾和污水，解决农村环境“脏、乱、差”问题，创建环境优美乡镇、文明生态村。

2006 年，中央“一号文件”——《中共中央 国务院关于推进社会主义新农村建设的若干意见》提出引导和帮助农民切实解决住宅与畜禽圈舍混杂问题，搞好农村污水、垃圾治理，改善农村环境卫生。

2007 年，为了贯彻落实中共中央、国务院的决定，保护和改善农村环境，提高农民生活质量和健康水平，促进社会主义新农村建设，《国务院办公厅转发环保总局等部门关于加强农村环境保护工作意见的通知》指出要将“农村畜禽粪便、农作物秸秆的资源化利用率以及生活垃圾和污水的处理率均提高 10%以上”等作为主要目标；大力推进农村生活污染治理，对居住比较分散、经济条件较差村庄的生活污水，可采取分散式、低成本、易管理的方式进行处理，逐步推广户分类、村收集、乡运输、县处理的方式，提高垃圾无害化处理水平。地方各级政府应在本级预算中安排一定资金用于农村环境保护，重点支持生活污水和垃圾处理的开展。在科技创新领域，要大力研究、开发和推广农村生活污水和垃圾处理等方面的环保实用技术。

2008 年，农业部进一步加大农村清洁工程建设和实施范围，在湖南、安徽、甘肃、河南、湖南、江西等 16 省、直辖市及计划单列市开展了农村清洁工程示范建设，共建成农村清洁工程示范村 117 个。示范村生活污水、生活垃圾、人畜粪便、秸秆、田间废弃物等收集处理率均达到 90%以上。截至 2008 年底，全国累计建成农村清洁工程示范村 1000 多个，农村生活垃圾的治理效果逐渐显现，政府对农村环境治理的重视程度持续加强。

2009 年，为激励和促进地方人民政府及社会各界加大对农村环境保护的投入，稳步推进农村环境综合整治，国务院办公厅转发环境保护部等部门《关于实行“以奖促治”加快解决突出的农村环境问题的实施方案》。

2010 年，环境保护部发布《农村生活污染防治技术政策》，第一次较为具体地提出农村生活垃圾的处理办法。此后两年，《国务院关于加强环境保护重点工作的意见》《国务院关于印发国家环境保护“十二五”规划的通知》《国务院关于印发节能减排“十二五”规划的通知》都针对当时突出需要解决的环境保护和农村环境问题及工作提出了具体思路和要求。2010 年 4 月，住房和城乡建设部、国家发展和改革委员会和环境保护部联合印发《生活垃圾处理技术指南》，2010 年 10 月，住房和城乡建设部组织编制《东南地区农村生活污水处理技术指南》等，并与日本国际协力机构开展了技术合作。

2014 年，全国对生活垃圾进行处理的行政村有 25.7 万个，占行政村总量的 47.0%，同比增长 10.4 个百分点；有生活垃圾收集点的行政村为 34.6 万个，占行政村总量的 63.2%，同比增长 8.4 个百分点；农村投入环境卫生的资金达到 169.9 亿元，其中垃圾处理方面的资金达到 63.1 亿元。

2014 年 1 月，为加强农村生活污水垃圾治理指导，住房和城乡建设部总结推广常熟市城乡生活污水统一规划、建设、运行和管理经验，印发《县（市）域城乡污水统筹治理导则（试行）》。2014 年 5 月，《国务院办公厅关于改善农村人居环境的指导意见》印发，要求加快农村环境综合整治，重点治理农村垃圾和污水，全面改善农村生产生活条件。住房和城乡建设部于 2014 年 11 月召开全国农村生活垃圾治理工作电视电话会议，启动农村生活垃圾 5 年专项治理。提出用 5 年时间，使全国 90%村庄的生活垃圾得到处理。到 2020 年全面建成小康社会时，基本实现农村生活垃圾全面治理。

2015 年 11 月 3 日，住房和城乡建设部等 10 个部委联合发布了《住房城乡建设部等部门关于全面推进农村垃圾治理的指导意见》，明确了县级人民政府是农村垃圾治理的责任主体，其任务包括建立村庄保洁制度，制定实施计划，整合各类资源，完善设施建设，保障日常运行。

2016 年，《中共中央 国务院关于落实发展新理念加快农业现代化实现全面小康目标的若干意见》继续强调实施农村生活垃圾治理 5 年专项行动。2016 年 12 月，《国务院关于印发“十三五”生态环境保护规划的通知》提出继续推进农村环境综合整治，因地制宜开展治理，完善农村生活垃圾“村收集、镇转运、县处理”模式，鼓励就地资源化，加快整治“垃圾围村”“垃圾围坝”等问题，切实防止城镇垃圾向农村转移。

2017 年，《国务院关于印发“十三五”节能减排综合工作方案的通知》提出加强生活垃圾回收处理设施建设，强化对生活垃圾分类、收运、处理的管理和督导，提升城市生活垃圾回收处理水平，全面推进农村垃圾治理，普遍建立村庄保洁制度，推广垃圾分类和就近资源化利用，到 2020 年，90%以上行政村的生活垃圾得到处理。

2018 年是决胜全面建成小康社会的关键一年，中共中央办公厅、国务院办公厅印发了《农村人居环境整治三年行动方案》，鼓励各地区结合实际，制定农村垃圾治理条例、乡村清洁条例等地方性法规规章和规范性文件。《乡村振兴战略规划（2018—2022 年）》提出推进农村生活垃圾治理，建立健全符合农村实际、方式多样的生活垃圾收运处置体系，有条件的地区推行垃圾就地分类和资源化利用，并对农村垃圾治理提出具体要求。同年，《农村生活垃圾处理导则》发布，规定了农村生活垃圾处理的基本要求，分类投放与收集、运输、处理和运行管理要求。

2020 年 4 月 29 日，通过修订的《中华人民共和国固体废物污染环境防治法》第四章第四十三条明确提出了县级以上地方人民政府应当加快建立分类投放、分类收集、分类运输、分类处理的生活垃圾管理系统，实现生活垃圾分类制度有效覆盖。首次从法律的角度看，系统地提出了生活垃圾分类制度建立的相关要求。

2021 年发布的《中共中央 国务院关于全面推进乡村振兴加快农业农村现代化的意见》和《中共中央 国务院关于实现巩固拓展脱贫攻坚成果同乡村振兴有效衔接的意见》继续将农村生活垃圾治理作为推进乡村振兴、实现农业现代化的重要举措。

由此可见，国家对农村生活垃圾治理越来越重视，相关法律制度也不断完善，为地方农村生活垃圾治理政策制定提供了法律依据。

3.2.1.2 省级层面

农村生活垃圾治理的地方政策是国家层面政策的延续和深化。我国关于农村生活垃圾治理的法律规范过于分散，整体层级不高，同时也缺乏配套措施。《中华人民共和国固体废物污染环境防治法》第五十九条规定，省、自治区、直辖市和设区的市、自治州可以结合实际，制定本地方生活垃圾具体管理办法。该条款对农村生活垃圾污染环境立法做了授权性规定，但实际上各省区市关于农村生活垃圾的地方法规制定处于长期滞后的状态。

在省级层面，浙江省较早地在农村生活垃圾治理方面进行了探索，早在2001年宁波市就出台了《宁波市饮用水源保护和污染防治办法》，率先实施水源地农村生活垃圾“村收、镇运、县处理”三级收集处理网络。全市所有位于饮用水源地的村庄生活垃圾全面得到外运和无害化处理。2003年，浙江省政府建立了农村环境基础设施建设财政专项扶持资金，促进农村生活垃圾等环境综合整治工作开展。同年，慈溪市周巷镇全面实施垃圾袋装化，配备100多名保洁员上门巡回收集生活垃圾。2005年，安吉县积极建设“村收集—乡中转—县处理”的农村垃圾集中无害化处理体系。2006年3月29日，浙江省第十届人民代表大会常务委员会第24次会议通过，并于2017年9月30日浙江省第十二届人民代表大会常务委员会第四十四次会议第二次修正的《浙江省固体废物污染环境防治条例》第二十五条规定：农村生活垃圾的清扫、收集、运输和处置实行村收集、乡镇中转、县（市、区）处置的原则。乡镇人民政府应当统筹规划并组织建设农村生活垃圾收集设施、垃圾集中存放点和垃圾中转站。不具备集中处置条件的，经县级环境卫生行政主管部门同意，可以就地无害化处理生活垃圾。各级政府应当对农村生活垃圾的清扫、收集、运输和处置费用给予财政补助和支持。这是第一次将《中华人民共和国固体废物污染环境防治法》向地方延伸，使地区管理工作做到有法可依。

浙江省政府积极推动农村人居环境改善工作，曾在全省范围内统一开展“千村示范、万村整治”工程（简称“千万工程”），但各地区在生活垃圾分类的相关政策方面也存在一定的差异，具体差异分析如下。一是临安区。临安区的垃圾分类采用公共环境资源治理的全新模式，即通过党组织等力量介入和村民自治相结合的方式，在区域内实现环境保护。临安农办牵头，对镇街分管领导、责任科室负责人、各村负责人和保洁员、清运员进行动员和培训，教他们如何正确分类。发挥党员的先锋模范作用，建立党员包干责任制度。在村内设垃圾分类情况公示制度，每天公示各家的分类结果，鼓励先进，鞭策落后。二是海宁市。制定海宁市农村生活垃圾分类收集资源化综合利用相关规定，把好的做法或有益的实践写进政策法规条文中，完善垃圾资源化处理中心等各类相关设施建设，建立垃圾分类收集、资源化综合利用工作的各项制度和考评办法，保障长效管理。在源头进行二次分拣，终端采用微生物发酵资源化处置，实现全程绿色无污染。三是松阳县。松阳县政府出台关于垃圾分类减量工作的相关政策文件，将垃圾减量工作纳入年度综合考核范畴，考核合格给予资金支持。垃圾分类的终端处理模式主要采用机器快速成肥处理、太阳能沤肥处理、焚烧处理等模式，但受资金限制，中转站和处理站较少或规模小，垃圾分类终端设施参差不齐，无统一标准，对于垃圾处理缺少后续运营保障，而且丽水地区地势不平，交通状况不佳，群众参与意识不强，垃圾分类效果还有待提高。四是浦江县。金华是浙江省开展农村生活垃圾分类较早且取得较好成绩的地区。浦江县推进垃圾分类，建立“党建+”模式，充分发挥党员干部的示范引领作用，从本地实际出发，探索出了“两次四分法”的分类方法、“垃圾不落地”的转运方法、阳光堆肥房就地资源化的利用方法。利用多元化资金筹集模式，形成了财政可承受、农民可接受、面上可推广、长期可持续的农村垃圾分类和资源化利用模式，解决了垃圾减量无害化处理难题，破解了“垃圾围村”的困局。五是江山市。政府出台关于农村垃圾处理的实施意见，农村采用“户集、村收、乡镇运、县处理”的处理模式，采取“一村一建”或“多村合建”方式，探索垃圾分类“政府+企业+社会+居民”运行模式，按照“市场化运作为主，政府公益支持为补充”的要求，鼓励企业积极参与可回收物回收，做到“应收尽收”。

浙江“千万工程”推动全省乡村面貌发生了全方位的历史性变化：实现了美丽生态的新蝶变，催生了美丽经济的新产业，探索了城乡融合发展的新机制，形成了共建、共治、共享的新局面。“千万工程”为我国“乡村建设行动”做出了有益尝试，其在制度安排与治理体系方面的创新探索值得其他地区参考借鉴，也为解决我国乡村建设提供了浙江解题思路。从“十一五”开始，全国各地关于农村生活垃圾的治理方案层出不穷。为进一步指导各地开展农村环境综合整治工作，生态环境部先后发布了《全国农村环境连片整治工作指南（试行）》《农村环境连片整治技术指南》《农村生活污染防治技术政策》《村镇生活污染防治最佳可行技术指南（试行）》等一系列指导性技术文件，指导各地开展农村生活垃圾治理等环境整治活动。2016 年开始，中央生态环境保护督察组加大对各省区市环境的督察力度，在中央督察组的监督下，各地区纷纷提出整改方案，贯彻落实中央生态环境保护督察组的反馈意见。2017 年各地生活垃圾治理政策发布达到高潮。

2018 年 4 月，河北省印发了《河北省农村生活垃圾治理三年行动实施方案》，深入开展农村生活垃圾治理，进一步完善农村生活垃圾收集处理体系，建立农村生活垃圾治理的长效机制，推动农村生活垃圾分类工作。甘肃省颁布实施《甘肃省农村生活垃圾管理条例》，将农村生活垃圾管理工作纳入县级以上国民经济和社会发展规划，统筹制定促进农村生活垃圾减量化、资源化、无害化的政策措施。广东省全面实施《广东省城乡生活垃圾处理条例》，建立完善农村生活垃圾收运处理长效运营保障机制，进一步完善粤东西北地区新一轮农村生活垃圾处理设施，组织有关专家分3批次对粤东西北地区和惠州、江门、肇庆等39个县（市、区）共578个乡镇生活垃圾转运站开展等级评价工作，完成各市农村生活垃圾治理省级验收工作，并限期实施整改，确保“一镇一站”和“一村一点”收运设施规范运营。四川省推进实施《四川省城乡垃圾处理设施建设三年推进方案》，加快城乡生活垃圾无害化处置设施建设，规范农村生活垃圾堆存和处置。吉林省相继出台了《吉林省县（市）域农村生活垃圾处理规划编制办法》《吉林省农村生活垃圾处理体系评价导则》《吉林省农村生活垃圾收运处置体系建设管理办法（试行）》，全面推进农村生活垃圾治理。福建省住房和城乡建设厅印发《关于停用垃圾焖烧炉等农村简易生活垃圾处理设施的通知》《关于严格按照规定时限停用农村生活垃圾简易处理设施的通知》《关于全面提升农村生活垃圾治理工作进一步规范农村生活垃圾简易处理设施整治的通知》，并召开农村生活垃圾简易处理设施整治工作会，要求各地严格按要求停用，推动建立农村保洁常态化机制，并加快完善建立“户分类、村收集、镇中转、县处理”的城乡一体化垃圾处理模式，将农村生活垃圾“干湿”分类纳入农村污水垃圾考评。海南省出台实施《海南省垃圾分类收集处理标准体系》《海南省垃圾无害化处理设施规划（2020—2030年）》《海南省农村人居环境整治三年行动方案（2018—2020年）》，完善乡镇农村生活垃圾分类和资源化利用设施建设与设备配置，全域推广生活垃圾“户分类、村收集、镇转运、县处理”模式。北京市人民政府办公厅出台了《关于加快推进生活垃圾分类工作的意见》，提出加快推进生活垃圾分类工作的指导思想与工作目标、垃圾强制分类的实施范围，明确了规范垃圾分类投放、规范垃圾分类收集、规范垃圾分类运输、提升垃圾分类处理能力及因地制宜推进农村垃圾分类治理五方面的重点工作，细化了2017~2020年要落实的31项重点任务及13项保障措施。重庆市进一步健全完善农村生活垃圾收运处置体系，印发了《重庆市全面推进垃圾分类治理工作实施方案》，推进农村环卫设施设备配置标准化、管理规范化、运行效益化。此外，重庆市还印发了《重庆市废弃农膜回收利用管理办法（试行）》，意欲推进农村生活垃圾处理，引导农民采取简便易行的生活垃圾分类方式，合理配置收集设施，科学配备保洁队伍，健全“户集、村收、乡镇转运、区域处理”的农村生活垃圾收运处理体系。天津市城市管理委等印发了《天津市生活垃圾分类投放、收集、运输、处理全流程监督管理办法（试行）》，明确了做好村、乡镇生活垃圾清扫和运输的工作标准。

3.2.1.3 市级层面

在地级市层面，辽宁省和湖南省各地级市做出了表率。沈阳市出台了《沈阳市生活垃圾分类工作实施方案（2017—2020年）》，在全市350个小区开展生活垃圾分类试点工作，开展环卫执法监督检查工作。大连市印发了《大连市城市生活垃圾分类推进工作实施方案》，颁布了《大连市人民政府关于对公共机构和公共场所实行生活垃圾强制分类的通告》，对符合要求的公共机构和公共场所实行生活垃圾强制分类。推进生活垃圾跨界清运和垃圾焚烧处理设施建设工作，在加强大连市城市中心区生活垃圾焚烧处理一期项目环境管理的同时，启动了生活垃圾焚烧处理发电二期工程。鞍山市按照《鞍山市城乡生活垃圾分类四年滚动计划实施方案（2017—2020年）》，七城区已经开展生活垃圾分类投放、收集试点工作，全部64处（分布于海城市、岫岩满族自治县）非正规生活垃圾堆放点已录入系统，相关工作正在有序推进。抚顺市印发了《抚顺市城乡生活垃圾分类三年行动计划实施方案（2018—2020年）》，在4个城区和经济开发区分别确定了1个公共机构、1个企业和1个居民小区作为试点主体，积极推进生活垃圾分类试点工作；根据《抚顺市环境卫生监督考评管理办法》《环境卫生“清洁整治行动”实施方案》，开展道路清扫保洁作业与生活垃圾清运作业日常检查评比，并在《抚顺日报》公布。本溪市成立了违规堆放生活垃圾污染问题专项工作组，对140余处违规垃圾点进行了清理，制定了《本溪市城乡生活垃圾分类四年滚动计划实施方案（2017—2020年）》，在全市80个社区、物业小区投入250个垃圾分类箱，启动垃圾分类试点工作，积极推进牛毛岭垃圾填埋场封场工作。丹东市印发了《丹东市城乡生活垃圾分类工作实施方案》，东港市全部行政村生活垃圾实行分类，回收利用率达到25%以上。锦州市积极推进南山垃圾填埋场关闭，并实施封场。加快推进垃圾中转站建设，实现与中科垃圾焚烧项目配套，确保中科生活垃圾及污泥焚烧发电厂正常运行。营口市认真落实《营口市生活垃圾分类管理条例》，在全地区机关、学校、企事业单位强制推行垃圾分类。辽阳市印发了《辽阳市城镇生活垃圾分类实施方案》，完善举报渠道，制定排查整治工作方案。铁岭市印发了《铁岭市城乡生活垃圾分类四年滚动计划实施方案（2017—2020年）》。朝阳市印发了《朝阳市生活垃圾分类管理条例》，在114查号台设立生活垃圾污染问题投诉举报电话，及时查处举报问题。盘锦市全面启动了农村生活垃圾分类工作，印发了《盘锦市人民政府办公室关于印发盘锦市城乡生活垃圾分类和资源化利用实施方案（2017—2020年）的通知》，出台了《盘锦市城乡生活垃圾分类和资源化利用实施方案(2017—2020年)》,将农村生活垃圾分类工作列入全市“5+1”宜居乡村建设管理考核体系。为保证农村垃圾能够及时有效地进行无害化处理，常德市制定了《常德市城乡生活垃圾治理专项规划（2020—2035）》，大幅度提高常德市生活垃圾无害化处理能力，实现生活垃圾焚烧发电全市覆盖。岳阳市制定《岳阳市洞庭湖环湖乡镇简易垃圾堆放点污染问题专项整改方案》，迅速开展农村垃圾简易填埋排查整治工作。

3.2.1.4　县乡层面

在县乡层面，江西省宜春市靖安县马尾山村积极创新，设置不同颜色的垃圾桶，上面标记着有害、厨余、其他等字样。垃圾桶边上还有一台智能可回收垃圾分类箱，标示着塑料类、玻璃类、金属类、纸张类。村民拿积分卡扫下塑料类箱门上的二维码，箱门打开后，把分类好的塑料垃圾扔进去，智能箱会自动称重，把相应的积分打到积分卡里。在垃圾箱不远处有个积分兑换超市，村民可用积分来兑换超市里的各种生活物品。马尾山村智能垃圾回收站是靖安县推进农村生活垃圾治理、改善人居环境、建设美丽乡村的一个缩影。

从国家到省区市再到村镇，农村生活垃圾的治理政策不断完善，不断创新，为实现乡村振兴、农业现代化提供了强有力的制度基础。2019 年 1 月，国务院办公厅印发《“无废城市”建设试点工作方案》，随后在深圳市、包头市、铜陵市、威海市、重庆市、绍兴市、三亚市、许昌市、徐州市、盘锦市、西宁市这 11 个地级市开展“无废城市”试点活动，农村生活垃圾治理被推上一个新的高度。

总体而言，我国农村生活垃圾的政策在不断地完善，不断向地方延伸，内容也不断细化，但也存在很多不足之处，如政策缺乏灵活性和自主性。在我国，规则的供给、政策的制定主要还是在国家层面，多数由国家部委颁布实施，因此，政策与地方实际相结合而很难真正落到实处。对于农村生活垃圾治理这样的地方性活动，更需要依靠群众，发动群众，让群众广泛参与。因此，健全村民自治机制，推进体制机制改革和创新，听取民意，吸纳民智，激活基层运行中的集体选择机制，让农村生活垃圾的治理更契合农村环境，更符合农村民情，形成“一村一制，一村一规”的新型治理模式，为实现乡村振兴注入新的活水。

3.2.2　农村生活垃圾治理政策阶段变迁

农村生活垃圾分类的思想由来已久，最早可追溯到传统农业时期。殷商时期，我国对生活垃圾的处理就进行了有关立法。在汉书中曾记载，汉代有法律规定居民丢弃垃圾于道路上，要接受在脸上刺字的惩罚。唐朝对垃圾的管理延续隋朝时期的规定，《唐律疏议》中记载，“其穿垣出秽污者，杖六十；出水者，勿论。主司不禁，与同罪”。到了明清时期，法律条陈也大都延续上一朝代，但对随意丢垃圾的处罚并没有具体的措施。古代对于居民随处丢垃圾进行了严苛的法律规定，随着朝代的更迭，对居民随意丢弃垃圾的处罚有所减轻，但都从法律制度上进行了明确的规范。

新中国成立之后，我国就针对农村生态环境的治理制定了一些相关法律法规，但并没有改变农村生态环境的现状。随着思想意识、制度管理、治理技术等一系列深刻变革，农村生活垃圾治理的内涵不断丰富。2005 年，在《中华人民共和国固体废物污染环境防治法》中首次将农村生活垃圾治理纳入公共服务管理的范围，农村生活垃圾治理从初步的发展阶段正式进入稳步发展阶段，在这一时期我国陆续出台了相关法律法规，农村生活垃圾治理的进程不断向前推进。党的十八大以来，以习近平同志为核心的党中央领导高度重视农村的人居环境整治，并在 2015 年颁布了《关于全面推进农村垃圾治理的指导意见》，自此我国拉开了农村生活垃圾全面治理的帷幕。总的来说，我国农村生活垃圾处理先后经历了农业循环、末端治理、源头分类三大发展阶段。

3.2.2.1　农业循环阶段

在此阶段中，农村生产力水平低、剩余少、积累慢，产量受自然环境条件影响大，因此农户生产生活废弃物的产量较少，且大多是能自然降解的有机废弃物，基本可实现农村废弃物循环利用，在此期间未对环境造成太多负面影响。在传统农业社会中，特别是在中国传统农业社会，根植于“天人合一”的哲学思想，农户非常注重物质循环利用，形成了合理的生态循环。这种与自然和谐共生的生产生活模式，符合生态系统良性运转的规律，是资源节约型与环境友好型农业的典范，被认为是保护农村生态环境与可持续发展的关键（陈阿江和林蓉，2018）。

3.2.2.2　末端治理阶段

伴随着工业革命的发展，大量工业产品和生活消费品涌入农村，生活垃圾排放量迅速增加，且组成成分日益复杂，其中塑料瓶、包装袋等新型生活垃圾无法自然降解，严重破坏土壤、污染地下水，部分农村的生态环境阈值已接近甚至超出该地区生态系统的承载力。至此，传统农业社会的“循环代谢”断裂，农村生态环境受到了前所未有的威胁，危及人类生存。但由于农户自行处置生活垃圾不力，村道两旁和沟渠里堆满生活垃圾，存在“公地悲剧”，各级政府不得不担负起农村生活垃圾治理工作，建立大量垃圾填埋场和垃圾焚烧厂以应对迅速增加的生活垃圾，在此阶段中政府承担垃圾治理工作。

3.2.2.3　源头分类阶段

总的来说，我国农村生活垃圾治理先后经历了农业循环阶段、末端治理阶段及源头分类阶段。在末端治理阶段，各级政府担负起了农村生活垃圾治理工作，投入了大量的垃圾处理设施，而后政府深刻地意识到要推进生活垃圾分类减量。生活垃圾的有效治理不仅依靠技术工程的支持，还需要全社会的共同参与。而农户作为生活垃圾的制造者，也是垃圾治理的受益者，不能缺席农村生活垃圾治理。

因此，部分国家的治理思路从末端治理转向生产和消费环节的源头治理，推进农村生活垃圾分类减量，以减轻垃圾处理厂的压力，避免“二次污染”等问题。2003 年，浙江省率先启动“千万工程”，标志着农村生活垃圾治理工作进入了一个新的历史阶段。故这一阶段以浙江省的做法为例进行介绍。

从农村生活垃圾分类治理阶段来看，目前多处于源头分类阶段，各级政府也在积极响应习近平总书记的号召，积极推进农村生活垃圾分类处理，与此同时大力引导农户的参与。结合浙江省农村生活垃圾的治理工作并对此所处的阶段予以详细划分，自 21 世纪初开始，治理工作已经经历了 20 多年的历程，归纳起来大致可以分为以下三个阶段。

（1）政府主导阶段（2003~2007 年）。2003 年，浙江省率先对农村环境污染进行整治，制定“千万工程”决策。为解决农村普遍存在的“脏、乱、散、差”等问题，“千万工程”分别对平原以集中处理模式为主和对山区村落以分散处理模式为主做了不同部署。同时，在这五年期间，浙江省先后进行了环境整治、统筹城乡发展、实行了“五整治一提高工程”等。最终，全省近 30%的村庄环境得到整治，最终建成全面小康示范村超千个，环境整治村近万个，农村环境治理在政府主导阶段取得了不错的效果。

（2）引导居民参与环境治理阶段（2008~2015 年）。2008 年开始，“千万工程”进入整体推进阶段。在已有工作经验的基础上，提出将第一个五年阶段“全面小康建设示范村”的实践经验全面推广，生活垃圾分类和生活污水治理被列为重点工作。按照村庄和人口特点设置垃圾投放、收集、转运点，环境卫生责任落实到各村。到 2010 年全省得到整治的村、垃圾集中处理、家庭卫生改厕均达到 60%以上，并通过进村入户宣讲、广播、媒体等各种形式倡导农户进行垃圾分类，以提高农户垃圾分类保护意识和知识。从 2012 年起，“千万工程”进入深化提升阶段。2012 年底，全省得到整治的村、垃圾集中处理、家庭卫生改厕均达到 70%以上，农村整体面貌焕然一新。2014 年，政府在对农村生活垃圾集中收集处理的基础上，开始引导农户以实际行动参与农村生活垃圾分类处理，并提出 46 个试点村应在垃圾资源化、减量化的思想上，按照“农户受益、设施齐全、运行常态、减量明显、资源利用”等规定，做到可回收生活垃圾的资源化、源头垃圾减量化。到 2015 年底，浙江全省试点村中 5.66 万户农户垃圾分类实现减量 2 万吨，节省运输费用 4500 多万元。

（3）农户参与垃圾分类处理阶段（2016 年至今）。2016 年以来，浙江省进一步出台有关建设美丽乡村的政策文件，在以改善农村人居环境为目标的基础上，提出农户参与的源头垃圾分类制度。垃圾分类相关的扫码开箱、实名管制、刷卡投放等促进分类措施和设施相继出现，智能分类机器体系已经开始运行。2018 年就城镇生活垃圾分类管理办法，规定全民具有参与垃圾分类义务，否则要接受处罚和计入个人信用档案，进而从源头上有效地控制了垃圾合理利用资源化和处理减量化，提高了农户参与农村生活垃圾分类处理的积极性。2020 年，根据浙江省委“三服务”部署要求，全省农业农村系统开展了以联村、联企、联基地，送政策、送技术、送帮扶，落实防疫任务、生产任务、安全任务为主要内容的“三联三送三落实”活动，就做好农村生活垃圾分类处理工作进行了统筹部署，推进农村生活垃圾资源化利用站点建设工作，在巩固提高已建站点的运行成效的同时，做好垃圾分类常态化全程管控。2021 年，嘉兴市南湖区推行农村生活垃圾数字化应用系统，“数字眼”盯住垃圾处理全链条，对垃圾全周期进行监管，带动村民形成垃圾分类新时尚，乡村更整洁、乡风更文明。未来，各地市将坚持生活垃圾分类设施建设与生活垃圾分类管理并重，加快推进农村生活垃圾分类标准化管理，夯实垃圾分类全过程数字赋能，开展收运过程智能化称重，实现垃圾分类全程智慧管控。

从 2003 年至 2022 年，浙江省经过 19 年的垃圾分类处理的具体实践，积累了较多垃圾分类治理工作的实战经验。2019 年，浙江省“千万工程”经验在全国得到全面推广。同时，浙江省“千万工程”工作协调小组办公室，提出全省 2019 年农村垃圾分类达到 65%以上，并建立垃圾分类处理示范村和项目村，提高农村生活垃圾的二次利用率，引导农户愿分、会分、准确分，提倡农户垃圾处理付费原则，提出以镇、街道为主体试点探索农村垃圾“谁产生、谁付费，多产生、多付费，分类好、少付费”制度。

虽然，浙江省在农村生活垃圾治理工作上取得了较好的成绩，但有关治理中出现的问题仍需继续改进，如农户参与垃圾分类意识不足、生活垃圾分类准确率普遍较低、垃圾分类处理中资金投入和劳动力投入不断增加、抵制付费垃圾治理等，严重影响了农村生活垃圾分类处理成效。如何提高农村生活垃圾的治理成效，是我国农村生活垃圾治理中普遍存在的现实问题。因此，了解并掌握我国农户的参与状况以及农村生活垃圾分类处理的投入产出情况是亟待解决的重要问题。

3.3 我国农村生活垃圾治理现状

本节通过搜集整理住房和城乡建设部 2015~2020 年《中国城乡建设统计年鉴》的相关数据，对我国目前农村生活垃圾治理的现状及现实问题进行剖析，具体从垃圾治理资金投入、垃圾分类治理成效、垃圾处理地区差异、分类治理制度体系、农户参与度等五个方面进行分析。

3.3.1　垃圾治理资金投入逐年增加

自 2015 年开始，中央及住房和城乡建设部等职能部门联合出台有关农村生活垃圾分类治理政策及指导意见，动员农户积极参与治理农村生活垃圾，提高农村生活垃圾分类处理效率，拉开了我国农村生活垃圾处理的帷幕。自此，国家对农村生活垃圾治理的资金投入不断增加。根据住房和城乡建设部 2015~2020 年《中国城乡建设统计年鉴》的 30 个省区市（不包含西藏和港澳台）的村庄生活垃圾治理资金投入统计数据，整理得到图 3.1。

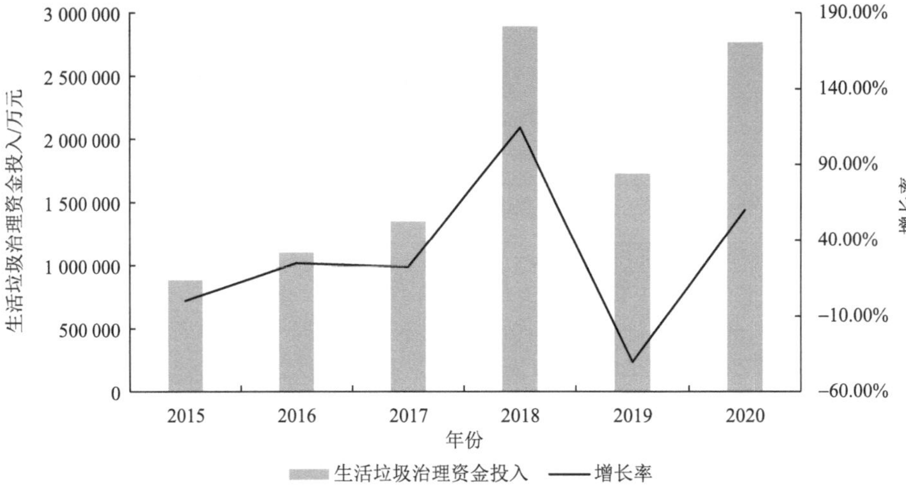

图 3.1　中国农村生活垃圾治理资金投入及增长率（2015~2020 年）

2016 年我国农村生活垃圾治理资金投入为 1 103 322 万元，较 2015 年农村生活垃圾治理资金投入 883 774 万元增长了 219 548 万元，增长率达 24.84%。如图 3.1 所示，自 2015 年开始，我国农村生活垃圾治理资金投入不断增加，尤其是在 2018 年，农村生活垃圾治理资金投入同比增长 114.11%。究其原因，2018 年，中共中央、国务院印发的《农村人居环境整治三年行动方案》，把推进农村生活垃圾治理列为六大重点任务之首，农村生活垃圾治理作为重点任务被深入推进。2019 年及 2020 年，农村生活垃圾治理资金投入同比 2017 年有较大幅度的增长。自 2016 年以来，生活垃圾治理资金投入显著增加，直至 2020 年，我国农村生活垃圾治理资金投入达 2 766 642 万元。从 2015 年到 2020 年，我国农村生活垃圾治理资金投入呈现增长态势，在 2018 年增长率迅猛增加，2019 年生活垃圾治理资金投入有所下降，但 2020 年投入上升，整体呈上升趋势。

3.3.2　垃圾分类治理成效较弱

农村生活垃圾治理资金投入不断增加，取得的成效具体如何？结合前人研究，选取农村生活垃圾无害化处理率指标表征生活垃圾治理成效（贾亚娟，2021），故选取乡镇农村生活垃圾治理资金投入的增长率与农村生活垃圾无害化处理率的增长率来对比分析农村生活垃圾治理成效。根据住房和城乡建设部2015~2020年《中国城乡建设统计年鉴》全国乡镇农村生活垃圾治理资金投入及乡镇农村生活垃圾无害化处理率统计数据可以看出，我国农村生活垃圾进行无害化处理的能力逐年提高。2015年生活垃圾无害化率为15.82%，2016年为17.03%，无害化处理能力增长了1.21%，农村生活垃圾无害化率连年上升。农村生活垃圾无害化率由2015年的15.82%增长至2020年的48.46%，6年间，农村生活垃圾无害化率增长了32.64%，实现了较高速率增长，这表明我国农村生活垃圾分类治理能力不断增强。结合图3.1，不难发现，农村生活垃圾治理的资金投入增加较快，生活垃圾治理的资金投入整体呈增加趋势，但在此期间，农村生活垃圾无害化处理能力的增长速度基本低于生活垃圾治理资金投入的增长速度。综合说明，农村生活垃圾分类治理的成效较弱。

3.3.3　垃圾处理地区差异较大

我国农村生活垃圾处理工作自2015年以来逐渐落实，农村生活垃圾治理资金投入不断增加，强有力的资金注入，在助推农村生活垃圾处理这一重要任务上发挥了巨大的作用，中国各地区平均农村生活垃圾治理资金投入情况见图3.2。

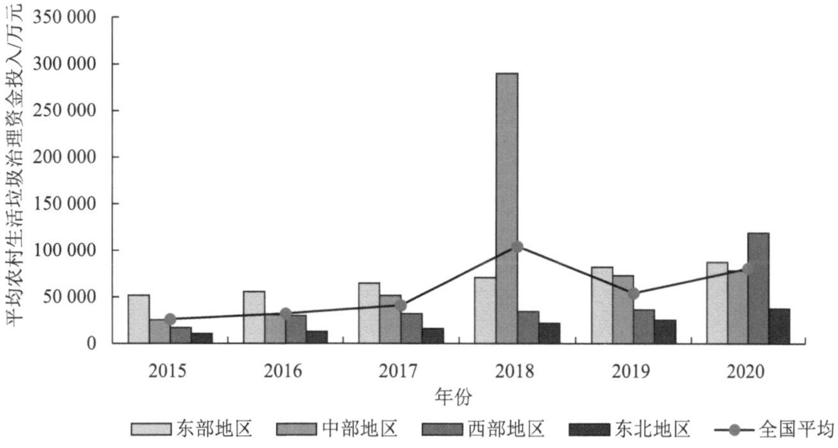

图3.2　中国各地区平均农村生活垃圾治理资金投入（2015~2020年）

从图 3.2 可以看出，全国 30 个省区市（不包含西藏和港澳台数据，下同）农村生活垃圾治理资金投入不断增加，2015 年，东部地区平均农村生活垃圾治理资金投入高于中部地区、西部地区和东北地区平均水平，且高于全国平均水平。2018 年，中部地区平均农村生活垃圾治理资金投入远高于全国平均水平及东部地区、西部地区和东北地区平均水平，主要是因为湖北省政府当年对农村生活垃圾治理资金的投入为 1 415 528 万元，占全国农村生活垃圾治理资金投入的 48.97%。总之，农村生活垃圾治理资金投入逐年增加，但区域不均衡的现象较为突出，农村生活垃圾治理资金的投入情况大部分年份为东部地区＞中部地区＞西部地区＞东北地区。较为特殊的是 2018 年中部地区及 2020 年西部地区平均农村生活垃圾治理资金投入赶超当年东部地区平均农村生活垃圾治理资金投入。

图 3.3 列示了中国各地区农村生活垃圾处理成效，从农村生活垃圾无害化处理比例来看，无论是东部地区、中部地区、西部地区还是东北地区，无害化处理比例均呈较高增速上涨（由于 2015 年海南省农村生活垃圾无害化处理比例数据缺失，2016 年东部地区无害化处理比例略低于 2015 年无害化处理比例）。如图 3.3 所示，东部地区农村生活垃圾无害化处理比例远高于其他三个地区，其次是中部地区，区域不均衡特点尤为明显。随着时间的推移，各区域农村生活垃圾无害化处理比例呈现上升趋势，2020 年，东北地区无害化处理比例超过西部地区，其无害化处理水平由 2019 年的 8.06%迅速增长至 48.38%。此时，区域间农村生活垃圾处理成效发生变化，东北地区农村生活垃圾处理成效不再位于全国最低水平，农村生活垃圾无害化处理比例大幅度提升。

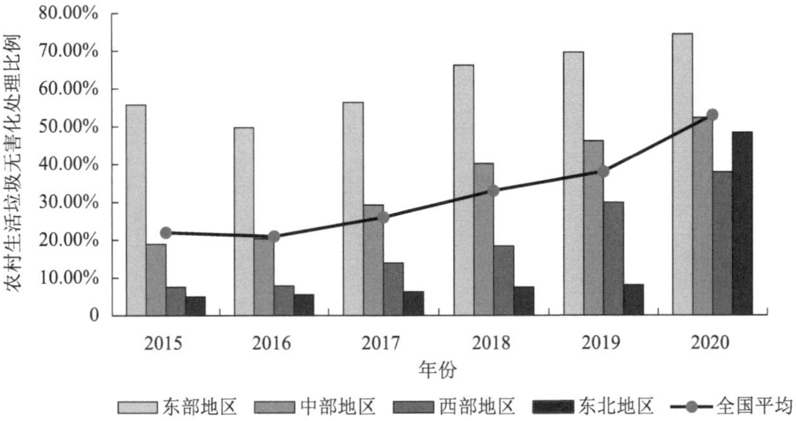

图 3.3　中国各地区农村生活垃圾处理成效（2015~2020 年）

结合图 3.2 和图 3.3 来看，农村生活垃圾治理成效在全国范围内呈现高投入、高无害化处理比例的现状。特别是，2018 年，中部地区农村生活垃圾治理资金投入位于全国尖端水平，但无害化处理比例低于农村生活垃圾治理资金投入较低的东部地区。2020 年，东北地区农村生活垃圾治理资金投入处于全国最低水平，但其农村生活垃圾无害化处理比例高于西部地区，说明其生活垃圾处理成效较好。

2015 年，我国对农村生活垃圾进行处理的比例为 63.95%；2020 年，对农村生活垃圾进行处理的比例上升为 78.61%，相较于 2015 年对农村生活垃圾进行处理的比例增长了 14.66%，但是仍然有超 1/5 的生活垃圾未进行集中收集与处理。从全国不同地区对农村生活垃圾进行处理的比例可以看出，2020 年，东部地区进行农村生活垃圾处理的行政村比例平均值高于中部地区、西部地区和东北地区，东部地区农村生活垃圾平均处理率达到了 87.6%，远高于全国农村生活垃圾处理水平。从各地区内部数据看，位于东部地区的上海和海南处理率最高，达到了 100%，位于西北地区的甘肃、青海、新疆进行生活垃圾处理的行政村比例较低。

为清楚分析全国 30 个省区市的生活垃圾处理比例情况，制作了图 3.4。进一步将 30 个省区市与全国平均水平的 78.6%进行比较（图 3.4 中的黑色折线），全国平均水平作为基准零值，在东部地区 10 个省市中，只有天津进行农村生活垃圾处理的比例低于全国水平；在中部地区中，安徽、江西、河南和湖北高于全国平均水平；在西部地区的 11 个省区市中，内蒙古、甘肃、青海、新疆远低于全国平均水平；东北地区 3 个省的农村生活垃圾处理比例仅有吉林略高于全国平均水平，以黑龙江最低，比平均水平低 40 个百分点。我国东部地区经济条件较好，农村生活垃圾治理推行早、推广力度大，取得了较为显著的成效，但是西北农村地区的生活垃圾分类治理并未得到全面推行。而且，目前不少农村地区为解决生活垃圾难题，仍然采用“农户投放，村庄收集，镇街转运，县区市集中处置”的统一集

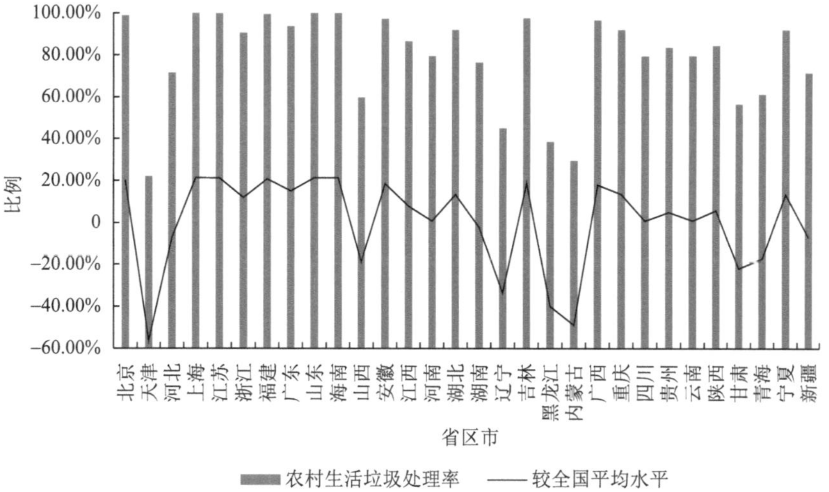

图 3.4 各省区市农村生活垃圾处理比例（2020 年）

中处理方式，这种方式短期内解决了“垃圾靠风刮”、垃圾围村以及随处丢弃等问题（薛玲等，2016），并取得了一些成效，但从长远看，这种混合处理方式不仅浪费资源，而且带来了严重的二次污染，不能从根本上实现农村生活垃圾有效治理以及生态、经济、社会系统间的良性发展（贾亚娟等，2019）。

3.3.4 分类治理制度体系不健全

完善健全的立法体系是农村生活垃圾治理有效推行的法律支撑，科学、全面的分类制度是农村生活垃圾分类治理的指导方针，从上到下、从下到上的层层监督管理机制是分类治理有效推行的制度保障。近几年中央有关农村生活垃圾治理的制度不断出台，但是目前仍缺乏专门的生活垃圾治理相关法律法规，而且各地方并没有健全因地制宜的农村生活垃圾治理法律制度体系以及运行标准。即使在农村生活垃圾分类试点地区，通过制度法规的颁布以及村规民约的编制，引导农村垃圾分类治理，但实施效果并不理想，存在制度法规停留于“文本”“挂在墙面”等现象（伊庆山，2019）。中国社会从传统意义上来讲是一个熟人社会，“人情”以及“面子”成为许多干部在工作任务执行中的强力干扰，尤其在“乡土人情”熟人社会现象更为显著的农村地区，这种现象更为普遍（王磊等，2020）。现如今农户对垃圾缺乏环保意识，政府对垃圾处置不合理，相应的法律、法规、制度、体系仍不健全或尚空白，目前农村生活垃圾分类处理仍是困难重重。

3.3.5 农户参与度不高

农户不仅是农村生活垃圾的产生者，也是农村人居环境改善后的直接受益者，因此，农户参与不仅可以真正发挥农村主体的作用，调动农户的积极性，而且可以保证分类治理的良好效果，形成“农村的事农民做主”“我们的家园我们建”的和谐场景。农村生活垃圾进行分类存放时是个人的私有品，垃圾被农户分类投置之后变成共同生活的农村社区的区域性准公用物品，当它被运输进垃圾转运站或者集中处之后就变成公共物品，因此，作为农村公共物品的农村生活垃圾分类治理，具有很强的正外部性，具有外部性的公共物品一般是由政府提供，就出现了政府之外的农村生活垃圾治理供给长期不足、农户参与度不高等现象。另外，农户参与生活垃圾分类治理是具有公益社会性的合作行为，农户进行垃圾分类的成本（时间、精力）需要自己承担。基于理性人的假设，个体在实施行为时会倾向于“搭便车”，甚至漠不关心或者背叛，陷入集体行动困境。目前，农户参与生活垃圾分类治理的村庄并不多，即使是少数村庄有农户参与垃圾治理，也是由村党支部委员会、村民委员会以及监督委员会共同讨论决策，农户缴纳一定的治理费，而且治理费的缴纳标准并没有科学合理的参考依据，农户真正参与生活垃圾分类治理的决策商议、设施建设、分类处理、流程管理以及付费定标等事宜的村庄只有极少数。

3.4 本章小结

如何系统理解我国农村生活垃圾治理主体作用、治理政策及变迁阶段，明确我国农村生活垃圾治理的现状问题，正是本章关注的核心问题以及后续研究的指引。本章通过文献总结的方式分析了我国农村生活垃圾治理中政府、社会、农户等各种主体的作用，并通过文本分析的方式系统地梳理了我国农村生活垃圾处理的国家、省级、地市级和县级层面的政策制度，进一步按照一定的逻辑划分阶段。同时使用住房和城乡建设部2015~2020年《中国城乡建设统计年鉴》的数据，对我国农村生活垃圾治理情况及存在的现实问题进行剖析，掌握当前我国农村生活垃圾治理的总体状况。本章研究可为后续的实证研究打下基础。本章主要结论如下所示。

（1）在我国农村生活垃圾分类处理中，国家政策仍然需要发挥主导作用，在资金投入、基础设施建设、制度供给等方面应主要由政府部门承担，农户在生活垃圾分类治理中应该发挥主体作用，社会资本及组织应该积极参与到治理中。

（2）从农村生活垃圾治理的政策演变来看，我国农村生活垃圾治理已经过了早期的农业循环阶段和末端治理阶段，正在进入源头分类阶段。在此阶段应该广泛动员农村居民参与到农村生活垃圾分类治理中，以提高处理效率。

（3）根据农村生活垃圾治理的总体分析可以发现，我国的农村生活垃圾治理已经取得良好的成效，为农村人居环境改善做出了巨大的贡献，但是目前还是存在分类处理的绩效不高、农户参与分类处理的积极性不高的局面，这也是本书深入研究的中心。

4 农户参与农村生活垃圾分类处理现状分析

本章将在第 3 章对农村生活垃圾治理的主体及其治理方法、治理政策变迁以及整体治理的现状等的分析的基础上，进一步分析农户参与农村生活垃圾分类治理的现状。通过对相关文献、文本的统计分析，总结农户参与农村生活垃圾分类处理方式，运用微观的调查数据，分析农户参与农村生活垃圾分类处理的现状，为下文进行农户参与农村生活垃圾分类处理系统研究奠定基础。

4.1 农户参与农村生活垃圾分类处理的方式

广泛且可持续的公众参与是农村生活垃圾治理的基础。农户参与农村生活垃圾分类处理的方式有很多种，按照不同的分类标准可以将其分为不同类型。本书在梳理相关文献的基础上，对农户参与农村生活垃圾分类处理的方式进行归纳和总结。现有的研究均认为农户参与农村生活垃圾分类处理是指农户通过支付一定的资金，或者发挥自身的主观能动性，以自身的行为参与垃圾分类的过程。因此，从方式来看，农户参与农村生活垃圾分类处理包括直接行动参与和农户付费参与两种方式。

（1）直接行动参与。农户直接行动参与是指农户采用直接行动的方式参与农村生活垃圾分类处理的过程。为什么要推进农户参与农村生活垃圾分类处理？怎样推进农户参与农村生活垃圾分类处理？这些显然是理解农户直接行动参与的关键问题。实现垃圾处理一体化，完善垃圾处理系统，不仅需要政府的参与，同时也需要公众实际的行动参与（Han et al.，2015），即公众参与垃圾分类处理有利于垃圾处理系统模式的完善和成熟（Hansmann et al.，2006）。一些学者根据垃圾产生特点和组分分析得出结论，中国西部地区与东部地区相比农村生活垃圾处理存在处理量小、处理不完善等系统问题，存在这些问题的主要原因是未强制实行农户参与农村生活垃圾分类减量政策（Hines et al.，1987），目前在西部地区的人居环境提升中，农村地区的生活垃圾处理问题已成为主要挑战（Han et al.，2015），化解挑战的根本途径是提升村民的环境保护意识，倡导农村居民从源头进行垃圾分类。发达国家生活垃圾处理的一般经验表明，居民参与从源头入手，部分垃圾回收再利用，减少在垃圾处理中的成本问题，等等，进而增强农村垃圾治理力度，这些是其取得成效的关键（谭灵芝和孙奎立，2019）。中国在实践中总结提出了农户、村镇、上级政府三者协调的农村生活垃圾处理三级分化模式，农户层面的垃圾分类收集是村镇、县区对垃圾集中收集、妥善处理的前提（孙宏伟等，2012）。可见垃圾分类是实现农村生活垃圾分类治理的基础，如何实现有效的分类，实践中的经验是向农户宣传并监督其对农村生活垃圾进行有效的分类，对于分类后可再次利用的垃圾进行回收，使农村生活垃圾向变废为宝的方向发展（Ye et al.，2020）。一些地区通过农村垃圾回收利用的实践探索证明，动员农户参与生活垃圾分类处理完全具有可行性（高庆标和徐艳萍，2011）。中国的农村地域广，村落不集中，只有农户在投放垃圾时做好源头分类，由垃圾清运员统一清运，才能很好地解决农村生活垃圾有效治理问题（李丹等，2018）。另外，农民由于知识的匮乏，对生活垃圾如何分类缺少充分的理解和认识，利用相关人才对农户垃圾分类进行指导，有助于当地农户进行更加细化的垃圾分类（罗仁才和张莹，2008）。

（2）农户付费参与。农户付费参与是指农户通过支付一定费用的形式，将自己投放的生活垃圾委托给别人进行处理，这是农户参与农村生活垃圾分类处理的一种有效形式。农户通过付费方式参与农村生活垃圾分类治理，既可以减少当地政府公共资金的投入，减缓贫困地区的资金短缺压力，也可以通过引入私人部门参与垃圾治理，有效提升生活垃圾分类治理效率（张宝兵，2012；唐旭等，2018）。从财政分权的角度来看，农户付费参与农村生活垃圾治理具有一定的合理性（闫林，2016）。农户付费参与的意愿是该行为是否可以实施的关键，学者的大量研究表明，大部分农户愿意按照是否可回收的方式对自家生活垃圾进行分类投放，并且有意愿支付一定的垃圾处理费用（李冠杰，2017）。例如，广东省某县域通过完善村征收制度，在农村生活垃圾治理的工作中打通了“最后一公里”，各村委与农户签订上门收集垃圾服务协议，并向每户农户收取小额垃圾处理费。与之类似的是，河南省的调查结果显示，采取村集体代收方式整理农村人居环境，农户按一定比例上缴费用，用于弥补垃圾处理、环境治理等财政投入，其余部分用于村内垃圾污水处理费用。对湖北省石首市的农户调查结果显示，3/4 的农村居民愿意付费，付费额度不超过 20 元（李伯华等，2008）。对北京密云水库周边乡镇农户调查的结果也显示约有 1/2 的农户愿意为环境保护支付费用，付费额度不超过 15 元（梁爽等，2005）。

此外，对垃圾分类处理的收费形式也是一个关键问题。如何进行收费是农户付费参与行为能否有效落地的现实问题，有研究者的研究结果显示，目前大众较为认可的收费制度主要包括计量收费、回收利用补贴和先交押金后返还等三种（Fullerton and Wu，1998），其中计量收费的赞成者最多，即生活垃圾处理收费的多少应按照居民垃圾丢弃的重量来决定，这样可以有效减少垃圾源头产生量（王建明，2008）。生活垃圾如果计量收费会提高居民进行垃圾分类的概率，以此来达到垃圾减量的效果，但是定额收费才是现阶段的最佳选择（马本和杜倩倩，

2011）。也有人提出一些其他的付费方式，如有人提出可采用对应产品生命周期评估、最低回收利用标准以及预付处理费等方式对生产者进行收费（Palmer and Walls，1997）；有人提出可以采用按箱付费、按袋付费、按量付费和混合付费四种模式（褚祝杰和西宝，2012）。有人认为因为垃圾处理成本不易进行精确衡量，政府在政策制定时不能准确制定费率以确保公平，向居民征收垃圾处理费用，政策实施结果也较难预测，若垃圾处理费包含在居民平日购买的日用商品中，则会更容易实行，这种收取方式类似于税收。值得一提的是，目前关于农户付费治理农村生活垃圾的行为，无论是理论上还是实践上，都还处于探索阶段，但有一点是明确的，那就是农村生活垃圾分类处理是一种典型的准公共物品，具有较强的竞争性和较弱的排他性，其供给应主要由政府和市场承担。

在关于农户参与农村生活垃圾分类处理的理论研究与实践总结中，我们能够得出的结论是，由于我国农村范围广、人口居住地不集中，垃圾产生总量较大且不易集中，垃圾处理成本高、效益低，市场资本的供给贫乏（Ajzen，2002）。因此，农村生活垃圾分类处理的供给也主要由政府来承担。但长期以来垃圾处理供给的侧重点都倾斜于城市，农村垃圾处理供给量不足和农村环境问题的加剧成为一种常态（Guagnano et al.，1995）。相对于政府和市场来说，农户参与生活垃圾分类处理模式不仅在实现上成为可能，而且有助于从源头分类减量，减少公共资金投入，可以避免政府治理效率低和市场交易成本高等问题，农户自下而上的参与可以有效提高农村生活垃圾分类治理效果（Grossman and Krueger，1995）。

4.2 农户参与农村生活垃圾分类处理分析的数据准备

4.2.1 预调研

团队在正式调研前于 2016 年对浙江省集体林区四县（市）的农户开展了问卷调查，调查时间为 2016 年 7 月。浙江省集体林区四个县（市）分别为临安区（2016 年为临安市，2017 年 9 月，临安撤市建区）、开化县、庆元县和龙泉市。本次调查在每个样本县（市）中，随机抽取 3 个乡镇作为样本乡镇；在每个样本乡镇中，随机抽取 2 个村作为样本村；在每个样本村中，随机抽取 10 户家庭，共计 4 个样本县（市），12 个样本乡镇，24 个样本村，240 户农户家庭。最后回收 240 份问卷。剔除信息缺失、无效和不严谨的问卷，共回收有效问卷 229 份，问卷有效率 95.4%。

本次预调研的主题是农户参与农村生活垃圾分类处理行为，所设计的潜变量包括农户生活垃圾分类处理的行为态度、主观规范、知觉行为控制、行为意愿和生活垃圾分类处理行为五类变量。其中，行为态度是指农户对妥善处理生活垃圾所支持的态度和对妥善处理生活垃圾所带来的影响的正面感觉；主观规范是指农户生活垃圾分类处理所受到的来自他人或集体的影响；知觉行为控制是指农户在对生活垃圾进行妥善处理时所预期的难易程度以及受过往生活经验的影响；行为意愿是指农户对妥善处理生活垃圾的主观意愿；生活垃圾分类处理行为是指农户进行生活垃圾分类处理的频率以及具体的生活垃圾分类处理方式。借鉴现有研究，问卷共设计 15 个观测变量，如表 4.1 所示，对各个观测变量采用利克特 5 级量表进行测量，用 1~5 表示被调查者对问题的看法和态度强弱。

表 4.1　农户生活垃圾分类处理行为观测问题描述

潜变量	观测变量	观测问题	测量方法
行为态度（AT）	AT_1	您觉得将垃圾处理好，是一件愉快的事情吗	①
	AT_2	您觉得生活垃圾分类处理，能够提升自己的生活质量吗	①
	AT_3	您觉得花时间和金钱去将生活垃圾分类处理好值得吗	①
主观规范（SN）	SN_1	亲戚朋友会经常劝告您分类处理好生活垃圾吗	②
	SN_2	如果您的邻居朋友将生活垃圾分类处理好，您也会这样做吗	①
	SN_3	你村里对有关生活垃圾污染的宣传力度大吗	①
知觉行为控制（PBC）	PBC_1	您对生活垃圾分类是因为有些废弃物是可以回收利用的吗	①
	PBC_2	您将生活垃圾分类处理好是因为这对您来说很轻松方便的吗	①
	PBC_3	您将生活垃圾分类处理好是因为随意处理垃圾会危害健康吗	①
行为意愿（BI）	BI_1	若您知道垃圾分类的知识，您愿意向身边人宣传吗	③
	BI_2	您愿意花时间了解更多的垃圾分类处理的知识吗	③
	BI_3	您愿意将生活垃圾进行分类处理吗	③
生活垃圾分类处理行为（BE）	BE_1	平时您是否经常对生活垃圾进行分类处理	②
	BE_2	目前，您对生活垃圾主要的处理方式是什么	④
	BE_3	平时在公共场所，您是否会随意投放垃圾	①

注：①表示测量方法为 1=完全不同意，2=不同意，3=一般，4=同意，5=完全同意。②表示测量方法为 1=基本不，2=比较少，3=一般，4=比较多，5=经常。③表示测量方法为 1=非常不愿意，2=不愿意，3=一般，4=愿意，5=非常愿意。④表示测量方法为 1=随意扔掉；2=不分类，统一放入垃圾箱；3=仅对具有经济价值的垃圾进行分类处理；4=在将具有经济价值的垃圾进行分类处理的同时，对厨余垃圾进行分类处理，将其他垃圾直接放入垃圾箱；5=将具有经济价值的垃圾、厨余垃圾、有害垃圾进行细分然后处理

4.2.2　抽样设计及一轮调研

垃圾分类是一场发展理念和生活方式的深刻革命，是一场不折不扣的社会变革，既是民生关键小事，又是关乎生态文明建设的大事。基于此，本书于 2017 年

随机抽取了浙江省 5 县（市）、福建省 5 县（市）和安徽省 5 县（市）开展调研。

关于浙江省农户生活垃圾分类的行为态度、主观规范、知觉行为控制、意愿与行为是本书所涉及的主要变量。借鉴相关已有的研究，问卷共设计 11 个观测变量，具体如表 4.2 所示。

表 4.2　农户生活垃圾分类处理的观测问题描述

潜变量	观测变量	观测问题	测量方法
行为态度（AT）	AT^1	您觉得将生活垃圾分类处理对您会是一种很大的负担吗	①
	AT^2	您觉得生活垃圾不分类处理会有影响吗	①
	AT^3	您家是否愿意支付一定的费用以支持开展生活垃圾分类工作	①
主观规范（SN）	SN^1	村里对生活垃圾分类处理是否有明文规定	①
	SN^2	村里的党员、干部是否带头进行垃圾分类处理	①
	SN^3	您身边的亲戚朋友的生活垃圾分类情况	②
	SN^4	生活垃圾不分类是否会受到指责	①
知觉行为控制（PBC）	PBC^1	您是否了解生活垃圾分类处理的标准和要求	①
	PBC^2	您村生活垃圾收集设施的类别数量	③
	PBC^3	您村有安排保洁员进行生活垃圾分类处理吗	①
	PBC^4	您村生活垃圾分类向您收费吗	①
意愿（BI）	BI^1	您是否愿意进行生活垃圾分类处理	①
行为（BE）	BE^1	您家生活垃圾是否有分开装袋处理	①

注：①表示测量方法为 1=是，0=否；②表示测量方法为 1=基本没有，2=比较少，3=一般，4=比较多，5=将近全部；③表示测量方法为 1=1 个，2=2 个，3=3 个，4=4 个及以上

本书使用的数据搜集方法有：二手资料搜集、关键信息人访谈、农户及村委会的问卷调查，但主要的数据来源还是农户及村委会的问卷调查。

（1）农户及村委会的问卷调查。使用多阶段随机抽样方法抽取样本，依据地区经济发展水平将浙江省、安徽省和福建省的县级行政区划分为三类：发达、一般、欠发达，在适当考虑区域分布及垃圾分类特点的基础上进行随机抽样。在调查每个样本县（市）的时候，根据各地的村镇个数，按照比例分配原则确定各市的农村调查数量。根据每村的人口数按比例发放问卷。

（2）二手资料收集。从各级环境保护管理部门收集整个浙江省、福建省和安徽省的农村生活垃圾分类处理情况的相关资料及工作总结，主要包括浙江省、福建省和安徽省自开展垃圾分类以来的相关政策、做法以及取得的成绩。

（3）关键信息人访谈。进行关键信息人访谈的对象有：县（市）的环境保护管理部门以及村里的村干部等相关人员。访谈的主要内容有：当地的农村垃圾分类的现状及出现的问题、国家环境保护政策执行情况及其局限性、对环境保护等

政策的认知及评价等。

最终共回收 1675 份有效问卷，经过统计分析后发现，在福建省和安徽省回收的 1153 份有效问卷中，农户参与生活垃圾分类处理的比例不足 5%，无法基于此数据分析农户参与生活垃圾分类处理相关问题。鉴于此，在接下来的分析中，仅对浙江省回收的 522 份有效问卷的数据进行分析。在浙江省回收的 522 份有效问卷中，于临安回收 91 份，于海宁回收 60 份，于松阳回收 119 份，于浦江回收 84 份，于江山回收 168 份。调查内容包括农户的个人及家庭特征、农户对生活垃圾分类的认知、意愿及行为等。

4.2.3 抽样设计及二轮调研

4.2.3.1 农户问卷数据

鉴于 2017 年于浙江、福建和安徽三省开展的农户调研中，仅浙江省的 522 份问卷中农户参与生活垃圾分类处理的比例就超过了 5%，故 2019 年开展的农户调研主要将浙江省作为调研区域。

通过查阅资料，获知浙江省各地级市农村情况，以浙江省各地级市农村村镇作为调查总体。调查小组通过阅读相关文献和对样本村进行走访调查，识别出农村生活垃圾分类处理的基本情况以及存在的问题，并结合文献进行整理、焦点小组访谈以及结合前人的研究经验，设计并完成了一份正式的调查问卷。应当说明，在启动二轮调研前，调查小组先做了预调研工作，一方面，要进一步明确调查问卷是否合理可行，调整问卷中具体细微的问题，使正式调研得以有效实施；另一方面，确定所选择实验问卷的指标及属性水平设计是否科学合理。

根据不重复抽样原理，取置信度为 95%，最大允许误差 ε 为 4.42%，当 $p=n=50\%$，样本变异程度达到极大值，再根据预调查的回收情况（实际预调查发放问卷 49 份，有效问卷 46 份，问卷的有效率达到 93.88%），假定样本的有效率为 $q=95\%$，以此确定样本容量。根据式（4.1）确定初始样本数量：

$$N_1 = \frac{z^2 p(1-p)}{\varepsilon^2} = \frac{1.96^2 \times 0.5 \times 0.5}{0.042^2} \approx 544 \tag{4.1}$$

考虑到样本有效性，设问卷有效率 $q=95\%$，那么最终修订即确定样本数为

$$N_2 = \frac{N_1}{q} = \frac{544}{0.95} \approx 573 \tag{4.2}$$

本调查采用多阶段抽样确定调查样本，共分为 3 个阶段，分别是市区层面抽样、村镇层面抽样、农户层面抽样，最终获取到金华市、嘉兴市、衢州市、杭州市、丽水市 20 份村镇问卷及 573 份农户问卷。

第一阶段：市区层面抽样。本调查采用系统抽样随机抽取浙江省 5 个城市进行问卷调查研究，将浙江省的 11 个地级市按照任意顺序排列并编号，利用 Excel 中的 Rand 函数随机抽取 5 个数字，即选取数字所对应的调查市区。计算 $k=N/n=11/4=2.75$，取整得 $k=3$。在 1~11 中随机抽取一个数字，得到 $r=2$，那么抽到的编号为 2、4、6、8、10，随后得到相应城市为金华市、嘉兴市、衢州市、杭州市、丽水市，如表 4.3 所示。

表 4.3　浙江省 11 个地级市名录及抽中区域

编号	市区名	是否抽中
1	宁波市	
2	金华市	√
3	湖州市	
4	嘉兴市	√
5	温州市	
6	衢州市	√
7	舟山市	
8	杭州市	√
9	台州市	
10	丽水市	√
11	绍兴市	

第二阶段：村镇层面抽样。根据各地级市的村镇个数，按照比例分配原则确定各市的村庄调查数量，具体见表 4.4。

表 4.4　各市村庄调查数量

市区名	县级市数量/个	各市区村庄数（N_h）/个	比例（N_h/N）	调查村庄数量（n_h）/个
杭州市	4	2 044	17.29%	3
嘉兴市	5	792	6.70%	1
金华市	7	4 776	40.41%	8
衢州市	4	1 483	12.55%	3
丽水市	8	2 725	23.05%	5
合计	28	11 820	100%	20

第三阶段：农户层面抽样。问卷数根据村庄人口数/总人口数的比例进行平均分配，分配情况见表 4.5。

表 4.5　各地区农村居民调查抽样数量

市区名	村名	人口数/人	比例（N_h/N）	最终确定问卷数/份
杭州市	余村	1 656	9.86%	57
	兰锦村	465	2.77%	16
	泥山湾村	798	4.75%	27
嘉兴市	东长村	1 919	11.43%	65
金华市	大坎村	526	3.13%	18
	大梓村	362	2.16%	12
	潘宅村	856	5.10%	29
	周家村	695	4.14%	24
	大杨村	298	1.77%	10
	外罗村	330	1.96%	11
	盘山村	238	1.42%	8
	毛店村	557	3.32%	19
衢州市	清漾村	1 157	6.89%	40
	孝子村	792	4.72%	27
	达道村	738	4.39%	25
丽水市	五都阳村	1 017	6.06%	35
	水南村	726	4.32%	25
	大岭头村	820	4.88%	28
	瓦窑头村	713	4.25%	24
	大竹溪村	2 132	12.69%	73
合计	—	16 795	100%	573

注：因四舍五入，存在计算不等情况

在 2019 年调研期间，为全面掌握村庄的信息，本次调研小组通过座谈会等方式与 20 个村委会的村干部进行深入交流，每个村庄最终汇总得到 1~2 份村委会问卷。在农户问卷方面，剔除无效问卷后，用于分析的有效问卷为 522 份。

4.2.3.2　村庄问卷数据

本书所关注的农村生活垃圾的处理效率问题是当前农村生活治理实践探讨中的焦点，故在 2019 年开展农户问卷调查的同时，团队于浙江省杭州市临安区范围内的 187 个村庄进行了村庄问卷调查。村庄问卷调查的调查人为村支书和村垃圾分类专管员，问卷主要包含两个部分：一是村社会经济情况，主要有村基本信息、村规民约、宗祠情况以及集体经济情况；二是生活垃圾分类处理情况，主要有生活垃圾产量分类、物业化管理、投放设施、清运处理方式等情况。

选取浙江省杭州市临安区作为村庄调查地区的原因在于：近年来，临安区围绕省市垃圾分类工作目标，最大限度地提高老百姓知晓率、参与率，其垃圾分类处理工作走在了全国前列。因而，研究临安区生活垃圾处理效率具有重要的现实意义。

4.2.4 补充调研

补充调研以研究农户生活垃圾分类准确性及其影响因素分析数据为出发点，以计划行为理论、激励理论等为研究基础，重点以行为态度、主观规范、知觉行为控制、分类设备、收运制度、分类奖惩制度等为自变量，以农户生活垃圾分类准确性为因变量进行问卷设计。此次问卷主要分为四个方面：一是关于农户的基本情况，如年龄、性别等反映个体特征的信息；二是考察农户生活垃圾分类感知与支付意愿方面的有关状况，包括分类意愿与分类支付意愿、行为态度（对垃圾分类重要性的判断）、知觉行为控制（是否了解生活垃圾分类处理的标准和要求）等内容；三是调查农户生活垃圾分类准确性的现状，包括是否进行垃圾分类、知觉行为控制（分类所耗时间与空间成本）、分类准确性等内容；四是调查农户所处村庄垃圾分类的基本成效，包括周边村民、党员干部的分类情况，村庄垃圾分类设备、制度等的基本情况。

由于疫情影响，此次调查并未在全国层面开展，而是选取在农户生活垃圾分类准确性问题方面具有代表性的浙江省嘉兴市开展。数据采用多阶段抽样确定调查样本，具体包括乡镇（街道）层面抽样、村镇层面抽样、农户层面抽样三阶段，接下来对其展开详细论述。

第一阶段为乡镇（街道）层面抽样，将嘉兴市的乡镇（街道）按照任意顺序排列并编号，利用 Excel 中的 Rand 函数进行随机抽取，随后得到相应的乡镇（街道）为高桥街道、屠甸镇、乌镇镇、崇福镇、大麻镇。其中，高桥街道、崇福镇地区生产总值水平位于嘉兴市前列，乌镇镇、屠甸镇处于中档，大麻镇处于末位，样本镇具有较好代表性。

第二阶段为村镇层面抽样，根据各乡镇（街道）的行政村个数，按照比例分配原则：

$$n_h = \frac{N_h}{N} \times n \tag{4.3}$$

确定各乡镇（街道）的行政村调查数量，并随机选定样本村，最终确定高桥街道 7 个村、屠甸镇 3 个村、乌镇镇 8 个村、崇福镇 8 个村、大麻镇 4 个村。

第三阶段为农户层面抽样，参考 2021 年浙江省和嘉兴市的统计年鉴数据，根据比例分配原则分配各村问卷数量，随机抽取农户进行问卷调查，问卷派发情况如表 4.6 所示。本次调研于 2021 年共发放调查问卷 600 份，通过筛选并对未进行生活垃圾分类的农户予以剔除后，最终得到有效问卷 479 份。

表 4.6 各行政村问卷数量分配表

乡镇（街道）	样本村	样本村人口数/人	比例	实际分配问卷数量/份
高桥街道	高桥村	4260	4.72%	28
	落晚村	4667	5.17%	31
	永安村	2387	2.64%	16
	范桥村	2362	2.62%	16
	迎丰村	4109	4.55%	27
	亭桥村	3275	3.63%	22
	毛水浜村	2750	3.05%	18
屠甸镇	荣星村	2529	2.80%	17
	海星村	3301	3.66%	22
	恒丰村	2987	3.31%	20
崇福镇	陈家埭村	2018	2.23%	13
	留良村	4506	4.99%	30
	御驾桥村	2456	2.72%	16
	景卫村	2703	2.99%	18
	利顺村	3877	4.29%	26
	钱家埭村	1628	1.80%	11
	星火村	2494	2.76%	17
	华光村	2158	2.39%	14
乌镇镇	南王村	1920	2.13%	13
	横港村	2618	2.90%	17
	董家村	2452	2.72%	16
	虹桥村	4084	4.52%	27
	浮澜桥村	3552	3.93%	24
	元丰村	2824	3.13%	19
	颜家村	2805	3.11%	19
	浙月村	3137	3.47%	21
大麻镇	黎明村	2860	3.17%	19
	海华村	3082	3.41%	20
	光明村	3422	3.79%	23
	西南村	3078	3.41%	20

注：因四舍五入，存在相加不为 100%情况

4.3　调查问卷的统计分析

在农户参与农村生活垃圾分类处理方面，浙江省有着突出的成绩，具有典型代表性。2003 年，浙江省率先对农村环境污染进行整治，制定“千万工程”决策。为解决农村普遍存在的“脏、乱、散、差”等问题，“千万工程”分别对平原以集中处理模式为主和对山区村落以分散处理模式为主做了不同部署。同时，在“千万工程”第一个五年期间，浙江省先后进行了环境整治、统筹城乡发展、实行“五整治一提高工程”等。最终，全省近 30%的村庄环境得到整治，最终建成全面小康示范村超千个，环境整治村近万个，农村环境治理在政府主导阶段取得了不错的效果。浙江省经过 20 多年的垃圾分类处理的具体实践，积累了较多垃圾分类治理工作的实战经验。2019 年，浙江省“千万工程”经验在全国得到全面推广。

本节基于 4.2.3 节“抽样设计及二轮调研”所获的浙江 5 县（市）20 个村庄 522 份农户问卷数据，比较分析 20 个村庄的农户基本特征、处理意愿、满意度等方面的差异，通过梳理样本村农户参与农村生活垃圾分类处理的现状，为后续研究奠定现实基础。

4.3.1　样本描述性统计分析

农户问卷的基本信息包括年龄、性别、文化水平、月收入、是否为党员或村干部、居住天数、家庭常住人口等相关信息，接下来对 522 名被调查农户的基本信息和家庭特征进行描述性统计分析，并对部分样本数据的合理性、科学性进行检验，具体见表 4.7。

表 4.7　指标及变量描述性统计

变量	变量名称	变量含义及赋值	均值
个人特征	年龄	受访者的实际年龄	47
	性别	男=1，女=0	0.4885
	月收入	受访者的月平均收入（元）	1790
	文化水平	受访者的实际受教育年限（年）	8.1
	是否为党员或村干部	是否为党员或村干部，是=1，否=0	0.1418
	居住天数	受访者居住在农村的天数	315
家庭特征	家庭常住人口	受访者家庭常住在农村的人数	4

调研样本的男性有 255 人，占样本总数的 48.85%，女性有 267 人，占样本总数的 51.15%，男女比例接近 1 比 1。平均年龄 47 岁，平均受教育年限 8.1 年，担

任村干部或是党员的农户有 74 名，占样本总体的 14.18%；参与调研的农户居住天数在 300~365 天的占 89.08%，从居住天数来看，所调查的样本农户具有较高的可信度与可行性，农户家庭常住人口平均为 4 人；家庭月收入平均为 1790 元。

对 522 名被调查农户的年龄结构分布进行描述性统计可知，村民平均年龄为 47 岁，在 20 岁以下至 60 岁及以上各阶段都有分布，并以 50~65 岁居多，占总调查人数的 43.5%。总体上，村民年龄分布符合农村家庭的年龄结构特征，同时年龄分布也基本涵盖了家庭生命周期各阶段情况，在一定程度上说明了样本选择科学合理。从横向比较来看，衢州市、丽水市的受访者相对年轻，杭州市、嘉兴市、金华市三市平均年龄较为接近。其中，杭州市和嘉兴市年龄 60 岁及以上的被调查农户所占比重最大，金华市年龄 50~65 岁的被调查农户所占比重最大，衢州市年龄 40~49 岁的被调查农户所占比重最大，丽水市被调查农户年龄 30~39 岁所占比重最大。农户月收入集中在 1000~2000（不含）元，平均月收入为 1790 元，略高于 2016 年《浙江统计年鉴》中农户的平均月收入 1342 元。其中，杭州市的农户高收入者最多，4000~5000（不含）元的占 12.09%。丽水市的农户低收入者最多，1000 元以下的占 42.86%。嘉兴市的农户收入大多集中在 1000~2000（不含）元，金华市和衢州市农户收入大多集中在 2000~3000（不含）元。平均受教育年限为 8.1 年，受教育程度集中在初等教育阶段，以小学和初中为主，占样本总体的 70%，略低于 2016 年《浙江统计年鉴》中农户受教育程度在小学和初中的比例 74.23%，符合农户文化水平。在本次受调查农户中，嘉兴市农户文化程度最高，平均为 9.2 年。丽水市农户文化程度最低，平均为 6.8 年。杭州市和丽水市农户文化水平在小学及以下的比重最大，而嘉兴市、金华市、衢州市的农户的受教育程度多集中在初中；农户家庭常住人口平均为 4.0 人，略高于 2016 年《浙江统计年鉴》的农户家庭平均常住人口 3.1 人。从横向比较来看，在此次被调查村民中，嘉兴市家庭常住人口最多，平均为 5.4 人，金华市平均为 3.4 人，最少。杭州市和嘉兴市农户的家庭常住人口多集中在 5 人及以上，金华市和衢州市农户的家庭常住人口多集中在 3 人。

4.3.2 农户生活垃圾分类处理统计分析

4.3.2.1 农户生活垃圾分类处理行为

表 4.8 列示了被调查农户的生活垃圾分类处理比例情况，在被调查的 522 户农户中，有 198 户进行生活垃圾分类处理，占样本总体的 37.93%。而 324 户没有进行生活垃圾分类处理，占样本总体的 62.07%。这说明农村生活垃圾分类处理虽有开展，但分类处理情况并不理想，村民的自我保洁意识和参与意识不强，真正参与到农村生活垃圾分类处理中的农户尚未占总样本的 2/5，农户参与生活垃圾

分类处理还有很大的提高空间。

表 4.8 农村生活垃圾分类处理比例

是否进行分类处理	村民数/人	占比
有	198	37.93%
没有	324	62.07%

4.3.2.2 各类生活垃圾处理方式

在对各类生活垃圾处理方式进行调查时发现，厨余垃圾投放到固定堆放点占比最大，其次是喂牲畜或做肥料。如表 4.9 所示，在剩菜剩饭、蛋壳、茶渣等厨余垃圾的处理上，投放到固定堆放点的农户占 44.77%，喂牲畜或做肥料的农户占 39.87%。也有一小部分村民将厨余垃圾随便丢弃或倒入河中、排入下水管道。

表 4.9 厨余垃圾处理方式

生活垃圾分类	处理方式	占比
厨余垃圾	投放到固定堆放点	44.77%
	随便丢弃	4.65%
	喂牲畜或做肥料	39.87%
	倒入河中、排入下水管道	10.58%
	其他	0.13%

有害垃圾主要投放到固定堆放点。如表 4.10 所示，对于废旧电池、废弃灯管等有害垃圾，村民主要选择投放到固定堆放点，占比为 67.60%。也有不少村民选择随便丢弃，占比为 22.31%。少部分村民选择由特定人员上门收集，占比为 5.45%。有一小部分村民选择倒入河中、排入下水管道等处理方式。

表 4.10 有害垃圾处理方式

生活垃圾分类	处理方式	占比
有害垃圾	投放到固定堆放点	67.60%
	随便丢弃	22.31%
	倒入河中、排入下水管道	3.97%
	特定人员上门收集	5.45%
	其他	0.66%

注：因四舍五入，存在计算不等情况

可回收垃圾以“分类打包，积累到一定数量后直接卖掉”为主。如表4.11所示，对于废报纸、旧书籍、易拉罐、塑料瓶、废金属等可回收垃圾，村民多选择分类打包，积累到一定数量后直接卖掉，占比为55.06%。除此之外，20.55%的村民选择不和其他垃圾分类，全部投入垃圾收集点。少数会采取“与其他的垃圾一起进家里的垃圾桶，再找地方随意扔掉”的方式。

表4.11　可回收垃圾处理方式

生活垃圾分类	处理方式	占比
可回收垃圾	与其他的垃圾一起进家里的垃圾桶，再找地方随意扔掉	9.51%
	不和其他垃圾分类，全部投入垃圾收集点	20.55%
	分类投放到垃圾收集点	14.72%
	分类打包，积累到一定数量后直接卖掉	55.06%
	其他	0.15%

注：因四舍五入，存在计算不等情况

4.3.2.3　农户生活垃圾分类处理认知分析

（1）分类处理标准。在被调查的522名村民中，283人认为自己了解分类处理标准，占54.21%，有接近一半的村民认为自己并不了解生活垃圾分类处理的标准。说明目前农户对生活垃圾分类处理知识了解度不高，对此项工作的具体开展和实施情况缺乏认识与理解。

（2）分类处理影响。在被调查的522名村民中，认为不进行垃圾分类处理将对生活有影响的为437人，其中60.15%的人认为有点影响，23.37%的人认为影响很大。这表明当前农户对垃圾问题有一定程度的认知，对环保问题有一定的关注度，也说明村庄的相关宣传和政策产生了效果，提升了农户的认知水平。在认为有影响的村民中，大部分村民认为不进行垃圾分类处理会影响村容，其次会危害人体健康，还有部分人认为会污染空气、污染水体，少部分人认为会占用土地。

（3）分类认知测评。为了准确测度村民对垃圾分类的认知度，在调查问卷中，本调研小组请村民根据自己的常识对剩菜剩饭、废弃衣物、废旧电池、枯枝落叶、塑料薄膜以及过期药品六种具体的垃圾进行归类判断，分析结果如表4.12所示。

表 4.12　对六小类生活垃圾的认知情况

垃圾	正确	错误	不清楚
剩菜剩饭	85.25%	8.24%	6.51%
废弃衣物	72.61%	3.64%	23.75%
废旧电池	67.43%	25.29%	7.28%
枯枝落叶	86.97%	5.56%	7.47%
塑料薄膜	49.81%	32.76%	17.43%
过期药品	56.51%	17.43%	26.05%

注：因四舍五入，存在计算不等情况

就此可得以下结论：一是农户对于枯枝落叶、剩菜剩饭的认知度普遍较高。主要是因为村民一般从事相关农业生产活动，农村也向来有将枯枝落叶作为肥料、堆放田间的习惯，而剩菜剩饭每天都要接触，与生活相关度大，村民对其认知自然比较清楚。二是农户对于废弃衣物、废旧电池的认知度居中。废弃衣物易占空间，随着季节更替接触较多，村民对其较为熟悉，而废旧电池是一种化学物质，其具有害性也是生活常识。农户对于塑料薄膜、过期药品认知度较低，塑料薄膜、过期药品具有相对较长的更替周期，因此村民对它们进行处理的机会较少。普遍较少的投放机会使得农户关于它们垃圾分类的思考较少，导致认知度较低。

根据村民对每一小类垃圾的分类正误结果，汇总出村民关于“可回收垃圾”“可堆肥垃圾”“有毒有害垃圾”这三大类垃圾的答对情况，如表 4.13 所示。

表 4.13　三大类生活垃圾回答情况

答对题数	可回收垃圾		可堆肥垃圾		有毒有害垃圾	
	频数	频率	频数	频率	频数	频率
全错	108	20.69%	22	4.21%	87	16.67%
答对一题	189	36.21%	101	19.35%	223	42.72%
答对两题	225	43.10%	399	76.44%	212	40.61%

就此可得以下结论：一是可堆肥垃圾分类认知度较高。可堆肥垃圾的“全错”率最低，因此可认为村民对可堆肥垃圾具有一定的认知度。但其“答对一题”的概率低于其他两类，可得到村民普遍对可回收垃圾具有一定的认知，但认知却非十分全面。二是可回收垃圾、有毒有害垃圾分类认知度居中。可回收垃圾、有毒有害垃圾分类的各层次比例类似，相对而言，村民对有毒有害垃圾的分类认知度更低一些。三是可回收垃圾认知度出现内部差异。通过数据统计发现，在答对一题的背景下，答对“废弃衣物”的概率是答对“塑料薄膜”的 3 倍。因此认为，

关于可回收垃圾的分类认知度出现了内部差异。

4.3.2.4　农户生活垃圾分类处理意愿分析

由表4.14可知，在被调查的522名村民中，397人表示愿意进行分类处理，占样本总体的76.05%，125人表示不愿意进行分类处理，占23.95%。由此表明，浙江省农户普遍愿意进行生活垃圾分类处理，垃圾分类意识较高也很有积极性。通过进一步分析发现，大部分村民认为生活垃圾分类处理不会造成负担，其中绝对不会、大概不会的比例占到61.3%。但也分别有23.75%、4.02%的村民表示大概或绝对会造成影响。

表4.14　分类处理意愿

分类处理意愿	村民数/人	占比
愿意	397	76.05%
不愿意	125	23.95%

在被调查的522名村民中，村民的支付意愿并不是很强。有302人表示愿意对生活垃圾分类支付一定金额，占样本总体的57.85%，有220人表示不愿意支付，占样本总体的42.15%。其中，在愿意支付一定费用开展生活垃圾分类处理的村民中，普遍愿意支付金额较少，愿意支付150元以上的仅占4.21%，愿意支付50~100元的最多，占21.84%。

4.3.2.5　农户生活垃圾分类处理满意度分析

由量表分析可得表4.15，农户对生活垃圾分类处理的便利性持一般态度的居多，占45.02%。大部分村民对生活垃圾进行分类处理后的生活质量水平表示满意，占62.07%。但村民对村庄提供的生活垃圾分类处理设施、村庄生活垃圾分类处理工作的开展现状的满意度不高，表明目前村庄此部分工作仍存在设施建设和资金投入不足、分类培训和宣传教化不够等短板问题。

表4.15　满意度分析

评价指标	很满意	满意	一般	不满意	很不满意
生活垃圾进行分类处理的便利性	9.77%	43.68%	45.02%	1.53%	0
生活垃圾进行分类处理后的生活质量水平	13.60%	62.07%	24.14%	0.19%	0
村庄提供的生活垃圾分类处理设施	9.00%	40.23%	44.64%	5.56%	0.57%
村庄生活垃圾分类处理工作的开展现状	9.20%	46.17%	37.36%	6.70%	0.57%

4.3.2.6　农户是否参与生活垃圾分类处理相关分析

经过查阅相关文献及调研，调研小组了解到以下六类信息可能会对农户是否进行生活垃圾分类处理的行为产生一定的影响。假设农户个人分类意愿、农户垃圾分类处理标准认知、村庄垃圾分类处理设施、村庄明文规定、村规民约（未进行处理是否会被指责）、党员或村干部带头作用等与农户是否进行生活垃圾分类处理的行为存在相关关系。然后，我们将这些数据进行交叉分析，并进行卡方检验。为防止文章篇幅过长，不一一做出解释，选择存在显著相关性的部分，即Pearson卡方的Sig值小于0.05的部分在下文进行阐述。

（1）农户个人分类意愿与其是否进行生活垃圾分类处理的交叉分析。从表4.16可以看出，农户个人分类意愿与其是否进行生活垃圾分类处理两者之间存在一定的相关性，且两者不相关的双尾检验值显著性（双侧）为0.000，拒绝了两者不相关的假设。

表4.16　农户个人分类意愿与其是否进行生活垃圾分类处理的卡方检验

项目	值	df	渐进Sig（双侧）
Pearson卡方	88.133	1	0.000
似然比	114.388	1	0.000
线性和线性组合	87.964	1	0.000
有效案例中的*N*	522	3	

注：df表示自由度，degree of freedom

由表4.17可知，有接近一半的农户愿意且的确进行了生活垃圾分类处理，其比例占了49.1%。而在不愿意进行分类处理的村民中，大部分村民未进行生活垃圾分类处理，其比例占了97.6%。由此可见，农户的个人分类意愿对其生活垃圾分类处理行为有显著影响。重点提高村民的生活垃圾分类处理意识、增强村民的处理意愿，强化村民对农村清洁工程的认同感，增强全民垃圾分类的意识，将会使农村生活垃圾分类处理工作有更大的发展空间。此外，在愿意分类处理生活垃

表4.17　农户个人分类意愿与其是否进行生活垃圾分类处理的交叉分析

意愿		生活垃圾是否进行分类处理		合计
		是	否	
农户个人分类意愿	愿意	49.1%	50.9%	100.0%
	不愿意	2.4%	97.6%	100.0%
各类占比		37.9%	62.1%	100.0%

圾的村民中还有 50.9%的村民未进行生活垃圾分类处理。因此，农村生活垃圾分类处理有一定的发展潜力，村民生活垃圾分类处理装置配备、分类处理教育等工作可谓关键。

(2)农户垃圾分类处理标准认知与其是否进行生活垃圾分类处理的交叉分析。从表 4.18 可以看出，农户垃圾分类处理标准认知与其是否进行生活垃圾分类处理两者之间存在一定的相关性，且两者不相关的双尾检验值显著性(双侧)为 0.000，拒绝了两者不相关的假设。

表 4.18 农户垃圾分类处理标准认知与其是否进行生活垃圾分类处理的卡方检验

项目	值	df	渐进 Sig（双侧）
Pearson 卡方	159.046	1	0.000
似然比	176.373	1	0.000
线性和线性组合	158.742	1	0.000
有效案例中的 N	522	3	

如表 4.19 所示，对生活垃圾分类处理标准了解、进行分类处理的占 62.5%，对分类处理标准不了解、不进行生活垃圾分类处理的占 91.2%。这表明对生活垃圾分类处理标准的认知度对村民的处理行为产生了影响。若能扩大宣传普及教育，让村民有机会深入了解垃圾分类处理的好处，明白“是什么、怎么做、为什么”，让村民也承担起自己的责任与义务，提高村民对生活垃圾分类处理的认知度，将有利于农村生活垃圾分类处理工作的进一步发展。

表 4.19 农户垃圾分类处理标准认知与其是否进行生活垃圾分类处理的交叉分析

意愿		生活垃圾是否进行分类处理		合计
		是	否	
农户垃圾分类处理标准认知	了解	62.5%	37.5%	100.0%
	不了解	8.8%	91.2%	100.0%
各类占比		37.9%	62.1%	100.0%

（3）村庄垃圾分类处理设施与农户是否进行生活垃圾分类处理的交叉分析。从表 4.20 可以看出，村庄垃圾分类处理设施与农户是否进行生活垃圾分类处理两者之间存在一定的相关性，且两者不相关的双尾检验值显著性（双侧）为 0.000，拒绝了两者不相关的假设。

表 4.20 村庄垃圾分类处理设施与农户是否进行生活垃圾分类处理的卡方检验

项目	值	df	渐进 Sig（双侧）
Pearson 卡方	158.74	1	0.000
似然比	176.778	1	0.000
线性和线性组合	158.444	1	0.000
有效案例中的 N	522	3	

由表 4.21 可知，大部分没有垃圾分类处理设施的村庄，村民参与生活垃圾分类处理的可能性较低，其中 91.5%的村民未进行分类处理。由此我们不难发现，处理设施的配备是村民开展分类处理的重要步骤。政府等应加大对垃圾处理的资金支持，将垃圾处理的各项支出如垃圾日常处理费用、设备的管理维护、人员经费等纳入政府财政预算，加强相关基础设施的建设。

表 4.21 村庄垃圾分类处理设施与农户是否进行生活垃圾分类处理的交叉分析

项目		生活垃圾是否进行分类处理		合计
		是	否	
村庄垃圾分类处理设施	没有	8.5%	91.5%	100.0%
	有	62.2%	37.8%	100.0%
各类占比		37.9%	62.1%	100.0%

（4）村庄明文规定与农户是否进行生活垃圾分类处理的交叉分析。从表 4.22 可以看出，村庄明文规定与农户是否进行生活垃圾分类处理两者之间存在一定的相关性，且两者不相关的双尾检验值显著性（双侧）为 0.000，拒绝了两者不相关的假设。

表 4.22 村庄明文规定与农户是否进行生活垃圾分类处理的卡方检验

项目	值	df	渐进 Sig（双侧）
Pearson 卡方	233.229	1	0.000
似然比	248.985	1	0.000
线性和线性组合	232.782	1	0.000
有效案例中的 N	522	3	

如表 4.23 所示，对生活垃圾进行分类处理有明文规定的村庄，绝大部分的村民进行了生活垃圾分类处理，占 77.0%。而没有明文规定的村庄，村民的分类处理意识薄弱，89.0%的村民未进行分类处理。若村庄能出台垃圾分类处理目录、分类标准、考核制度，也会为相关工作的开展奠定良好的基础。

表 4.23 村庄明文规定与农户是否进行生活垃圾分类处理的交叉分析

项目		生活垃圾是否进行分类处理		合计
		是	否	
村庄明文规定	有	77.0%	23.0%	100.0%
	没有	11.0%	89.0%	100.0%
各类占比		37.9%	62.1%	100.0%

（5）村规民约与农户是否进行生活垃圾分类处理的交叉分析。从表 4.24 可以看出，村规民约与农户是否进行生活垃圾分类处理两者之间存在一定的相关性，且两者不相关的双尾检验值显著性（双侧）为 0.000，拒绝了两者不相关的假设。

表 4.24 村规民约与农户是否进行生活垃圾分类处理的卡方检验

项目	值	df	渐进 Sig（双侧）
Pearson 卡方	115.812	4	0.000
似然比	119.577	4	0.000
线性和线性组合	99.299	1	0.000
有效案例中的 N	522	3	

由表 4.25 可知，农户垃圾分类处理的受约束程度影响了其分类处理行为。在绝对不会受到指责的村民中，绝大多数村民不会进行垃圾分类处理，占 92.7%。这说明一个村庄的村规民约会对村民的垃圾分类处理行为产生影响。村庄应加强文化建设，渲染保护环境的氛围，深入基层，与农户进行面对面的交流宣传，集思广益，激发农户的积极性、主动性和创造性。

表 4.25 村规民约与农户是否进行生活垃圾分类处理的交叉分析

项目		生活垃圾是否进行分类处理		合计
		是	否	
村民没有自觉对生活垃圾进行分类处理是否会有人指责	绝对不会	7.3%	92.7%	100.0%
	大概不会	28.0%	72.0%	100.0%
	不确定	28.9%	71.1%	100.0%
	大概会	77.4%	22.6%	100.0%
	绝对会	84.4%	15.6%	100.0%
各类占比		37.9%	62.1%	100.0%

（6）党员或村干部带头作用与农户是否进行生活垃圾分类处理的交叉分析。从表 4.26 可以看出，党员或村干部带头作用与农户是否进行生活垃圾分类处理两者之间存在一定的相关性，且两者不相关的双尾检验值显著性（双侧）为 0.000，拒绝了两者不相关的假设。

表 4.26　党员或村干部带头作用与农户是否进行生活垃圾分类处理的卡方检验

项目	值	df	渐进 Sig（双侧）
Pearson 卡方	192.975	1	0.000
似然比	212.587	1	0.000
线性和线性组合	192.606	1	0.000
有效案例中的 *N*	522	3	

如表 4.27 所示，村里的党员或干部带头进行垃圾分类处理，村民中绝大部分也会进行分类处理，占 67.4%。村庄应鼓励镇村干部进村入户义务监督，发挥党员、村干部的作用，通过能人带动、政策推动，进一步激发广大农民群众参与农村生活垃圾分类减量处理的热情。

表 4.27　党员或村干部带头作用与农户是否进行生活垃圾分类处理的交叉分析

项目		生活垃圾是否进行分类处理		合计
		是	否	
村里的党员、干部是否带头进行垃圾分类处理	是	67.4%	32.6%	100.0%
	否	8.4%	91.6%	100.0%
各类占比		37.9%	62.1%	100.0%

4.3.2.7　农户参与生活垃圾分类处理意愿的影响因素分析

为研究本次调查的农户是否愿意进行生活垃圾分类处理的影响因素，本调研小组对其进行二元 Logistic 回归分析。

因变量 y 为是否愿意进行生活垃圾分类处理。农户愿意进行生活垃圾分类处理的取值为“1”，不愿意进行生活垃圾分类处理的取值为“0”。将农户基本信息中的年龄、性别、受教育年限、月收入、是否为党员或村干部设置为协变量。在正式分析前，本调研小组将对二元 Logistic 回归分析的部分协变量进行设置，见表 4.28。

表 4.28 协变量设定（一）

变量名称	变量赋值
年龄（X_1）	实际的具体数值
性别（X_2）	男=1，女=0
受教育年限（X_3）	实际的具体数值
月收入（X_4）	实际的具体数值
是否为党员或村干部（X_5）	是=1，否=0

建立二元 Logistic 回归模型，回归结果如表 4.29 所示。

表 4.29 回归结果（一）

项目		β	显著性 Sig
X_1	年龄	−0.376	0.018
X_2	性别	−0.046	0.034
X_3	受教育年限	1.413	0.000
X_4	月收入	0.797	0.000
X_5	是否为党员或村干部	0.501	0.000
常量		2.393	0.004

由上述回归方程表可知，5 个协变量的显著性检验均小于 0.05，表明这 5 个变量均是显著的。可得到二元 Logistic 方程：

$$\ln\left(\frac{p}{1-p}\right) = -0.376X_1 - 0.046X_2 + 1.413X_3 + 0.797X_4 + 0.501X_5 + 2.393$$

则有

$$p = \frac{e^{(-0.376X_1-0.046X_2+1.413X_3+0.797X_4+0.501X_5+2.393)}}{1+e^{(-0.376X_1-0.046X_2+1.413X_3+0.797X_4+0.501X_5+2.393)}}$$

通过分析回归方程可得到以下结论。

（1）受访者年龄对农户生活垃圾分类处理的意愿有负向显著影响。在其他因素不变的情况下，年龄越大，愿意进行生活垃圾分类处理的可能性越小。随着年龄的增长，人脑机能逐渐退化，对于生活垃圾分类处理这种新方式的接受能力会明显下降。

（2）受访者性别对农户生活垃圾分类处理的意愿有负向显著影响。在其他因素不变的情况下，女性比男性愿意进行生活垃圾分类处理的可能性更大。农村家庭中女性多担任家务处理角色，参与生活垃圾日常处理比男性多。

（3）受访者的受教育年限对农户生活垃圾分类处理的意愿有正向显著影响。

在其他因素不变的情况下，受教育年限越长，愿意进行生活垃圾分类处理的可能性越大。文化素质越高，对生活环境的重视度也越高。

（4）受访者的月收入对农户生活垃圾分类处理的意愿有正向显著影响。在其他因素不变的情况下，月收入越高，愿意进行生活垃圾分类处理的可能性越大。随着月收入的增长，物质生活水平质量上升，农户更加追求生活质量的提升，对生活垃圾分类的意愿也提高。

（5）受访者所担任职务，即是否为党员或村干部对农户生活垃圾分类处理的意愿有正向显著影响。在其他因素不变的情况下，党员或村干部比不担任职务的村民愿意进行生活垃圾分类处理的可能性大。党员或村干部具有一定的政治素养，更愿意进行分类处理。

（6）受访者的受教育年限、月收入、是否为党员或村干部的影响最为显著。例如，受教育年限提高 1%，愿意进行分类与不愿意进行分类的概率之比将上升 1.413%。

4.3.2.8　农户参与生活垃圾分类处理行为的影响因素分析

为研究影响农户进行生活垃圾分类处理的相关因素，本调研小组对其进行二元 Logistic 回归分析。因变量 y 为进行生活垃圾分类处理。农户进行生活垃圾分类处理的取“1”，不进行生活垃圾分类处理的取“0”。将农户个人分类意愿、农户垃圾分类处理标准认知、村庄垃圾分类处理设施、村庄明文规定、村规民约（未进行处理是否会被指责）、党员或村干部的带头作用设置为协变量。在正式分析前，本调研小组将对二元 Logistic 回归分析的协变量进行设置，具体见表 4.30。

表 4.30　协变量设定（二）

变量名称	变量赋值
农户个人分类意愿（X_1）	愿意=1，不愿意=0
农户垃圾分类处理标准认知（X_2）	了解=1，不了解=0
村庄垃圾分类处理设施（X_3）	有=1，没有=0
村庄明文规定（X_4）	有=1，没有=0
村规民约（X_5）	绝对不会=1，大概不会=2，不确定=3，大概会=4，绝对会=5
党员或村干部的带头作用（X_6）	有=1，没有=0

建立二元 Logistic 回归模型，将数据进行分类，分类表如表 4.31 所示。本调研小组预测的正确率达到了 85.4%，远高于 50%，因此本调研小组认为本次的回归预测模型是合理的（当预测的正确率大于 0.5 时，则认为回归模型是合理的）。

表 4.31　分类表

项目			预测		百分比校正
			是否进行生活垃圾分类处理		
			是	否	
实测	是否进行生活垃圾分类处理	是	169	29	85.4%
		否	24	300	92.6%
总计百分比					89.7%

可得到二元 Logistic 方程：

$$\ln\left(\frac{p}{1-p}\right)=3.262X_1+2.107X_2+1.107X_3+1.852X_4+0.442X_5+1.677X_6-8.155$$

则有

$$p=\frac{e^{(3.262X_1+2.107X_2+1.107X_3+1.852X_4+0.442X_5+1.677X_6-8.155)}}{1+e^{(3.262X_1+2.107X_2+1.107X_3+1.852X_4+0.442X_5+1.677X_6-8.155)}}$$

当预测值概率 p 大于 0.5 时，则将样本归为农户进行生活垃圾分类处理；小于 0.5，则归为农户不进行生活垃圾分类处理。

对回归方程的结果进行整理，得到如表 4.32 所示的回归结果。

表 4.32　回归结果（二）

变量代码	变量名称	β	显著性 Sig
X_1	农户个人分类意愿	3.262	0.000
X_2	农户垃圾分类处理标准认知	2.107	0.000
X_3	村庄垃圾分类处理设施	1.107	0.022
X_4	村庄明文规定	1.852	0.000
X_5	村规民约	0.442	0.023
X_6	党员或村干部的带头作用	1.677	0.000
常量		−8.155	0.000

（1）5 个协变量的显著性检验均小于 0.05，表明这 5 个变量均是显著的。根据 5 个协变量的回归系数的正负性可知，农户个人愿意进行分类，村庄配备垃圾分类处理设施，村庄有垃圾分类明文规定，村规民约对村民约束强，党员或村干部带头，则农户进行生活垃圾分类处理的概率会较大。

（2）由于农户个人分类意愿的回归系数为 3.262，大于其他几个协变量的相关系数的绝对值，可见农户个人分类意愿对其进行生活垃圾分类处理的影响最大，村民个人分类意愿上升 1%，进行分类与不进行分类的概率之比上升 3.262%，因此可对其做进一步探究。

（3）此外，除了重点考虑农户个人特征因素外，通过分析也可发现，村庄的生活垃圾分类处理基础配置、宣传制度与明文规定、村干部或党员潜移默化的行为对村民进行生活垃圾分类处理有重要影响。由此表明，政府、村委会在生活垃圾分类处理上的物质支撑、制度保障、精神感染必不可少。

4.3.2.9　农户参与生活垃圾分类处理意愿与行为的一致性分析

被解释变量是农村生活垃圾分类处理农户分类行为与意愿的背离值，由分类意愿和行为两部分取值之差的绝对值构成。如果分类意愿与行为一致，则二者取值之差为 0，如果分类意愿与行为不一致，则二者取值之差的绝对值为 1。

建立二元 Logistic 选择模型，其形式为

$$p = F(y = 1|X_i) = \frac{1}{1 + e^{-y}} \tag{4.4}$$

式中，y 为农户对农村生活垃圾分类处理行为与意愿的背离值；p 为背离的概率；X_i 为影响背离的因素；y 表示 X_i 变量的线性组合，即

$$y = \beta_0 + \beta_1 X_1 + \beta_2 X_2 + \cdots + \beta_n X_n + \varepsilon \tag{4.5}$$

式中，β_n 为第 n 个解释变量的回归系数；ε 为随机扰动项。β_n 为正，表示第 n 个因素对背离有正向影响；β_n 为负，表示第 n 个因素对背离有负向影响。对式（4.4）和式（4.5）进行变换，得到以发生比表示的 Logistic 模型，形式如下：

$$\ln\left(\frac{p}{1-p}\right) = \beta_0 + \beta_1 X_1 + \beta_2 X_2 + \cdots + \beta_n X_n + \varepsilon \tag{4.6}$$

利用统计软件估计上述 Logistic 模型，可得到村民对农村生活垃圾分类处理意愿与行为背离的显著性影响因素，具体的变量说明和描述性统计见表 4.33。

表 4.33　变量说明和描述性统计

变量名称	变量代码	变量定义	均值	标准差	预期作用方向
农户对农村生活垃圾分类处理意愿	Y_1	愿意分类=1，不愿意分类=0			
农户对农村生活垃圾分类处理行为	Y_2	分类=1，未分类=0			
分类处理意愿与行为的背离（$\lvert Y_1-Y_2\rvert$）	y	背离=1，未背离=0	0.45	0.50	不确定

续表

变量名称		变量代码	变量定义	均值	标准差	预期作用方向
村民个人特征	性别	X_1	男=1，女=0	0.49	0.50	–
	年龄	X_2	18 岁以下=1，18~30 岁=2，31~45 岁=3，46~60 岁=4，61~75 岁=5，75 岁以上=6	3.60	1.08	–
	受教育程度	X_3	大学以上=1，大学或大专=2，高中或中专或技校=3，初中=4，小学=5，文盲=6	4.09	1.13	+
	月收入	X_4	5000 元及以上=1，4000~5000（不含）元=2，3000~4000（不含）元=3，2000~3000（不含）元=4，1000~2000（不含）元=5，0~1000（不含）元=6	4.37	1.32	+
	在本村居住时间	X_5	270~365 天=1，180~269 天=2，90~179 天=3，0~89 天=4	1.17	0.55	
村民认知	生活垃圾不分类处理是否会有影响	X_6	影响很大=1，不知道=2，有点影响=3，没有影响=4	2.60	0.97	
	生活垃圾分类处理后的生活质量水平	X_7	很满意=1，满意=2，一般=3，不满意=4，很不满意=5	2.11	0.61	

由表 4.34 可知，模型整体拟合度较好，预测的准确率为 71.43%，回归结果可信。解释变量的作用方向与预期基本符合。

表 4.34　农户分类意愿与行为背离的分析结果

解释变量		分类处理意愿与行为的背离		
		系数	标准误	p 值
村民个人特征	性别	–0.33	0.19*	0.086
	年龄	–0.59	0.12***	0.000
	受教育程度	0.13	0.13	0.330
	月收入	0.085	0.095	0.370
	在本村居住时间	0.65	0.35*	0.067
村民认知	生活垃圾不分类处理是否会有影响	0.23	0.13*	0.060
	生活垃圾分类处理后的生活质量水平	–0.50	0.13***	0.000
最大似然比		0.11		
预测准确度/%		71.43		
显著性水平		0.0000		

***、*分别表示 1%、10%的显著性水平

农户的性别通过了10%统计水平下的显著性检验，表明农户的性别是导致农户对农村生活垃圾分类处理意愿与行为背离的原因之一。由表4.34可知，女性农户比男性农户发生垃圾分类处理意愿与行为背离的概率更大。这可能是由于农村女性作为家庭主妇的比例大，相夫教子，琐事繁多，有垃圾分类的意愿却腾不出时间，使意愿与行为背离；而男性农户有性格因素的影响，不拘小节，对垃圾分类不关注也不进行，因此垃圾分类意愿与行为的背离值小。

农户的年龄通过了1%统计水平下的显著性检验，表明农户的年龄是导致农户对农村生活垃圾分类处理意愿与行为背离的原因之一。随着农户年龄的增大，61.5%的农户对环境的保护意识渐薄弱，且认为垃圾分类处理的便利性不足，不愿意进行分类也不进行分类，其余38.5%的农户则渐渐意识到环境品质对自身健康的重要性，愿意进行分类并付诸行动。因此对于这类不愿意并不进行分类的农户可加强宣传，使其认识到垃圾分类的重要性，除此之外，也应提供更便利的垃圾分类处理设施提高农户的积极性。

在本村居住时间通过了10%统计性水平下的显著性检验，对背离值呈现出正向作用关系，表明随着农户在村居住时间的增加，农户垃圾分类处理意愿与行为背离的概率越大。所调查的在村居住时间较短的多为在外就读的学生或工作的农户，学生受教育程度较高，对环境保护的意识较强，垃圾分类处理的意愿与行为较一致，在外工作的农户在村居住时间短，对村庄的环境品质要求与关注度均不高，不愿意分类，也不进行分类，故意愿与行为也较一致，而几乎整年居住在村的农户，对农村垃圾问题对村庄环境的影响有一定的认知，内心存有分类处理意愿，但由于人的惰性、生活习惯及“熟人社会”的影响，垃圾分类处理行为与意愿不一致。因此，对于在外工作的农户，要给予其村庄的归属感，让其认识到村庄环境的重要性；对于久居村庄的农户，村委会成员、党员可发挥带头作用，先分类带动后分类，并且对积极参与垃圾分类的农户采取奖励措施，提高农户垃圾分类的积极性。

农户对生活垃圾不分类处理的影响的认知通过了10%统计性水平下的显著性检验，与农户对生活垃圾分类处理意愿与行为的背离呈正向关系，表明随着农户对垃圾不分类处理产生的影响的认识越清楚，其垃圾分类处理的意愿与行为越不出现背离。

农户对生活垃圾分类处理后的生活质量水平的认知通过了1%统计性水平下的显著性检验，与预期作用方向一致，表明农户对垃圾分类后的生活质量水平越满意，其分类意愿与行为越一致。这是一个良性循环，因此应大力加强对垃圾分类处理作用的宣传，鼓励更多的农户进行垃圾分类处理。

4.3.3 村庄层面生活垃圾分类处理现状分析

为全面了解我国农村生活垃圾分类处理现状，调查小组随机抽取 20 个样本村庄，从村庄层面进一步剖析农村生活垃圾分类处理状况。为更好地展示各地级市农村基本情况，以下选取每个地级市的典型村庄进行分析。

4.3.3.1 生活垃圾分类处理设施配备

（1）分类垃圾桶或设施配备情况。从样本总体分析来看，20 个村庄中有 13 个村庄配备有生活垃圾分类处理的垃圾桶或设施，占样本总体的 65.00%。其中，嘉兴市、金华市、衢州市配备率（分类达到 2 类及以上则将其计为配备分类设备）达到 100.00%；丽水市则为 0，在生活垃圾分类处理的垃圾桶或设施配备上较为落后。在 13 个配备有生活垃圾分类处理的垃圾桶或设施的村庄中，分类类别总体较为简单，其中，11 个村庄分为 2 类，2 个村庄分为 3 类。

（2）垃圾分类设施配备与农户家庭平均距离。在配备有生活垃圾分类处理的垃圾桶或设施的 13 个村庄中，大部分垃圾分类设施与农户家庭平均距离较近，平均距离在 50 米以内的村庄有 10 个，占样本总数的 76.92%。从横向比较来看，金华市村庄设置垃圾分类设施与农户家庭平均距离较短，且平均距离在 10 米以内的村庄个数占总体的 62.50%，垃圾箱或设施的配置最为密集。

4.3.3.2 生活垃圾分类处理费用

在进行生活垃圾分类处理的 13 个村庄中，不收费的村庄居多，有 8 个，占 61.54%。收费的村庄有 5 个，占 38.46%。可见，当前在农村生活垃圾分类处理政策方面并不完善，应适时探索垃圾治理收费制度；在生活垃圾分类收费的 5 个村庄中，金华市占 3 个，杭州市、嘉兴市各占 1 个。其中，村庄普遍收费较低，4 个村庄每年每户收费在 50 元以下，占 80%，仅有 1 个村庄收费在 50~100 元。

4.3.3.3 生活垃圾最终处理方式

在被调查的 20 个样本村中，生活垃圾均进行了最终处理。其中，运到垃圾处理厂进行最终处理的方式的比例较高，占到总体的 71.43%，其次为采用科学技术进行处理，占 10.71%，另有少数样本村庄采用固定点就地掩埋、焚烧等落后处理方式。

4.3.3.4 村庄宣传与制度实施情况

（1）环境卫生宣传情况。总体来看，样本村庄普遍在村内进行过环保宣传，特别是近几年来对垃圾分类相关知识进行过普及；但是也存在部分地区（丽水市大岭头村）在环保宣传上缺乏行动力，并未进行生活垃圾分类知识的普及；而从宣传频率来看，每月进行一次环境卫生宣传的村庄超过一半，占 55%。可见目前浙江省农村注重对生态环境问题进行宣传动员。另有 30%的村庄每周、每日进行宣传，只有 10%的村庄宣传频率较低，偶尔进行宣传。

（2）村规民约。通过数据分析可知，在浙江省的样本村中，有 15 个村已经制定了生活垃圾分类处理的村规民约。其中，75%的村庄利用村规民约规范村民的生活垃圾分类处理行为，对村民产生了一定的约束。在被调查的 20 个样本村中，有出台明文制度对不进行生活垃圾分类处理的村民进行惩罚的有 10 个，没有出台明文制度的村庄有 10 个，各占 50%。从横向比较来看，嘉兴市、金华市达 100%，表明其惩罚制度较为健全，衢州市、丽水市为 0，在出台明文制度方面较为落后。

在有惩罚的前提下，村庄的惩罚方式以布告栏张贴公示批评为主，占 53.8%，38.5%会进行当面口头批评，7.7%采用其他惩罚方式。可见，村委会多以约束性较低的处罚为主，处罚力度较轻。在被调查的 20 个样本村中，有出台明文制度对进行生活垃圾分类处理的村民给予奖励的有 9 个，没有的有 11 个，总体来看，奖励机制不完善。从横向比较来看，嘉兴市、金华市达 100%，反映其奖励制度较为健全，丽水市为 0，较为落后。在有奖励的前提下，村庄的奖励方式以布告栏张贴公示表扬居多，占 53.8%。38.5%会分发生活用品，予以物质奖励，7.7%采用其他奖励方式。可见，目前村庄对生活垃圾分类处理的奖励以精神性奖励为主。村民对明文制度的配合情况总体较好，65%的村民比较配合，25%的村民为一般，只有 5%的村民配合度较低，说明大部分村民对有关生活垃圾分类处理的奖惩制度表示满意。

4.3.3.5　清运公共服务

在被调查的 20 个样本村中，17 个村配备了生活垃圾清运人员，清运工作总体开展良好。其中，除发展水平较低的丽水市只有 40%的村庄配备清运人员外，其余四个地级市清运人员配备率均达到 100%。在 17 个配备了生活垃圾清运人员的样本村中，有 10 个村为上门清运，7 个村为到指定投放点清运。其中，嘉兴市、金华市上门清运的比例达 100%，衢州市到指定投放点清运的比例达 100%。在清运方式上，各地级市的垃圾处理工作较为到位。

4.3.3.6　村庄生活垃圾最终处理方式影响因素分析

为研究本次调查的农村村庄生活垃圾最终处理方式的影响因素，本调研小组查阅文献资料并结合相关研究，最终确定对其进行二元 Logistic 回归分析，相关协变量设定见表 4.35。

因变量 y_1 为村庄垃圾最终处理方式是否为固定点就地掩埋。村庄垃圾最终处理方式为非固定点就地掩埋的取值为“0”，固定点就地掩埋的取值为“1”。

因变量 y_2 为村庄垃圾最终处理方式是否为焚烧。村庄垃圾最终处理方式为非焚烧的取值为“0”，焚烧的取值为“1”。

表 4.35　协变量设定（三）

因变量	变量名称	变量赋值
固定点就地掩埋/焚烧/采用科学技术进行处理	村民人均年收入	按具体值，如 2000
	村民文化程度	按具体值，如 6、9
	村庄垃圾分类处理设施	有=1，没有=2
	村庄垃圾分类类别	按具体值，如 1、2
	村庄垃圾分类收费情况	有=1，没有=2
	村庄垃圾分类清运人员	有=1，没有=2
	环境宣传	有=1，没有=2
	明文制度	有=1，没有=2
	村规民约	有=1，没有=2

因变量 y_3 为村庄垃圾最终处理方式是否为采用科学技术进行处理。村庄垃圾最终处理方式为非采用科学技术进行处理的取值为“0”，采用科学技术进行处理的取值为“1”。

“运到垃圾分类处理厂”一项 20 个村均有采用，“没有任何处理”一项 20 个村均没有采用，此处不再做进一步分析。

在正式分析前，本调研小组将对二元 Logistic 回归分析的协变量进行设置。

建立二元 Logistic 回归模型，回归结果如表 4.36 所示。

表 4.36　回归结果（三）

因变量	变量代码	变量名称	β	显著性 Sig
固定点就地掩埋	X_1	村民人均年收入	−0.672	0.000
	X_2	村民文化程度	−0.542	0.007
	X_3	村庄垃圾分类处理设施	−0.867	0.000
	X_4	村庄垃圾分类清运人员	−0.371	0.023
	X_5	环境宣传	−0.263	0.016
	X_6	明文制度	−0.308	0.028
	截距项		2.235	2.235
焚烧	X_1	村民文化程度	−0.731	0.000
	X_2	村庄垃圾分类处理设施	−0.767	0.000
	X_3	村庄垃圾分类类别	−0.542	0.022

续表

因变量	变量代码	变量名称	β	显著性 Sig
焚烧	X_4	村庄垃圾分类清运人员	−0.623	0.003
	X_5	环境宣传	−0.565	0.017
	X_6	明文制度	−0.211	0.027
	截距项		2.143	2.143
采用科学技术进行处理	X_1	村民人均年收入	0.726	0.000
	X_2	村民文化程度	0.692	0.000
	X_3	村庄垃圾分类处理设施	0.273	0.013
	X_4	村庄垃圾分类类别	0.268	0.018
	X_5	村庄垃圾分类收费情况	0.576	0.005
	X_6	村规民约	0.368	0.021
	X_7	明文制度	0.322	0.029
	截距项		−3.278	0.000

可分别得到有关于“固定点就地掩埋”“焚烧”“采用科学技术进行处理”的三个二元 Logistic 方程。

一是固定点就地掩埋：

$$p=\frac{e^{(-0.672X_1-0.542X_2-0.867X_3-0.371X_4-0.263X_5-0.308X_6+2.235)}}{1+e^{(-0.672X_1-0.542X_2-0.867X_3-0.371X_4-0.263X_5-0.308X_6+2.235)}}$$

根据模型我们可以得出如下结论，有六类因素对固定点就地掩埋有显著的负向影响：村民人均年收入高、村民文化程度高、村庄配备垃圾分类处理设施、有垃圾分类清运人员开展清洁工作、村庄对村民进行环境宣传、村庄有制定垃圾分类处理明文制度，则村庄最终采取固定点就地掩埋处理垃圾的概率就小。

其中，村民人均年收入、村庄垃圾分类处理设施影响最为显著。例如，村民人均年收入提高 1%，固定点就地掩埋与非固定点就地掩埋的概率之比下降 0.672%。可见村庄的经济发展水平较低、缺乏可以进行垃圾分类处理的设备时，村庄极可能采用落后的垃圾处理方式，以替代合理的分类处理方式。

二是焚烧：

$$p=\frac{e^{(-0.731X_1-0.767X_2-0.542X_3-0.623X_4-0.565X_5-0.211X_6+2.143)}}{1+e^{(-0.731X_1-0.767X_2-0.542X_3-0.623X_4-0.565X_5-0.211X_6+2.143)}}$$

根据模型我们可以发现，有六类因素对采取焚烧的处理方式有显著的负向影响。村民文化程度低、村庄未配备垃圾分类处理设施、村庄垃圾分类类别少、村庄没有清运人员开展清洁工作、村庄缺乏对村民进行环境宣传、村庄未制定垃圾分类处理明文制度，则村庄最终采取焚烧方式处理垃圾的概率就大。

其中，村民文化程度和村庄垃圾分类处理设施对村庄采取焚烧的处理方式影响最大。例如，村民文化程度提高 1%，焚烧与非焚烧的概率之比下降 0.731%。当村庄村民的文化素质较低时，其会忽视环境保护的重要性，期望采取相对快速、简单的处理方式。在不具备分类处理设施的情况下，其更易转向焚烧垃圾。

三是采用科学技术进行处理：

$$p=\frac{\mathrm{e}^{(0.726X_1+0.692X_2+0.273X_3+0.268X_4+0.576X_5+0.368X_6+0.322X_7-3.278)}}{1+\mathrm{e}^{(0.726X_1+0.692X_2+0.273X_3+0.268X_4+0.576X_5+0.368X_6+0.322X_7-3.278)}}$$

根据模型我们可以得出如下结论。有七类因素对采用科学技术的处理方式有显著的正向影响。村民人均年收入高、村民文化程度高、村庄配备分类处理设施、村庄垃圾分类类别多、村庄对垃圾分类处理采取收费制度、村庄有垃圾分类处理的村规民约及明文制度，则村庄最终会采用科学技术处理垃圾的概率就大。

其中，村民人均年收入和村民文化程度对村庄采用科学技术的处理方式影响最大。例如，村民人均年收入提高 1%，采用科学技术与非采用科学技术的概率之比上升 0.726%。当村庄村民经济水平和文化水平较高时，其追求更高的生活质量，对环境保护的认知也相对较高，因此也会选择采取科学技术的先进方式进行垃圾处理。

此外，村庄垃圾分类收费也对采取科学技术处理方式有一定影响。在条件成熟的村，试点垃圾收费制度，对村民形成约束，也可提升其处理方式的效率和质量。

综上所述，村庄村民自身的经济和文化水平、村庄垃圾分类处理设施和清运人员的配备、村庄相关宣传政策和制度规范，在村庄垃圾最终处理方式上都起着关键作用。可见，省、市、县、乡等应将垃圾日常处理、基础设施管理维护、清运人员经费等纳入财政预算；同时应进一步加强宣传和舆论引导，让村民详细了解垃圾分类处理的意义，明确具体的分类标准、主要做法和自己所承担的责任与义务，强化村民对农村清洁工程的认同感、知晓度，以提升垃圾分类处理工作开展的效果。

4.3.4　垃圾分类处理典型案例

4.3.4.1　金华市周家村

通过实地走访金华市浦江县周家村，我们对其生活垃圾分类的现状、处理设施、村民的态度等有了一定程度的了解。在走访农户生活垃圾分类处理情况的过程中，我们获取了周家村垃圾处理的第一手资料。近些年，浙江省对农村生活垃圾分类处理越来越重视，出台多项农村生活垃圾分类处理政策，大大提升了村民的垃圾分类意识，提高了村民进行垃圾分类的积极性，进而美化农村环境。

在周家村的调研过程中，我们对村民进行垃圾分类处理的意愿、村里的规章制度、垃圾分类处理的设施等内容展开调查，发现当地居民对生活垃圾分类处理的积极性较高，生活垃圾处理设施较完善，正因如此，村庄的垃圾分类工作进展良好，人居环境得以改善。

周家村的垃圾分类工作在经过不断发展后，现如今几乎整个村庄的居民都参与到生活垃圾分类处理中来。金华市深入贯彻落实《浙江省深化美丽乡村建设行动计划（2016—2020年）》中的普及农村生活垃圾分类处理活动，要求完善农村生活垃圾户分、村收、有效处理的运行模式，根据平原地区、丘陵山区、海岛渔区、城镇郊区等不同地区的实际，因村制宜，切实把垃圾收集处理体系落到实处。到2017年，实现村生活垃圾集中收集、有效处理全覆盖。大力开展垃圾减量化资源化无害化处理，充分发挥试点村的示范带动作用，大力推行以乡镇为主体实行区域性的垃圾资源化处理，实现分类收集、定点投放、分拣清运、综合利用。到2020年，全省50%的村实现生活垃圾分类处理。在此基础上，周家村出台了相关的规章制度，并且每天对村民进行有关于生活垃圾分类处理的宣传。每家每户都收到了下发的垃圾分类处理的专用垃圾桶，按照会腐烂和不会腐烂进行垃圾分类。村干部和党员起了带头和监督作用。村里专门为垃圾桶安了个家，上面写有户主和负责监督的党员干部，村干部和党员不定期进行抽查，并拍照，将责任落实到户，落实到人。如发现有分类不当的，第一次口头警告，第二次严重警告，第三次要进行惩罚。对分类正确的村民进行奖励，布告栏张贴公示表扬。

周家村的生活垃圾分类处理不收费。垃圾清运人员要上门清运，并且在“不会腐烂”的垃圾中再进行“能卖”和“不能卖”的二次分类。70%左右“会腐烂”的垃圾就地堆肥还田，10%~15%“能卖”的由再生资源公司上门有偿回收，只有15%~20%左右既“不会腐烂”又“不能卖”的垃圾才填埋或焚烧。经济和生态效益显著。

4.3.4.2 衢州市清漾村

清漾村是浙江省级历史文化村，位于浙江省江山市石门镇南部。清漾村为江南毛氏发源地，是个贵而不富的“进士村”，据详尽的史料考证，毛泽东韶山家谱中所记“毛氏祖居三衢”中的“三衢”，便是指这个历史上共出过6个尚书，80个进士的清漾村。

作为浙江省级历史文化村、旅游村，清漾村对于村庄环境的卫生整洁表现出了高度重视。村委会建立相关卫生保洁制度，聘请保洁员并且确保各包干区有专人负责。村中垃圾主要分为两类，即可腐烂和不可腐烂，同时基本每家每户都发放了相应垃圾桶，鼓励并督促村民们自觉进行垃圾分类，也为村民进行垃圾分类处理提供了便利。

在临近村委会的地方还专门设有一个“垃圾兑换超市”，在这个“超市”门口放置了六个垃圾桶，即将垃圾进行分类归置，分别是不可腐烂、易拉罐、塑料袋和农药袋、塑料饮用瓶、玻璃农药瓶、纸质饮用盒。开放时间为每周二 9:00 至 15:00，村民可以将户内收集的可回收垃圾送至该超市兑换生活用品。例如，塑料袋、易拉罐、旧电池、香烟壳、农药瓶等都可以拿来进行兑换。

此外，清漾村还成立了环境卫生管理监督小组，小组监督成员每月派人上门进行室内、庭院、房前屋后道路、家禽家畜圈养等卫生测评。还制定了有关于环境卫生管理的村规民约，要求杜绝五乱：垃圾乱倒、粪土乱堆、柴草乱放、污水乱排、禽畜乱跑。做到村道四无：无垃圾、无坑洼泥泞、无乱堆乱放、无临街茅厕。每年被评选为“文明卫生示范户”的家庭，村委会将会给予一定的奖励。

4.4　本章小结

如何系统总结我国农户参与农村生活垃圾分类处理的方式，以及目前参与的现状，明确农户参与农村生活垃圾分类处理的现状问题，正是本章关注的核心。首先，通过对农户参与农村生活垃圾分类处理相关文献的归纳总结，归纳出农户参与农村生活垃圾分类处理的方式及类型。其次，通过对在农村垃圾治理问题中具有代表性的浙江省 20 个村 522 份农户问卷数据的分析，掌握当前农户参与农村生活垃圾分类处理的现状。本章研究所掌握的农户参与农村生活垃圾分类处理问题情况及特征是下文分析的重要依据，同时也为后续的实证研究打下了坚实基础。本章主要结论如下所示。

（1）我国农村当前处于生活垃圾源头分类治理阶段，积极引导农户参与到农村生活垃圾分类处理中，是这一阶段的重点。

（2）基于微观数据对农户的生活垃圾处理方式、生活垃圾分类行为、分类认知、样本村庄垃圾分类处理设施以及垃圾治理制度等内容进行分析，发现农户对于生活垃圾分类具有较强的认知，但是从认知到意愿再到行为实施中间存在偏差，农户参与生活垃圾分类处理意愿与行为的不一致是当前阶段农村生活垃圾分类治理工作的重难点所在。

5 农户参与农村生活垃圾分类处理行为驱动分析

本章研究以 4.2.1 节“预调研”和 4.2.2 节“抽样设计及一轮调研”所获的农户问卷数据为数据来源，主要对 2.3.1 节“农户参与农村生活垃圾分类处理行为分析框架的构建”中的农户参与农村生活垃圾分类处理行为驱动机制进行实证检验。在进行实证检验之前，为了更清晰地掌握农户参与生活垃圾分类处理的驱动因素，先从文献归纳的角度对其驱动因素进行归纳总结，为下文控制因素的选取奠定基础。

5.1 农户参与农村生活垃圾分类处理的驱动因素

国内外学者对农村居民生活垃圾分类意愿的影响因素开展了深入的研究与分析，研究成果丰富，影响因素涉及范围也很广泛。目前在对个体行为影响因素的分析中，应用较为广泛的理论为由 Ajzen 提出的以心理这一内部因素为关键变量的计划行为理论。计划行为理论主要包括以下几方面内容：态度、主观规范、知觉行为控制、行为意愿和行为。行为所受的关键作用要素是意愿，以意愿为渠道，个体行为会受到态度、主观规范、知觉行为控制的间接影响。此外，知觉行为控制还能够对行为产生直接的作用。该理论在个体垃圾分类行为的研究上也得到了国内外学者一定程度的应用：一是行为态度。在垃圾分类处理中，主要表现为个体是否认同、倾向于实施生活垃圾分类行为，即个体对生活垃圾分类处理所持正面或负面的感受。阿衣包塔・塞尔克等（2018）在对新疆地区的调查中发现，农户对本村开展生活垃圾治理越重视，则其越愿意选择环保型行为对生活垃圾进行分类处理。贾亚娟（2021）发现，对环境关注程度越高的农户，认为垃圾需要分类处理的重要性越高，进行垃圾分类投放的意愿会越强烈。二是主观规范。在垃圾分类处理中，个体的主观规范是指在进行生活垃圾分类处理时所感知到的社会压力，反映的是社会团体、家人朋友、邻居等对其进行垃圾分类处理的影响。在主观规范对行为意愿的影响方面，曲英（2011）、陈凯和胡静（2018）都得出了受到道德约束的居民表现出更强的分类意愿的结论。在主观规范对行为的影响方面，徐林等（2017）从城市居民个体行为心理指标中发现，居民所感知到的个体控制力和舆论影响力越强，其参与分类的程度便会越高。林丽梅等（2017）发现，在农村，农户生活垃圾分类处理行为的情况主要受到农村社会网络的影响。三是知觉行为控制，体现的是居民进行垃圾分类时对自信程度和难易程度的感受，包括内在因素和外部因素。内在因素主要包括对垃圾分类标准和具体分类类别的掌握，戴迎春（2017）通过对上海市村镇居民展开研究发现，由于村民对垃圾分类知识的知晓度不高、积累较少，影响了其垃圾分类的参与程度。外在因素一般是时间、空间等的阻碍，曲英和朱庆华（2010）通过随机抽样调查大连市学生，实证得出，行为中的障碍是影响其垃圾源头分类的因素之一。四是意愿，是指从心理学角度研究生活垃圾参与者的特点，深入理解个体的动机、价值和态度，从而确定这些因素对其采取垃圾分类行动的影响。行为态度、主观规范和知觉行为控制决定行为意愿，态度越积极、来自周边他人的压力或期望越大、主观上感知到的实际控制条件越充分，行为意愿就越大，反之则越小，且这三者拥有共同的信念基础，既彼此独立，又两两相关。曲英（2011）、徐林等（2017）通过对居民行为研究的相关回归进行分析发现，分类意愿越强，居民越可能实施分类行为。

总的来说，在居民生活垃圾分类处理行为的影响因素方面国内外开展了广泛的研究与分析，已有较多的研究成果，涉及的变量也相当繁杂，本节对现有研究中提及频率较多、影响较大的影响农户参与生活垃圾分类处理行为的变量进行综述，主要从农村居民的行为态度、主观规范、知觉行为控制、个体特征因素等四个方面展开。

（1）农村居民的行为态度。农村居民的行为态度主要是指农村居民对生活垃圾分类行为所持有的积极或消极的评价，如农村居民对生活垃圾分类的认识水平及其在日常生活中垃圾分类行为的自觉程度等。农村居民对生活垃圾的治理意愿与态度深深影响着其对生活垃圾处理的进度，如果农村居民对处理垃圾有着积极响应的意愿，则对于垃圾处理来说是更加完善、更加关键的一步（Saidou and Aminou，2015；Kaithery and Karunakaran，2019）。在现有的研究中，行为态度是影响农村居民生活垃圾分类意愿的重要因素，农村居民的行为态度越积极，生活垃圾分类的意愿就越高，产生垃圾分类行为的可能性就越大（尹昕等，2017）。国内外学者通过研究农村居民的行为态度与分类意愿之间的关系，来预测农村居民的分类意愿，并采取相应的措施提高农村居民的分类意愿。Sinclair（1987）在对加拿大城市居民是否愿意参与生活垃圾分类和循环利用行为研究时发现，靠近垃圾填埋场的居民对垃圾问题的关注程度显著较高，也更愿意参与到生活垃圾分类和循环利用中。Schultz 和 Zelezny（1999）在对美国不同地区农户环境态度的实证研究中发现，积极的环境态度能够提升农户的环境友好意愿，从而提高其环境友好行为的参与度。国内学者在研究中发现，与国外居民相比，我国农村居民对环境保护的认知程度不高（付静尘和韩烈保，2010）。肖新成（2015）利用三峡生态屏障区农户的实地调查数据分析了农户农业面源污染调控参与意愿的影响因素，发现农户的态度与其参与农业面源污染调控意愿之间存在显著的正向关系。孙岩等（2012）、赵群等（2015）在研究中发现居民的环境认知和环保责任对生活垃圾分类意愿存在显著影响，认为可以通过对居民进行环境教育等方式来提高其环境认知，增强其环境责任感，最终实现环保行为。随着环境保护知识的普及，人们对环保知识有了一定的了解，也具备了一定的环保意识，大多数居民能够意识到垃圾不分类处理会对人的身体健康造成危害，但是仍有相当一部分居民垃圾分类的行为态度不佳（刘莹和王凤，2012）。所以学者认为在此过程中，可以发挥大众媒体对提高全民环境态度的重要作用（允春喜和李阳，2010；刘杰，2013），可以通过环境培训和政策宣传来强化居民的环境保护意识，改变他们随意处理生活垃圾的态度，促进其养成生活垃圾分类的习惯（张旭吟等，2014）。

（2）主观规范。主观规范是指就某一行为个体感知到的来自外部的社会压力，如家人、朋友、同事等人的看法。在实际生活中，主观规范在协调环境行为等人类行为方面发挥着重要的影响。目前，我国的农村环境治理的政策措施一般集中在经济鼓励和政策约束两方面，没有重视主观规范对居民的作用（张福德，2016）。目前在社会规范方面主要还是以国家出台的各类法律政策为主，主要通过制度化的手段如制定《农村环境卫生管理条例》等来督促农民养成良好的卫生习惯，实现农村环境整治规范化、长效化等（何水晶等，2007）。但促进农村居民生活垃圾分类意愿的形成不仅需要正式规范的约束，也需要非正式规范即社会规范发挥作用。Hines 等（1987）、尹昕等（2017）在研究中发现主观规范是居民意愿的重要预测指标，是影响其意愿的直接因素，对农村居民的生活垃圾分类意愿具有显著正向影响。以社会网络、社会规范和社会信任为要素的社会资本，对提高农户生活垃圾分类意愿有显著的正向影响，其中，社会规范通过奖惩机制能促使农户提高生活垃圾分类意愿（韩洪云等，2016）。中国现阶段的农村社会是一个典型的熟人社会，与城市居民相比，农村居民的观念相对保守且大多面子意识较强，农村居民之间存在较强的群体参照效应和从众效应，农村居民生活垃圾的分类意愿主要受到其身边亲戚朋友等农村社会网络关系的影响（林丽梅等，2017）。农村居民的社会网络规模越大，邻里间互动越频繁，其生活垃圾分类的意愿水平越高（韩洪云等，2016）。同时，文明的乡土风情和风俗习惯能够提高农户对生活垃圾分类的意愿，促进农村居民形成生活垃圾治理意识，共同维护生活居住环境（杨金龙，2013）。另外，有研究发现，可以通过完善乡规民约，潜移默化地影响农村居民养成生活垃圾分类的习惯（杨金龙，2013；张福德，2016）。

（3）知觉行为控制。知觉行为控制是个人根据经验对某种特定行为执行难易与否的估计或完成行为的信心，包括个人感知到的控制能力，即个人对执行某种特定行为所感知到的内在自信程度和困难程度，如时间、精力、金钱等的限制。知觉行为控制分为内在成分和外在成分，内在成分包括个人的能力技巧以及对信息的掌握程度等，外在成分则包括机会、资源以及与他人的合作等（王笃明等，2016）。Armitage 和 Conner（2001）认为知觉行为控制对居民的行为意愿有一定的预测作用。居民对分类的感知意愿越强，其克服时间等障碍的能力就越强，那么就会有越强烈的分类意愿（尹昕等，2017）。Tucker 等（1998）的研究发现农村居民生活垃圾分类处理所花费的时间成本、精力及体力的付出、生活垃圾占用空间的大小等都对农民循环利用行为意愿的产生有正向影响。情境因素也是影响农村居民生活垃圾分类意愿的一个重要制约因素，如分类垃圾箱标识的清晰度会影响居民投放生活垃圾的准确性，垃圾分类收运服务及时与否也会影响居民垃圾投放程度是否随意。Mccarty 和 Shrum（1994）通过对学生回收行为的研究发现，回收设施的缺乏会降低学生的回收意愿。陈绍军等（2015）发现当生活垃圾分类设施与居民的家庭居住距离超过 5 分钟时，其分类意愿会降低。另外，社区如果有对生活垃圾分类开展宣传活动的话，也会提高居民垃圾分类的意愿。与此同时，曲英和朱庆华（2010）在研究中发现意愿对行为的影响随着情境因素的变化而变化。Chen 等（2010）指出垃圾分类设施属于情境因素范畴，在对个体分类行为的影响中，意愿起到了中介作用。同时，有研究认为，大多数居民认为政府是环境保护的主体，如果想让居民为环保积极奉献，那么政府首先承担起环境保护责任和义务，会促进居民提升环境保护行为意愿，即政府环境治理表现与居民的环境行为意愿显著正相关（王磊和钟杨，2014）。

根据计划行为理论，居民的知觉行为控制不仅可以通过影响意愿来影响行为，还可能直接对行为产生影响（Ajzen，1991）。有研究发现居民生活垃圾的分类行为除了受意愿的影响，与相关的外部配套条件也息息相关，良好的外部条件可以使居民的分类意愿更好地转化为分类行为（曲英和朱庆华，2010）。垃圾分类回收处理设施的设置是农村居民垃圾合理排放的重要条件，可以有效地改变农村居民的垃圾排放习惯，促使其产生生活垃圾分类行为（张旭吟等，2014）。若农村的基础设施完善度高，就能为居民实施垃圾分类提供基本条件，减少居民自行随意处置生活垃圾的概率（姜太碧和袁惊柱，2013；王瑞梅等，2015）。同时有研究发现只要能够改变农村居民对垃圾处理的行为态度就能从根本上改变其知觉行为控制，进而改变他们的垃圾处理行为（王瑞梅等，2015）。林丽梅等（2017）基于福建省 270 位农户的调查数据研究得出，应加强农村生活垃圾处理的基础设施的供给条件，提高农村地区交通水平，整体规划农村垃圾分类回收设施的布局，增加垃圾收集设施的数量，提高垃圾清运的服务质量，从而促进农户形成生活垃圾分类行为。蒋琳莉等（2014）、邢美华等（2009）提出要加强农村基础设施建设，尤其要加强建设农村生活垃圾收集点或回收处理中心，激发农户参与垃圾回收分类处理的积极性，引导农户主动将废弃物资源集中起来进行分类回收处理。另外，分类垃圾箱的标识不清会导致农户不知如何进行垃圾分类、垃圾分类收运服务不及时到位等。相关政府部门应提供相应的分类处理设施，引导和促进农户进行源头分类（曲英和朱庆华，2010）。农村垃圾的收运处理系统是否完备是农户进行垃圾分类的重要基础，因此，应根据当地实际的经济发展状况，遵循因地制宜的原则，建立适合各村的低成本垃圾收运处理系统（何水晶等，2007；允春喜和李阳，2010；刘杰，2013），引进先进的生活垃圾处理技术（陈蓉等，2008），强化我国城乡环卫基础设施一体化建设（魏佳容，2015）。有学者在研究中发现生活垃圾的分类处理与当地的交通条件密切相关。农村的交通条件越便利，越有利于生活垃圾的运输、集中处理，越有可能对农户生活垃圾分类进行规范化管理（王金霞等，2011；王爱琴等，2016）。还有学者建议现阶段我国可以采取强制方式要求居民实施垃圾分类，可以使居民的分类意愿更好地转化为具体的分类行为，为我国政府制定生活垃圾分类政策提供支持（曲英和朱庆华，2010）。

（4）个体特征因素。在国内外对农村居民生活垃圾分类意愿的研究中，农村居民个体特征是一个重要方面。在年龄方面，徐颖和秋春童（2016）在研究中发现，与年长者相比，年轻人主动地接受环保知识的能力更强，主动参与垃圾分类的意愿更高。van Liere 和 Dunlap（1980）发现年轻人比老年人更关注环境居住质量，生活垃圾分类的意愿更强。性别对于农户垃圾分类处理意愿存在显著影响，男性对于垃圾分类的意识要高于女性，可能是男性接受环境知识的渠道较多，更关心政府的相关政策，更容易接受相关宣传的影响（郝明月，2009）。但宋言奇（2010）在对苏州市农户环境意识的分析中发现，女性在环境保护意愿方面要高于男性。通常，随着农户的受教育水平的提高，其环保意愿就越强，受教育水平对居民提高生活垃圾分类水平有显著的正向影响（张旭吟等，2014；郝明月，2009）。在现有的研究中，许多学者都发现了农村居民的收入水平是影响其分类意愿的重要因素。张旭吟等（2014）发现，收入水平高、来源多的农户家庭，由于与外界接触更多，环保意识更强，容易在生活中产生生活垃圾分类意愿。另外，家庭有成员在村里任职的居民在生活中更愿意对垃圾进行分类处理，并且对垃圾分类处理的支付意愿较大（邓俊淼，2012）。并且，本村领导年龄越低、受教育水平越高，农户接受垃圾分类处理方面的培训就越多，对当地生活垃圾分类处理的意愿也会越强（王金霞等，2011）。

此外，国内外学者（Stern，2005；彭远春，2011）均认为居民自身意识和外部因素对农户参与农村生活垃圾分类处理行为的影响较为明显，具体包括环境意识、社会人口要素、分类意愿以及外部环境因素。

一是环境意识。环境意识是人们对环境问题的认识，以及个人愿意为解决环境问题而贡献的程度，包括对自身所处的生态环境状况的感知、对生态环境相关知识的认识、具有保护生态环境行为的意愿。在现有的研究中，环境意识是影响居民生活垃圾处理的重要因素。国内外学者对环境意识与居民生活垃圾处理行为之间关系的研究，就是希望通过环境意识这一环节来预测和引导居民的生活垃圾处理行为。例如，通过对城市居民环境保护行为的研究，有学者发现环境认知、环保责任和环境保护意愿对城市居民生活垃圾分类处理行为有显著影响，并认为可以通过环境教育等一系列方式来提高城市居民的环境认知与增强环境责任感，以此促进城市居民生活垃圾分类行为的实现（孙岩等，2012；赵群等，2015；彭远春，2015）。对农村生活垃圾处理方式的研究，一些学者建议可以通过环境培训和政策宣传来强化农户的环保意识，改变农户随意处理生活垃圾的态度，让农户建立起合理处理的习惯（刘莹和王凤，2012；张旭吟等，2014）。为了解决旅游地生态环境卫生问题、促进旅游业的可持续发展，有学者认为应着重加强环境教育（张玉玲等，2014；Akil et al.，2015），也有学者认为可通过深度开发旅游资源与提升景区服务质量来提高居民对旅游资源的责任感，促使其主动维护旅游地的环境卫生（李秋成和周玲强，2015；窦璐，2016）。在高校大学生环境保护行为的研究中，沈昊婧等（2010）以武汉地区七所高校大学生作为研究样本，发现环境认知和环保意识是影响大学生生活垃圾处理行为的主要因素。

二是社会人口要素。在国内外对居民生活垃圾处理行为的研究中还有一个重要的领域，就是研究居民的年龄、性别、受教育水平、收入水平、村内任职情况等居民个体特征对其生活垃圾分类行为的影响。例如，在对城市居民的环境意识与环境保护行为的研究中，大多数学者都发现不同属性特征（性别、年龄、籍贯、受教育水平和职业群体等）居民的环境意识与生活垃圾处理行为存在着显著的差异（赵群等，2015；刘云霞，2013），甚至有学者以此强调要加强对县、乡、农村地区和低学历人群的环保宣传教育（赵群等，2015）。Imran 等（2014）在巴基斯坦中央喀喇昆仑国家公园对四个利益相关者群体进行调查分析后发现，四个群体对环境的态度和环境行为存在着显著差异。Mamady（2016）在对几内亚科纳克里居民随意处理生活垃圾行为的研究中，发现性别、受教育程度和家庭收入对其有着显著影响。接下来将从年龄、性别、受教育水平、收入水平、村内任职情况等居民个体特征进行分析。

在年龄方面，Vining 和 Ebreo（1990）、Lansana（1992）的研究均表明农户年龄越大，存在垃圾分类行为的可能性越高，因为年长者的节俭意识较强，可能会更积极地参与垃圾分类。van Liere 和 Dunlap（1980）发现年轻人比老年人更关注生存环境质量，更容易产生生活垃圾分类行为。Steel（1996）在对美国公民环境态度和行为的调查中发现，女性年长者比男性年长者更容易产生保护环境的行为。梁增芳等（2014）采用条件价值评估法分析了三峡库区农户对处理生活垃圾分类的支付意愿，他认为随着农户年龄的增长，对农村生活垃圾分类处理有更迫切的需求，所以其生活垃圾处理费的支付意愿会较高。但徐颖和秋春童（2016）在研究中发现相反的结论。

性别对于农户垃圾分类处理行为存在显著影响，男性对于垃圾分类的意识较高且参与垃圾分类回收处理的程度高于女性，可能是男性比女性更加关注政府的相关政策，更容易接受相关宣传的影响（郝明月，2009）。女性在日常生活中的回收废物和再利用方面的意愿较高，但与男性相比，女性缺乏参与生活垃圾分类处理行为的积极性（林丽梅等，2017）。张旭吟等（2014）在对我国 30 个省份的调查研究中发现，性别对农户垃圾不分类行为有显著影响，与女性相比，男性作为处理生活垃圾的主要承担者，更容易在生活中产生垃圾不分类行为，女性则更多地关注家庭的生活环境，更愿意控制自己的垃圾处理行为。这与林丽梅等（2017）的研究结论相反。陈绍军等（2015）在研究中发现，性别对分类行为没有显著影响。宋言奇（2010）在对苏州市农户环境意识的分析中发现，男性接受环境知识的渠道较多，对环境知识的掌握程度要高于女性。女性在环境保护意愿和环境行为的自觉程度方面要高于男性。但田万慧和陈润羊（2013）认为在环境知识掌握程度、环保意愿程度、环保行为上，男性均高于女性。

教育是居民提高环保认知、获取环保知识的重要途径，可以使其获取实施垃圾分类所需了解和掌握的技能，同时受教育程度高的居民对垃圾分类在环境保护中的作用有更深入的了解，从而提高其生活垃圾分类意愿，促进其在日常生活中实施垃圾分类行为（韩洪云等，2016）。一般而言，农民保护环境的意识会随着其受教育水平的提高而增强，会更重视随意丢弃垃圾所产生的负面性影响，从而能有效地抑制或改变垃圾不分类行为（杨金龙，2013；张旭吟等，2014；王凤，2008；郝明月，2009）。受教育年限对居民提高生活垃圾分类水平有显著的正向影响。Young（1990）认为，农户环保知识缺乏是制约其实行生活垃圾分类处理行为的主要障碍，而受教育水平是影响农户环保行为的重要因素。宋言奇（2010）在对苏州市的垃圾分类的调查中发现，农户的文化水平越高，环境态度也就越积极，分类行为也就越自觉。田万慧和陈润羊（2013）在对甘肃省农村居民垃圾分类研究中也得出相同结论。同时，如果村民的受教育水平越高，当地农村越有可能提供垃圾分类处理服务（叶春辉，2007）。

在收入水平方面，农村生活固体垃圾排放总量与收入之间呈现先上升后下降的趋势（李玉敏等，2012；王金霞等，2011）。在现有的研究中，许多学者都发现了农村居民的收入水平是影响生活垃圾分类处理的重要因素。林丽梅等（2017）利用层次回归模型分析农村生活垃圾集中处理中农户意愿与其行为响应的关系时发现，农户的收入水平与其生活垃圾分类行为之间存在显著的负相关，即低收入农户的分类行为更积极，可能与家庭人均收入水平较低的农户有回收废弃物的习惯有关。张旭吟等（2014）基于我国 30 个省份的调研数据，使用 Logistic 模型和 ISM（interpretative structural modeling，解释结构模型）方法分析了农户生活垃圾随意排放行为的影响因素，发现家庭年均收入水平对农户排放行为有显著的负向影响，收入水平高且收入来源多元的农户家庭与外界接触比较多，对环境保护的认识比较正确，对环境的要求较高，容易在生活中产生生活垃圾分类意愿，比较不易产生随意排放行为。姜太碧和袁惊柱（2013）利用 Logit 模型，分析影响成都试验区农户生活垃圾分类处理行为的因素，由于环境质量本身是一种公共物品，会存在“搭便车”行为，农户家庭总收入水平对农户行为无明显影响。

在村内任职情况方面，家庭有成员在村里任职的居民在生活中越愿意对垃圾进行分类处理，并且对垃圾分类处理的支付意愿较大（邓俊淼，2012）。但在梁增芳等（2014）的研究中，农户是否为村干部对垃圾分类处理费支付意愿的影响呈负显著，说明村干部愿意支付生活垃圾分类处理费的程度低。潘立力（2015）在研究中发现，村领导受教育水平越高，农户接受垃圾分类处理方面的培训就越多，当地生活垃圾分类处理的意愿也会越强，村民就越能进行垃圾分类行为。王金霞等（2011）认为，村领导越年轻，代表其受教育程度越高，相应的对农村环境卫生的要求就越高，会更有力地调动农户参与到生活垃圾分类处理服务的工作中，提高农户参与生活垃圾分类的意愿，促进农户养成生活垃圾分类行为。但王爱琴等（2016）认为村长的个人特征不会影响生活垃圾分类处理服务的水平。

三是分类意愿。计划行为理论认为，居民的行为受其行为意愿的直接影响，同时受到知觉行为控制等因素的间接影响（Ajzen，1991）。在对居民生活垃圾分类行为的研究中发现，居民生活垃圾源头分类的行为意愿是其行为的直接预测变量。Tonglet 等（2004）以及 Miafodzyeva 等（2013）的研究均发现居民的垃圾分类回收意愿是其行为的最有效的预测因素，居民的生活垃圾分类回收利用的意愿与其行为之间存在显著的相关关系。陈绍军等（2015）在对城市居民生活垃圾分类行为的研究中也发现其垃圾分类回收的态度和意愿是其分类行为的强预测因素，且居民的意愿对其行为存在正向影响，意愿越强，实施源头分类行为的可能性越高（曲英和朱庆华，2010）。赵群等（2015）通过回归模型分析发现个人的环保行为与其环保意愿之间呈现正相关性，居民对环保知识的了解越多，就越会产生环保意愿，从而产生积极自觉的环保行为。魏璘（2014）在对不同地区大学生的环境态度与环境政策的支持程度之间的关系进行研究时发现，大学生的环境态度与其对环境政策的支持程度成正比，并且中西部地区学生的环境责任感和道德感均强于东部地区。吴书超和李新辉（2011）研究发现居民生活垃圾分类的知识和意愿是影响其分类行为的重要因素，可以利用大众媒体通过不同的宣传渠道对生活垃圾分类的好处进行宣传。为了促进居民的环保意愿转化为实际的环保行为，政府可以为居民提供相应的制度保障和股利政策，如对在生活中积极践行垃圾分类的个人和家庭予以奖励，及时向公众反馈垃圾分类的成果，增强居民的环保行为成就感（赵群等，2015）。

四是外部环境因素。迄今为止，学界仅对少数因素的影响方式达成基本共识，其他方面则分歧较多。例如，在对环境意识与居民生活垃圾处理行为的性别差异研究中，田万慧和陈润羊（2013）发现居民的环境意识水平随年龄的增长有提高的趋势，男性群体的环境意识水平高于女性群体。宋言奇（2010）的研究也发现，女性群体对环境知识的掌握程度较低，但同时也发现女性群体具有更为积极主动的生活垃圾处理行为。邓正华等（2013）在农村生活环境综合整治过程中发现，女性的环境认知与行为响应程度都要高于男性。Akil 等（2015）在社会经济因素对马来西亚依斯干达居民生活垃圾处理行为的影响研究中，发现社会经济因素（年龄、房屋所有权、收入）对其有着正向显著影响，年老的居民比年轻居民更倾向将生活垃圾回收利用，屋主更会支持生活垃圾回收处理。高收入群体还倾向于用钱来解决生活垃圾。在对农户的垃圾处理付费意愿的研究方面，邹彦和姜志德（2010）发现受教育程度和家庭收入均为农户付费意愿的影响因素之一。但是韩智勇等（2015）通过对西南地区农村群众进行相似的研究后发现，这一区域的农村群众的支付意愿在受教育程度和家庭收入之间没有显著的差异。本书认为研究结论的不一致主要是因为，学者所做的每一个研究都是在特定的情境下开展的，但是很多研究却没有考虑外在环境因素的影响。

在上述分析中，可以发现居民在进行生活垃圾处理时可能会受到个体所处环境的影响。不论是国内学者还是国外学者，在对居民生活垃圾的处理行为进行研究时，均发现外在环境因素对居民的生活垃圾处理行为具有显著的作用。一些学者发现社区规范和宣传不仅会对居民乱扔垃圾行为产生影响，还会对垃圾分类回收行为产生显著影响（蒋妍等，2008）。Fornara 等（2011）在研究不同类型的社区规范对城市居民生活垃圾处理行为的影响时，根据计划行为理论采用结构方程模型，研究发现描述性规范比指令行为规范更能影响城市居民生活垃圾处理行为。国内学者尹洁林等（2012）、陈绍军等（2015）也在同类研究中发现，垃圾处理的基础设施建设显著影响居民垃圾处理行为。除了社区规范、宣传和设施的便利性外，还有学者发现特殊管理组织有助于培养农户良好的生活惯性（王金霞等，2011；杨金龙，2013）。Rousta 等（2015）发现合理的垃圾收集点分布和较好的分类信息将有助于居民的生活垃圾分类行为。李丽丽等（2013）在针对农村内源性污染问题的研究中，认为传统的政府主导型管理模式在解决内源性污染问题上存在着诸多的局限性，通过理论研究和案例分析，发现农村环境自主治理组织能够通过相互监督、道德约束、村规民约等方式较好地解决内源性污染问题。邓正华等（2013）更是强调了农村生活环境基础设施建设、区域集体行动、激励与监督制度等外部因素能对农户参与农村环境整治产生影响。Huang 等（2014）在对上海居民厨余垃圾处理行为的研究中发现，厨余垃圾回收政策对其影响十分有限，财政支持能够更好地促使上海居民进行生活垃圾分类处理和减少生活垃圾。Lakhan（2015）在对加拿大安大略省的垃圾收费政策的研究中，发现虽然垃圾收费政策能够提高居民垃圾回收率，但是又因为政策实施力度和垃圾处理设施不足，使其效率受到了损失。

综上所述，从国内外学者对居民生活垃圾处理行为影响因素的研究中分析出影响农户参与生活垃圾分类处理的因素大致有农户自身因素和外在环境因素两大类。在这两大类影响因素中，有研究发现不同特征属性公众的环境意识存在差异，同时环境意识只有当农户感知到外部因素影响相对较多时，才会显著影响其生活垃圾分类处理行为。

5.2 农户参与农村生活垃圾分类处理驱动机制的理论分析

由前文对计划行为理论的分析可知，计划行为理论是由多属性态度理论与理性行为理论相结合发展而来的。计划行为理论认为，影响个体行为的因素主要是通过个体行为意愿间接影响到个体行为，而个体行为意愿受到以下三方面因素的影响：一是个体的行为态度，即个体对执行某个特定行为的认知和评价，主要包括两个部分，一部分是行为结果发生的可能性，另一部分是对行为结果的评估；二是主观规范，即个体对于是否采取某项特定行为所感受到的社会压力，即受到的来自重要他人或团体的影响；三是知觉行为控制，即个体过去的行为经验及预期阻碍对个体做出该行为决策时所产生的影响，这在一定程度上反映了个人对促成或阻碍行为发生的因素的看法。需要说明的是，知觉行为控制既可以通过作用于行为意愿间接影响个体行为，也可以直接影响个体行为。同时，计划行为理论还主张，个体特征及社会文化因素也会通过影响行为态度、主观规范和知觉行为控制进而间接影响行为意愿和个体行为，其中个体特征以及社会文化因素主要是指人格、智力、经验、年龄、性别、文化背景、环境政策等外部因素（Ajzen，1991；闫岩，2014；段文婷和江光荣，2008）。

依据前文对计划行为理论的分析，本章认为农户的行为态度、主观规范、知觉行为控制、居民的个体特征因素通过分类意愿间接作用于分类行为，而知觉行为控制、居民个体特征因素将会直接影响到农户分类行为，具体分析如下。

5.2.1 农户参与农村生活垃圾分类处理行为态度

结合计划行为理论的阐述，本章将个体在执行某一行为时所拥有的行为态度、主观规范和知觉行为控制归为个体的主观感知。因此，依据计划行为理论，农户的主观感知、个体特征及社会文化因素与行为意愿及其生活垃圾分类处理行为之间存在一定的联动机制，这种机制的性质如下。

农户生活垃圾分类处理行为是农户主动参与居住环境保护并付诸行动以改善生活垃圾分类状况的环境行为，其目的在于防范农村居住环境恶化。依据计划行为理论，农户生活垃圾分类的行为态度是农户生活垃圾分类的认知和生活垃圾分类倾向的体现。农户对生活垃圾分类的认知程度越高、评价越积极，那么他们在生活中进行垃圾分类的意愿就会越强烈；反之，如果农户对生活垃圾不分类危害的认知程度越低，对高水平的生活垃圾分类方式的了解程度越低，对生活垃圾分类的评价越消极，那么其在生活中垃圾不分类的可能性就越大。国内外学者在对农户生活垃圾分类的研究中普遍发现，农户的行为态度与其行为意愿之间紧密相关（Wan et al.，2014；王凤，2008）。向居民普及生活垃圾分类的知识有助于促成其生活垃圾分类意愿的产生，也是激发其生活垃圾分类行为的根本举措。农户生活垃圾分类的行为态度对于居民养成垃圾分类行为起着关键性的作用（于伟，2010）。政府在指定农户生活垃圾分类时应首先立足于培养农户的生活垃圾分类意识，深化其农村环境保护理念，转变其行为态度，其次也应明确生活垃圾分类标准，完善生活垃圾分类设施（乔露，2017；王瑞梅等，2015）。尹昕等（2017）在研究居民生活垃圾分类行为意愿的影响因素时发现，行为态度对居民生活垃圾分类行为意愿有显著的正向影响。

农户的生活垃圾分类处理行为是一种自利性与显著利他性并存的人类行为过程，也是农户有计划的行为决策。依据计划行为理论，农户生活垃圾分类处理的行为态度反映了农户生活垃圾分类处理的认知和对生活垃圾分类处理的倾向。农户对生活垃圾分类处理的认知度越高、评价越积极，其采取高水平的生活垃圾分类处理方式的意愿越强烈（王瑞梅等，2015；周玲强等，2014；王磊和钟杨，2014）；反之，如果农户对生活垃圾污染危害的认知越不高，对高水平的生活垃圾分类处理方式的评价越消极，其越愿意随意处理生活垃圾（Ramayah et al.，2012；Wan et al.，2014）。可见农户生活垃圾分类处理的行为态度对于改善其行为意愿起着重要作用（王瑞梅等，2015；周玲强等，2014）。

基于以上分析，提出以下假说。

H5.1：农户生活垃圾分类处理的行为态度对其行为意愿有正向影响。

5.2.2 农户参与农村生活垃圾分类处理主观规范

主观规范主要是指农户在实施生活垃圾分类处理行为时所感知到的，来自重要他人或团体所赋予的社会压力，且会对其实施生活垃圾分类处理行为决策产生影响。农户感知到政府政策制度的激励或约束越大、亲朋邻里对其生活垃圾分类的影响越强，其在日常生活中进行垃圾分类的意愿就会越强烈；反之，如果农户感知到政府政策制度的激励或约束越小，亲朋邻里对其生活垃圾分类的影响越弱，其在生活中愿意随意处置生活垃圾的可能性就越大。在农户生活垃圾分类的相关研究中发现，农村对生活垃圾分类的宣传活动越多，农户获得生活垃圾分类的知识就越多，也就越愿意进行生活垃圾分类。同时对生活垃圾分类和不分类的农户采取相应的奖励与惩罚措施也有利于引导其改变原有随意处置生活垃圾的习惯，形成较高的行为目标意愿，进而促进生活垃圾分类行为（陈绍军等，2015）。倪明等（2015）在对大学生废旧手机回收行为影响因素的研究中发现主观规范是影响大学生废旧手机回收行为意愿的首要因素，当周围的环境和人给大学生造成较大压力时，大学生更能够积极参与废旧手机回收行为。陶蕊（2011）在预测消费者对环保型产品的购买意愿和购买行为时发现，主观规范对消费者环保产品购买意愿有显著的影响。

农户生活垃圾分类处理的主观规范是农户在采取生活垃圾分类处理方式时，可能受到村集体政策制度的约束或激励、家人朋友和邻里之间的影响等。农户感受到村集体政策制度约束或激励越大、家人朋友和邻里之间的影响越强，则更能意识到自己的责任，其采取高水平的生活垃圾分类处理方式的意愿越强烈（曲英和朱庆华，2009；蓝英和朱庆华，2009；倪明等；2015）；反之，如果农户感受到村集体政策制度约束或激励越小、家人朋友和邻里之间的影响越弱，则感受到自身责任越小，其愿意妥善处理生活垃圾的可能性就越小。

基于以上分析，提出以下假说。

H5.2：农户生活垃圾分类处理的主观规范对其行为意愿有正向影响。

计划行为理论认为，主观规范主要作用于行为意愿，而对个体行为没有直接影响。但在当今社会，个体往往存在着从众心理，即个体本身不愿从事某项特定的行为，因迫于社会氛围和舆论压力而从事了某项特定行为。例如，有学者在对居民环境行为的研究中发现，在居民环境态度不变的条件下，公共规范和宣传会对公众乱丢垃圾的行为产生影响（孙岩等，2012；Sakai et al.，2008；Benítez et al.，2008）。此类研究可以表明社会压力是影响个体行为的关键因素之一。Abbott 等（2011）在对居民废弃回收循环利用行为的研究中，发现政府制定的废弃物收集方法是影响居民循环利用的重要因素。Matthies 等（2012）在对孩子的生活垃圾分类处理行为的研究中发现，父母通过自身的行为和处罚对孩子的行为产生显著影响，并将父母的行为称为特殊的环境规范。可见农户生活垃圾分类处理的主观规范对其生活垃圾分类处理行为存在着影响，因此在理论模型当中添加主观规范对个体行为的影响路径。

基于以上分析，提出以下假说。

H5.3：农户生活垃圾分类处理的主观规范对其生活垃圾分类处理行为有正向影响。

5.2.3 农户参与农村生活垃圾分类处理知觉行为控制

知觉行为控制是指农户在进行生活垃圾分类时所感知到的能够促进或者阻碍其生活垃圾分类行为的相关因素，反映的是农户在进行生活垃圾分类处理时所感知到的难易程度，包括农户的内在因素，如意志力、能力等，以及外部因素，如时间、分类设施的空间等。农户的生活垃圾分类行为受一定客观条件的约束，农户对生活垃圾分类的感知意愿越强，克服生活垃圾分类相关障碍的能力就越强，那么在生活中进行分类行为的意愿就越强。在国外学者的相关研究中发现，农户生活垃圾分类的知觉行为控制对其行为意愿有着显著的正向影响。王大海等（2011）在研究消费者信用卡的使用意向时发现，知觉行为控制对消费者信用卡的使用意愿具有重要影响。陆莹莹和赵旭（2009）在对上海市居民废旧家电及电子产品回收行为的研究中发现，居民的知觉行为控制因素对居民的废旧家电及电子产品回收设施和途径的认识以及对待回收的态度存在显著影响，并且对居民行为意愿的影响程度要大于主观规范对行为意愿的影响程度。

计划行为理论认为，个体大部分的行为是不受个体意志控制的行为（Ajzen，1991），在很大程度上还受到个体能力或情绪、机会、经验、资源等客观因素的制约。诸多情形之下，即便个体具有强烈的进行某项行为的主观意志，但由于缺乏时间、资金、技术等资源，个体的主观意志难以转化为实际行为。因此，为预测非个体意志完全控制下的行为，Ajzen 在以往模型的基础上增加了知觉行为控制变量（周玲强等，2014）。陆莹莹和赵旭（2009）对上海市居民废旧家电及电子产品回收行为的研究中发现知觉行为控制因素（对回收设施和途径的认识）对居民的回收行为有显著影响。余福茂等（2011）在研究中发现，知觉行为控制对居民电子废物回收意愿向行为转化具有重要的促进作用。杨婷（2009）在研究知觉行为控制与可持续消费行为之间的关系时发现，消费者的知觉行为控制不仅直接影响居民的实际重复用水行为，还可以通过意愿间接地对实际行为产生正向影响。沈昊婧等（2010）的研究发现居民对生活垃圾分类知识的了解程度与其处理行为有着密切关系。尹洁林等（2012）还发现生活垃圾分类设施的便利性对居民分类处理生活垃圾有着显著的正向影响。尹昕等（2017）认为居民生活区域的生活垃圾分类设施的数量、距离及其便利程度都可能对居民生活垃圾分类的行为意愿产生影响。生活垃圾的分类处理状况与当地的交通便利程度也存在密切关系，交通较便利，就有利于垃圾的运输和集中分类处理，从而会提高当地生活垃圾分类水平（王金霞等，2011）。

农户生活垃圾分类处理的知觉行为控制是农户采取生活垃圾分类处理时，受到时间、个体能力、资源、经验等多方面因素的现实约束。当农户认为自己所掌握的资源与经验越多、所预期的阻碍越少，则对生活垃圾分类处理行为的知觉行为控制就越强，采取高水平的生活垃圾分类处理方式的意愿越强（Valle et al.，2005；Wan et al.，2014）。而且相关的研究已表明知觉行为控制的影响大于行为态度的影响（任鸣鸣和祝九月，2014）。

基于以上分析，提出以下假说。

H5.4：农户生活垃圾分类处理的知觉行为控制对其行为意愿有正向影响。

计划理论认为，个体大部分的行为是非个体意志完全控制下的行为。执行这种行为不仅受到行为意愿的影响，还依赖行为人所拥有的能力或情绪、过去经验、资源、对他人的依赖性等实际控制条件（Ajzen，1991；闫岩，2014；段文婷和江光荣，2008）。因此，要预测非个体意志完全控制下的行为，必须增加知觉行为控制这个变量。Klöckner 和 Oppedal（2011）运用结构方程模型对挪威学生的生活垃圾分类处理行为进行研究，结果证实知觉行为控制对其行为有着正向显著影响。Hansmann 等（2006）在对居民生活垃圾分类处理问题的研究中发现居民生活垃圾分类处理知识与其处理行为有着密切联系。

基于以上分析，提出以下假说。

H5.5：农户生活垃圾分类处理的知觉行为控制对其生活垃圾分类处理行为有正向影响。

5.2.4 农户参与农村生活垃圾分类处理意愿

计划行为理论指出，农户生活垃圾分类处理行为意愿是其分类处理行为的直接决定因素（Ajzen，1991），农户的生活垃圾分类处理行为是农户生活垃圾分类处理行为意愿的具体表现。农户生活垃圾分类处理的行为意愿越强，那么其采取生活垃圾分类处理行为的可能性就越高。在对现有的基于计划行为理论的研究中发现，农户的行为态度和知觉行为控制对农户生活垃圾分类处理行为意愿有显著的正向影响，即居民的行为态度越积极，感知行为控制能力越强，那么其生活垃圾分类处理意愿就越强烈，居民的知觉行为控制对其行为意愿有着显著正向影响（尹昕等，2017；任鸣鸣和祝九月，2014）。陶蕊（2011）在对消费者环保型产品购买行为的分析中发现，消费者的环保型产品购买意愿显著地预测了其购买行为，消费者对环保型产品的购买意愿与其参与该类产品的购买行为存在正相关关系，所以意愿是购买行为的一个预测变量。

在一般情况下，人的行为都是人的行为意愿的具体行动表现（Ajzen，1991），农户生活垃圾分类处理行为也不例外，也是农户生活垃圾分类处理行为意愿的具体表现。农户采取高水平的生活垃圾分类处理方式的意愿越强烈，越可能执行高水平的生活垃圾分类处理行为（倪明等，2015；余福茂等，2011；任鸣鸣和祝九月，2014）。

基于以上分析，提出以下假说。

H5.6：农户生活垃圾分类处理的行为意愿对其生活垃圾分类处理行为有正向影响。

5.2.5 农户特征因素

在对现有文献梳理的过程中，国内外学者普遍认为农户的个体特征会对其分类意愿产生影响。有学者发现 30 岁以上居民的环保意愿有随年龄的增加而增加的趋势，且在不同群体范围中的表现也不同，30 岁以下和 50 岁以上这两个群体的环保意愿较高。男性居民的兴趣爱好较女性更广泛，且社交活动更多，分析解决问题的能力较强，因此男性群体的环保意愿水平高于女性群体（田万慧和陈润羊，2013）。但也有学者认为女性是家务的主要承担者，所以更加关心居住地的卫生情况，因此更愿意对生活垃圾进行分类（郝明月，2009；宋言奇，2010）。陈绍军等（2015）在对宁波市居民生活分类意愿的研究中发现，受教育水平较高的居民，一般收入水平也较高，对环境问题也更关注，因此生活垃圾的分类意愿更高。同时，姜利娜和赵霞（2020）发现，如果农户在村内任职村干部，那么会比其他农户更早地接受生活垃圾分类相关的培训，对生活垃圾进行分类的意愿也越强。

农户的自身特征因素主要包括性别、年龄、受教育水平、月均收入、家庭居住人口数、是否为村干部等。在国内外现有的研究中发现，在环境保护方面，可能因为受到传统思想的影响，女性比男性更加关心家人生活健康和居住环境的卫生情况，女性的环境保护态度要比男性更积极，更愿意为环境保护付费，所以女性相较男性更容易产生生活垃圾分类行为（Sidique et al.，2010；van Liere and Dunlap，1980；邓俊淼，2012；许增巍等，2016；宋言奇，2010；田万慧和陈润羊，2013）。但是郝明月（2009）在研究中也发现男性对环境知识的掌握程度要高于女性，且参与生活垃圾分类回收的程度高于女性，并且与女性相比，男性更有能力进行生活垃圾分类行为（宋言奇，2010）。在农户的年龄方面，普遍认为随着农户年龄的增大，对环境的认知程度会越来越高，越对环境保护有积极的态度，越会进行生活垃圾分类行为（Akil et al.，2015；徐颖和秋春童，2016）。林丽梅等（2017）在对农户生活垃圾分类的认知与行为的分析中发现，农户的年龄与其生活垃圾分类处理行为之间呈“U”形关系，即农户中的年轻人和老年人表现出积极的生活垃圾分类行为，中年人相对较少进行生活垃圾分类行为。已有研究表明，随着农户受教育水平的提高，其收入也会增加，对生活垃圾分类会持有更为积极的态度（Babaei et al.，2015；Mamady，2016；徐颖和秋春童，2016；王瑞梅等，2015），其对生活垃圾分类好处的了解程度以及对环境保护知识的掌握程度也显著高于其他农户；受教育程度高的农户参加的社会活动更多，同时接受社会和他人正确环保观的影响也就更大，因此受教育水平越高，收入越高的农户相较于其他农户更容易在生活中产生生活垃圾分类行为。在对农村生活固体垃圾处理的影响因素分析的研究中，姜利娜和赵霞（2020）发现，如果农户在村内任职村干部，那么他的受教育水平越高，接受生活垃圾分类的相关培训就越多，对居住地生活垃圾分类的意识也会越强，且越能够带动农户养成生活垃圾分类习惯。王金霞等（2011）对甘肃省和河北省农村生活垃圾分类的调查中发现，如果农村的非农劳动力比例低且非农就业机会少，那么农户在村里居住的时间就较长，会对农村的居住环境、卫生状况产生更高的需求，从而促进本村的生活垃圾分类水平提高。

5.3 实证研究设计

5.3.1 数据来源

我国农村生活垃圾分类处理工作是由点到面，逐步开展的。考虑到习近平对浙江“千村示范、万村整治”获联合国“地球卫士奖”作出的重要指示：“浙江‘千村示范、万村整治’工程起步早、方向准、成效好，不仅对全国有示范作用，在国际上也得到认可”①，加之浙江省山区农村的村庄环境建设滞后，“脏、乱、差”等现象突出。因而，本章研究以 4.2.1 节“预调研”中所获的浙江省 4 县（市）12 个乡镇 24 个样本村的 229 份农户问卷数据作为数据来源。

5.3.2 实证模型构建

本章在分析农户生活垃圾分类处理时进一步纳入农户自身特征、外在环境因素这两项延伸变量，综合考虑影响农户生活垃圾分类处理行为的因素。多重回归、通径分析、因子分析、协方差分析等传统统计方法无法清晰得到各单项指标对总体的作用及单项指标之间的相互作用。鉴于此，为弥补传统统计方法的缺陷，更充分体现其蕴含的要素信息和影响作用，最终选定结构方程模型对农户参与生活垃圾分类处理行为进行驱动分析。

结构方程模型是一种建立、估计和检验因果关系模型的方法，可以利用一定的统计分析技术，对复杂现象的理论模式进行处理，根据理论模式与实际数据关系的一致性程度，对理论模式做出评价，以达到对实际问题进行定量研究的目的。结构方程模型可以替代多重回归、通径分析、因子分析、协方差分析等方法，清晰得到各单项指标对总体的作用和单项指标之间的相互作用。结构方程模型变量分为潜变量和观测变量。潜变量是一个构念，它是无法测量的变量，在 Amos 软件中用椭圆表示。观测变量是可以直接测量的变量，也是问卷中的题项，在 Amos 软件中用长方形表示。在结构方程模型中，用双箭头表示两个潜变量的相关性，单箭头表示变量间的因果关系，箭头来源处表示外生，箭头所指处表示内生。结构方程模型分为测量模型与结构模型两部分。测量模型也称为验证性因子分析模型，主要表示观测变量和潜变量之间的关系。模型公式如下所示：

---

① 《美丽中国先锋榜（8）｜浙江实施“千万工程”造就万千美丽乡村的生动实践》，https://www.mee.gov.cn/xxgk2018/xxgk/xxgk15/201908/t20190823_729836.html，2019-08-23。

$$\begin{cases} \begin{Bmatrix} \mathrm{BI}_i \\ \mathrm{BE}_j \end{Bmatrix} = \Lambda_Y \begin{pmatrix} \mathrm{BI} \\ \mathrm{BE} \end{pmatrix} + \begin{pmatrix} \varepsilon_i \\ \varepsilon_j \end{pmatrix} \\ \begin{Bmatrix} \mathrm{AT}_k \\ \mathrm{SN}_l \\ \mathrm{PBC}_m \end{Bmatrix} = \Lambda_X \begin{pmatrix} \mathrm{AT} \\ \mathrm{SN} \\ \mathrm{PBC} \end{pmatrix} + \begin{pmatrix} \delta_k \\ \delta_l \\ \delta_m \end{pmatrix} \end{cases} \tag{5.1}$$

式中，i、j、k、l、m 都为 1 到 3 的整数；BI 为农户生活垃圾分类处理的行为意愿（潜变量），BI_i 为 BI 的观测变量；BE 为农户生活垃圾分类处理行为（潜变量），BE_j 为 BE 的观测变量；AT 为农户生活垃圾分类处理的行为态度（潜变量），AT_k 为 AT 的观测变量；SN 为农户生活垃圾分类处理行为的主观规范（潜变量），SN_l 为 SN 的观测变量；PBC 为农户生活垃圾分类处理的知觉行为控制（潜变量），PBC_m 为 PBC 的观测变量；Λ_Y 为内生观测变量与内生潜变量之间的关系（即内生观测变量在内生潜变量上的因子载荷矩阵）；Λ_X 为外生观测变量与外生潜变量之间的关系（即外生观测变量在外生潜变量上的因子载荷矩阵）；ε、δ 分别为观测变量的测量误差。

结构模型又称为潜变量因果关系模型，主要表示潜变量之间的关系。模型公式为

$$\eta = \beta\eta + \gamma\xi + \zeta \tag{5.2}$$

式中，η 为内生潜变量；β 为内生潜变量间的路径系数；ξ 为外生变量；γ 为外生潜变量对相应内生潜变量的路径系数；ζ 为残差值，是模型内未能解释的部分。

5.3.3　变量选取及其描述性统计

浙江省暂未拥有农户生活垃圾分类处理行为相关的宏观统计数据，因此本章对农户生活垃圾分类处理行为的现状分析是以样本点的调查数据为基础进行分析的。本章的研究主体是农村生活垃圾，主要包括厨余垃圾、食品废物、纸屑、塑料品、金属用品、杂物等，而畜禽粪便、农资废弃物（农膜、农用塑料、农药）、农作物废弃物（稻草、麦秸、玉米秸）等属于农业生产固体废弃物，不在本书讨论范围内。同时为确保研究的可操作性及准确性，本章将农村生活垃圾进一步分为有经济价值的垃圾（主要包括废报纸、旧书籍、易拉罐、塑料瓶、废金属等）、厨余垃圾和有害垃圾（如废电池、废灯管等）三类。

本章研究的是农户生活垃圾的处理行为以及讨论如何改善农户的生活垃圾分类处理行为，故本节对样本农户生活垃圾分类处理方式进行描述统计分析，以期发现不同农户的生活垃圾分类处理特征。样本农户对生活垃圾的处理方式有五种，分别为①随意扔掉；②混合投放入垃圾箱；③仅对具有经济价值的垃圾进行分类处理；④在将具有经济价值的垃圾分类处理的同时，对厨余垃圾进行分类处理，

将其他垃圾直接放入垃圾箱；⑤将具有经济价值的垃圾、厨余垃圾、有害垃圾进行细分然后处理。③、④、⑤三种处理方式体现了农户生活垃圾的分类水平。

由表 5.1 可知，总体来说，样本农户采取④这种处理方式所占比例为 37.99%，此种处理方式位居样本农户处理方式的首位。具体而言便是在将具有经济价值的垃圾分类处理的同时，对厨余垃圾进行分类处理，将其他垃圾直接放入垃圾箱；能够将具有经济价值的垃圾、厨余垃圾、有害垃圾按类别分类再进行处理的农户比例不高（占 11.35%）；随意处理生活垃圾的农户比例较小（占 1.31%）。样本总体的描述统计表明，浙江省农户生活垃圾分类处理整体情况较好，但是对有害生活垃圾的分类处理还存在不足。

表 5.1 农户生活垃圾分类处理方式

县（区、市）	样本数	各种生活垃圾分类处理方式所占比例				
		①	②	③	④	⑤
总体情况	229	1.31%	21.40%	27.95%	37.99%	11.35%
临安区	59	1.69%	23.73%	25.42%	35.59%	13.56%
开化县	59	3.39%	15.25%	16.95%	42.37%	22.03%
庆元县	55	0	16.36%	32.73%	43.64%	7.27%
龙泉市	56	0	30.36%	37.50%	30.36%	1.79%

注：因四舍五入，存在相加不为 100%情况

就不同县（区、市）而言，各县（区、市）农户生活垃圾分类处理方式存在一定差异。如表 5.1 所示，开化县将具有经济价值的垃圾、厨余垃圾、有害垃圾进行细分然后处理的农户比例最高（达到 22.03%），但开化县随意处理生活垃圾的农户比例也最高（达到 3.39%）。在其他三个县（区、市）中，庆元县对具有经济价值的垃圾和厨余垃圾分类处理的农户比例高于其他两个县（区、市）。但仅从县（区、市）层面的统计分析无法得出定性结论，还需要结合其他指标进一步进行深入的描述分析。

根据前文理论分析可知，农户自身特征和外在环境因素是影响农户生活垃圾分类处理行为的重要因素，其中农户自身特征主要是指人口学特征、自身健康特征、工作特征、收入特征；外在环境因素主要是指社会环境因素和基础设施因素。本节接下来将对农户自身特征和外在环境因素这两大类影响因素与农户生活垃圾分类处理方式之间的关系进行描述性统计分析，以期发现各影响因素和农户生活垃圾分类处理方式的相关性。

由表 5.2 可知，女性中将生活垃圾进行细分处理的比例高于男性，同时随意处理生活垃圾和混合投入的比例都要低于男性，描述统计表明女性比男性更能妥

善处理生活垃圾。在年龄在 40 岁及以下的农户中，将生活垃圾进行细分处理的农户比例（达 41.67%）明显高于其他年龄段，在 40 岁及以下和 41~50 岁年龄段的农户中，随意处理生活垃圾和混合投放生活垃圾的农户比例均要小于其他年龄段，描述统计表明年轻的农户较年老农户更能妥善处理生活垃圾。单身农户处理生活垃圾的主要方式是将具有经济价值的垃圾进行简单分类处理（占 54.55%），已婚农户处理生活垃圾的主要方式是在对具有经济价值的垃圾进行分类的基础上，对厨余垃圾继续进行分类处理。同时在单身农户中，对生活垃圾分类处理的农户比例为 90.91%（后三种处理方式之和），高于已婚农户组（占 76.61%）。描述统计表明，单身农户比已婚农户更能妥善处理生活垃圾。

表 5.2　不同特征农户的生活垃圾分类处理方式

农户特征	变量	说明	样本数	各种生活垃圾分类处理方式所占比例				
				①	②	③	④	⑤
人口学特征	性别	女	8	0	0	25%	50%	25%
		男	221	1.36%	22.17%	28.05%	37.56%	10.86%
	年龄	40 岁及以下	12	0	8.33%	25.00%	25.00%	41.67%
		41~50 岁	41	0	12.20%	17.07%	53.66%	17.07%
		51~60 岁	88	1.14%	27.27%	26.14%	37.50%	7.95%
		60 岁以上	88	2.27%	21.59%	35.23%	32.95%	7.95%
	婚姻状况	单身	11	0	9.09%	54.55%	27.27%	9.09%
		已婚	218	1.38%	22.02%	26.61%	38.53%	11.47%
	文化水平	小学及以下	93	0	27.96%	35.48%	30.11%	6.45%
		初中	94	3.19%	20.21%	20.21%	41.49%	14.89%
		中专或高中	38	0	10.53%	26.32%	47.37%	15.79%
		大专或本科及以上	4	0	0	50%	50%	0
自身健康特征	健康状况	健康	183	1.09%	20.22%	24.04%	42.62%	12.02%
		一般	41	2.44%	19.51%	48.78%	19.51%	9.76%
		差	5	0	80%	0	20%	0
工作特征	工作经验	工作经验缺乏者	123	0.81%	25.20%	30.89%	35.77%	7.32%
		工作经验丰富者	106	1.89%	16.98%	24.53%	40.57%	16.04%
	是否外出从事非农工作	否	190	1.58%	24.21%	30.53%	34.74%	8.95%
		是	39	0	7.69%	15.38%	53.85%	23.08%
收入特征	家庭总收入	家庭总收入低	148	1.35%	25.00%	29.05%	33.11%	11.49%
		家庭总收入高	81	1.23%	14.81%	25.93%	46.91%	11.11%

注：为了方便不同分组比较，本章将年龄分为四组，将工作经验小于样本平均值归为工作经验缺乏者，大于样本平均值为工作经验丰富者，将家庭总收入小于样本平均值归为家庭总收入低组，大于样本平均值归为家庭总收入高组；因四舍五入，存在相加不为 100%情况

文化水平在小学及以下的农户，其处理生活垃圾的主要方式是对具有经济价值的垃圾进行简单分类处理（占 35.48%）；文化水平在初中及以上的农户，其处理生活垃圾的主要方式是在对具有经济价值的垃圾进行分类的基础上，对厨余垃圾继续进行分类处理。同时随着文化水平的提高，会对生活垃圾分类处理的农户比例提高。描述统计表明，农户文化水平越高越能妥善处理生活垃圾。

身体健康的农户处理生活垃圾的主要处理方式是在对具有经济价值的垃圾进行分类的基础上，对厨余垃圾继续进行分类处理，采用这种处理方式的农户占身体健康农户的 42.62%；身体一般的农户对生活垃圾分类处理主要考虑到其经济价值而进行简单分类，农户比例达 48.78%；身体差的农户绝大部分只是将垃圾混合投放，农户比例达 80%。对生活垃圾进行细分处理的健康农户比例大于身体状况一般的农户比例，同时随意处理垃圾的健康农户比例小于身体状况一般的农户比例。描述统计表明，身体状况越好的农户越能妥善处理生活垃圾。

在工作经验方面，会对具有经济价值的垃圾、厨余垃圾和有害垃圾进行细分处理的工作经验丰富的农户比例（16.04%）高于工作经验缺乏的农户比例（7.32%）。在是否外出从事非农工作方面，会对具有经济价值的垃圾、厨余垃圾和有害垃圾进行细分处理的外出从事非农工作的农户比例（23.08%）高于不外出从事非农工作的农户比例（8.95%）。描述统计表明，工作经验越丰富、外出从事非农工作的农户比其他农户越能妥善处理生活垃圾。

虽在家庭总收入高的农户中对生活垃圾分类处理的农户比例为 83.95%，高于低收入农户比例（73.65%），但总体而言，两者对生活垃圾分类处理方式的差异不大。描述统计结果未表明，家庭总收入的增加会提高农户生活垃圾分类处理水平。

由表 5.3 可知，在社会网络方面，对具有经济价值的垃圾、厨余垃圾和有害垃圾进行细分处理的社会网络较大的农户比例（12.50%）高于社会网络较小的农户比例（10.53%），同时随意处理生活垃圾的社会网络较大的农户比例（2.08%）高于社会网络小的农户比例（0.75%）。描述统计结果未能表明社会网络的扩大会提高农户生活垃圾分类处理水平。

在社会信任维度，认为村内居民一半可信的农户，其处理生活垃圾的主要方式是对具有经济价值的垃圾进行简单分类处理（占 30.77%），认为村内居民大多可信和全部可信的农户，其处理生活垃圾的主要方式是在对具有经济价值的垃圾进行分类的基础上，对厨余垃圾继续进行分类处理（分别占 40.38%和 37.78%），总的来说，不同社会信任的农户之间的生活垃圾分类处理方式差异不大。描述统计结果未表明，社会信任的增加会提高农户生活垃圾分类处理水平。

表 5.3　不同外在环境农户的生活垃圾分类处理方式

不同外在环境		变量	说明	样本数	各种生活垃圾分类处理方式所占比例				
					①	②	③	④	⑤
不同社会环境因素	社会网络	经常走动的亲戚朋友数	数量较少	133	0.75%	20.30%	30.83%	37.59%	10.53%
			数量较多	96	2.08%	22.92%	23.96%	38.54%	12.50%
	社会信任	村内居民可信任吗	几乎不可信任	0	0	0	0	0	0
			少数可信	2	0	100%	0	0	0
			一半可信	26	3.85%	23.08%	30.77%	26.92%	15.38%
			大多可信	156	0.64%	21.15%	28.21%	40.38%	9.62%
			全部可信	45	2.22%	17.78%	26.67%	37.78%	15.56%
	社会规范	是否赞成“分类收集人人有责，男女老幼齐参与”	完全不赞成	13	7.69%	53.85%	15.38%	23.08%	0
			不赞成	96	1.04%	33.33%	34.38%	28.13%	3.13%
			一般	52	0	11.54%	28.85%	42.31%	17.31%
			赞成	57	1.75%	5.26%	24.56%	54.39%	14.04%
			完全赞成	11	0	9.09%	0	36.36%	54.55%
		村内对随意处理生活垃圾的规范	没有规范	87	1.15%	19.54%	32.18%	35.63%	11.49%
			劝阻和批评	73	2.74%	23.29%	24.66%	41.10%	8.22%
			全村通报批评或罚款	69	0	21.74%	26.09%	37.68%	14.49%
		是否会遵守上级政府对垃圾分类的要求	不会	99	1.01%	35.35%	34.34%	26.26%	3.03%
			会	130	1.54%	10.77%	23.08%	46.92%	17.69%
不同基础设施因素		村内环卫设施能否满足需要	不能	25	4%	48%	24%	20%	4%
			能	204	0.98%	18.14%	28.43%	40.20%	12.25%

注：为了方便不同分组比较，本章将“经常走动的亲戚朋友数”小于样本平均值归为数量较少组，大于样本平均值归为数量较多组；因四舍五入，存在相加不为 100%情况

在社会规范维度，完全不赞成环保标语的农户，其处理生活垃圾的主要方式是混合投放入垃圾箱（占 53.85%）；不赞成环保标语的农户，其处理生活垃圾的主要方式是仅对具有经济价值的垃圾进行分类处理（占 34.38%）；对环保标语持一般态度和赞成态度的农户，其处理生活垃圾的主要方式是在对具有经济价值的垃圾进行分类的基础上，对厨余垃圾继续进行分类处理（分别占 42.31%和 54.39%）；完全赞成环保标语的农户，其处理生活垃圾的主要方式是将具有经济价值的垃圾、厨余垃圾、有害垃圾进行细分处理（占 54.55%），由此可知对环保标语越认可的农户，其生活垃圾分类处理水平越高。在三种对随意处理生活垃圾行为采取不同政策的村庄中，农户处理生活垃圾的主要方式都是在对具有经济价

值的垃圾进行分类的基础上，对厨余垃圾继续进行分类处理（农户比例分别为35.63%、41.10%和37.68%）。而在表示会遵守上级规范的农户中，对生活垃圾分类处理的农户比例为87.69%，明显高于不会遵守上级规范的农户比例（63.63%），表明农户对上级规范越认可，其越会妥善处理生活垃圾。描述统计表明，非强制性规范能够提高农户生活垃圾分类处理水平，但未表明强制性规范能够提高农户生活垃圾分类处理水平。

在对基础设施因素进行统计分析时发现，在环卫设施不能满足农户需求的村庄中，农户处理生活垃圾的主要方式是混合投放入垃圾箱（占48%）。在环卫设施能够满足农户需求的村庄中，农户处理生活垃圾的主要方式是在对具有经济价值的垃圾进行分类的基础上，对厨余垃圾继续进行分类处理（占40.20%）。同时在环卫设施能够满足农户需求的村庄中，对生活垃圾分类处理的农户比例为80.88%，明显高于环卫设施不能满足农户需求的村庄（48%）。描述统计表明，环卫设施建设能够提高农户生活垃圾分类处理水平。

5.4　实证分析与结果

依据上述理论分析框架，本章基于计划行为理论，对农户参与农村生活垃圾分类处理行为进行驱动分析，选取了农户生活垃圾分类处理的行为态度、主观规范、知觉行为控制、行为意愿以及生活垃圾分类处理行为等变量进行实证分析。

5.4.1　数据正态性检验

为确定研究数据是否可以进行结构方程模型分析，首先需要对各个观测变量进行描述性统计。统计上一般认为偏度绝对值小于3，峰度绝对值小于8时，数据基本符合正态性分布，可以进行下一步的计量统计分析。如表5.4所示，样本数据偏度绝对值最大为0.74，小于3，峰度绝对值最大为1.31，小于8。所以样本数据通过正态性分布检验，可以进行后续统计分析。

表5.4　观测变量的描述性统计结果

潜变量	观测变量	最小值	最大值	偏度		峰度	
				统计值	标准误	统计值	标准误
行为态度（AT）	AT_1	3.00	5.00	−0.06	0.16	−0.69	0.32
	AT_2	2.00	5.00	−0.44	0.16	0.50	0.32
	AT_3	2.00	5.00	−0.16	0.16	0.36	0.32

续表

潜变量	观测变量	最小值	最大值	偏度		峰度	
				统计值	标准误	统计值	标准误
主观规范（SN）	SN_1	1.00	5.00	−0.06	0.16	−0.05	0.32
	SN_2	2.00	5.00	−0.32	0.16	−0.20	0.32
	SN_3	2.00	5.00	−0.39	0.16	−0.40	0.32
知觉行为控制（PBC）	PBC_1	1.00	5.00	0.02	0.16	−0.44	0.32
	PBC_2	1.00	5.00	−0.09	0.16	−0.65	0.32
	PBC_3	1.00	5.00	−0.06	0.16	−1.31	0.32
行为意愿（BI）	BI_1	2.00	5.00	−0.74	0.16	1.03	0.32
	BI_2	2.00	5.00	−0.64	0.16	0.55	0.32
	BI_3	2.00	5.00	−0.57	0.16	0.51	0.32
生活垃圾分类处理行为（BE）	BE_1	1.00	5.00	−0.25	0.16	−0.77	0.32
	BE_2	1.00	5.00	−0.15	0.16	−0.82	0.32
	BE_3	1.00	5.00	−0.49	0.16	−0.40	0.32

5.4.2 因子分析

为了进一步分析影响农户生活垃圾分类处理行为的因素，在理论模型设定的基础上，利用结构方程模型来验证六个假说，为了检验观测变量是否从属于设定的因子，需要进行探索性因子分析。因子分子是对观测变量进行一系列的统计检验，判别出最终的衡量效果。首先要用 KMO（Kaiser-Meyer-Olkin）和 Bartlett 球形检验对样本数据是否适合做因子分析进行检验，再用主成分分析法对观测变量做因子分析，检测观测变量是否属于已定义的潜变量。最后用 Cronbach's α 系数对各个潜变量内部结构和整体样本的内部结构是否具有一致性和稳定性进行检验。

检测变量间的相关性时可用 KMO 和 Bartlett 球形检验，最终检测结果如表 5.5 所示，检验系数 KMO 值为 0.8295，Bartlett 球形检验的近似卡方值为 2268.5464，结果显著。表明本书所设计的问卷结构适宜做因子分析。用 SPSS 19.0 对各潜变量及其观测变量进行因子分析，所得的各观测变量的因子载荷和信度检验结果如表 5.6 所示。从探索性因子分析的结果来看，各个观测变量因子载荷值都在 0.8 以上，说明研究问卷中所设计的观测变量对各潜变量的衡量效果好。同时各潜变量的 Cronbach's α 值与整体 Cronbach's α 值都大于 0.8，说明测量的可信程度较高，研究设计较为合理。

表 5.5 KMO 和 Bartlett 球形检验结果

项目	数值
KMO 值	0.8295
Bartlett 球形检验的近似卡方值	2268.5464
df	105
Sig 值	0.0000

表 5.6 信度与因子分析结果

潜变量	变量名	因子载荷值	Cronbach's α 值	总体 Cronbach's α 值
行为态度	AT_1	0.8939	0.8380	0.8979
	AT_2	0.8205		
	AT_3	0.8990		
主观规范	SN_1	0.8151	0.8387	
	SN_2	0.9113		
	SN_3	0.8947		
知觉行为控制	PBC_1	0.8849	0.8594	
	PBC_2	0.8921		
	PBC_3	0.8882		
行为意愿	BI_1	0.9219	0.9233	
	BI_2	0.9269		
	BI_3	0.9457		
生活垃圾分类处理行为	BE_1	0.9224	0.8979	
	BE_2	0.9324		
	BE_3	0.8815		

5.4.3 模型拟合与评价

本书使用 Amos 23.0 的极大似然法对农户生活垃圾分类处理行为理论模型进行拟合。为了确定利用结构方程模型分析农户生活垃圾分类处理行为的影响因素是否合适，需对模型拟合的效果进行评价。按照结构方程模型的应用程序，对每一模型进行模型整体适配度估计之前，都应首先检验模型是否产生违反估计。如图 5.1 所示，标准化系数没有超过或接近 1，没有负的误差变异数，协方差间标准化估计值的相关系数没有大于 1，也没有出现非常大或极端小的标准误差。

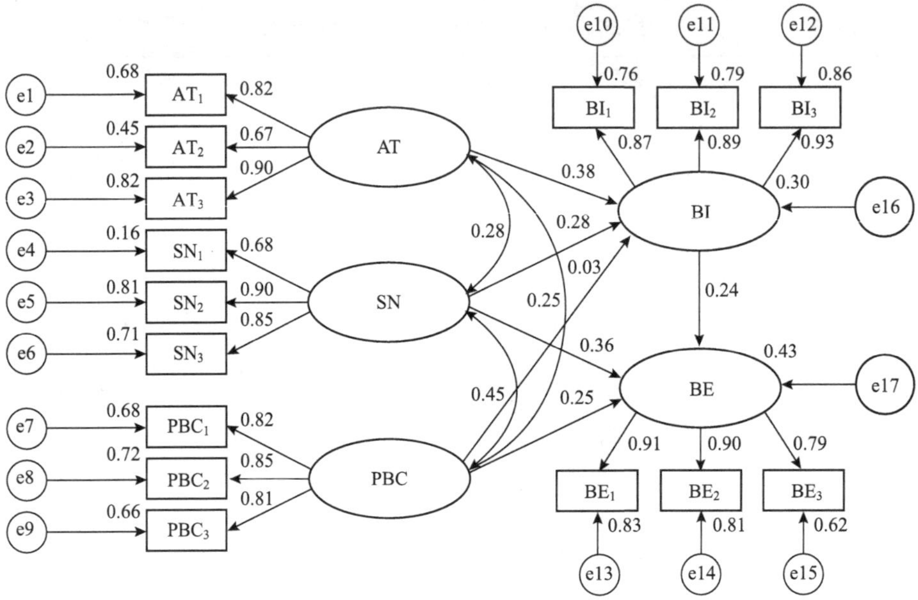

图 5.1　结构方程模型路径系数

整体模型适配度的检验结果如表 5.7 所示，从表中结果可以看出，模型的整体拟合度很好，说明本书提出的理论模型与实际调查数据契合。

表 5.7　结构方程模型拟合指标及评价

统计量	标准	实际拟合值	评价
卡方值与自由度的比值（χ^2/df）	2~3 为一般；≤2 为理想	2.369	一般
近似误差均方根	≤0.1 为一般；≤0.05 为理想	0.077	一般
拟合优度指标	>0.5 接受，越接近 1 越好	0.905	理想
调整拟合优度指标	>0.5 接受，越接近 1 越好	0.860	理想
规范拟合指标	0~1，越高越好	0.918	理想
相对拟合指标	>0.9 接受	0.893	接近
增值拟合指标	>0.9 接受	0.951	理想
比较拟合指标	>0.9 接受	0.950	理想
简约规范拟合指标	>0.5 接受，越接近 1 越好	0.708	理想
简约比较拟合指标	>0.5 接受，越接近 1 越好	0.733	理想

5.4.4　估计结果与分析

由各个观测变量的路径系数估计结果可知（表 5.8），各个观测变量通过 1%

的显著性水平检验，表明潜变量与观测变量之间的因子载荷系数估计具有统计学意义，潜变量可以用选定的观测变量反映。

表 5.8 路径系数估计结果

模型	路径	未标准化路径系数	标准误	CR 值	p 值	标准化路径系数	假说
结构模型	BI←AT	0.51	0.09	5.41	***	0.38	H5.1
	BI←SN	0.31	0.09	3.60	***	0.28	H5.2
	BI←PBC	0.03	0.07	0.39	0.697	0.03	H5.4
	BE←BI	0.40	0.11	3.75	***	0.24	H5.6
	BE←SN	0.66	0.14	4.60	***	0.36	H5.3
	BE←PBC	0.28	0.08	3.51	***	0.25	H5.5
测量模型	AT_1←AT	1.00				0.82	
	AT_2←AT	0.90	0.09	10.56	***	0.67	
	AT_3←AT	1.10	0.08	13.16	***	0.90	
	SN_1←SN	1.00				0.68	
	SN_2←SN	1.12	0.10	11.30	***	0.90	
	SN_3←SN	1.09	0.10	11.06	***	0.85	
	PBC_1←PBC	1.00				0.82	
	PBC_2←PBC	1.15	0.09	13.47	***	0.85	
	PBC_3←PBC	1.30	0.10	13.00	***	0.81	
	BI_1←BI	1.00				0.87	
	BI_2←BI	1.09	0.06	18.48	***	0.89	
	BI_3←BI	1.08	0.06	19.79	***	0.93	
	BE_1←BE	1.00				0.91	
	BE_2←BE	0.89	0.05	18.93	***	0.90	
	BE_3←BE	0.79	0.05	15.32	***	0.79	
协方差	AT←→SN	0.07	0.02	3.43	***	0.28	
	SN←→PBC	0.17	0.03	5.02	***	0.45	
	AT←→PBC	0.08	0.03	3.13	***	0.25	

注：CR 表示 composite reliability，组合信度

***表示在 1%的水平下显著

H5.1 和 H5.2 的检验系数 p 值都小于 0.01，标准化后的路径系数分别为 0.38 和 0.28，且通过了 1%的显著性水平检验，表明两个假说成立，即农户生活垃圾分类处理的行为态度和主观规范对其生活垃圾分类处理行为意愿有着显著的正向影响。同时在农户生活垃圾分类处理的行为态度的三个观测变量中，“您觉得花时间和金钱去将生活垃圾分类处理好值得吗”（AT_3）的标准化系数最大。在农

户生活垃圾分类处理的主观规范的三个观测变量中，“如果您的邻居朋友将生活垃圾分类处理好，您也会这样做吗”（SN_2）的标准化系数最大，表明邻里朋友的生活垃圾分类处理方式对农户改变生活垃圾分类处理行为方式的影响最大。而H5.4的检验系数p值为0.697，未通过10%的显著性水平检验，表明H5.4不成立，即农户生活垃圾分类处理的知觉行为控制对其生活垃圾分类处理的行为意愿不存在显著影响。参数估计结果说明，若要提高农户生活垃圾分类处理的行为意愿，一方面，可尝试改变农户对该行为的态度，使用诸如宣传及教育等方式，给农户科普生活垃圾随意处理会存在的弊端，以达到从根本上转变农户对生活垃圾分类处理行为的认识，让农户觉得花费时间和金钱去处理好生活垃圾是有必要的；另一方面，通过合适的社会监管和构建环保舆论氛围来约束农户生活垃圾分类处理行为，促使其改变该行为的意愿。

H5.6的检验系数p值小于0.01，标准化后的路径系数为0.24，通过了1%的显著性水平检验，表明H5.6成立，表明农户生活垃圾分类处理的行为意愿对其生活垃圾分类处理行为有正向影响，即农户采取高水平的生活垃圾分类处理方式的意愿越强烈，农户越可能执行高水平的生活垃圾分类处理行为。同时在农户生活垃圾分类处理的行为意愿的三个观测变量中，“您愿意将生活垃圾进行分类处理吗”（BI_3）的标准化系数最大。由此可知，若存在诸如政策环境发生改变的这种诱因时，积极优化农户生活垃圾分类处理的行为意愿，可以提高农户采取更好的生活垃圾分类处理方式的可能性。

H5.3和H5.5的检验系数p值都小于0.01，标准化后的路径系数分别为0.36和0.25，通过了1%的显著性水平检验，表明两个假说成立。主观规范和知觉行为控制对农户生活垃圾分类处理行为存在着直接显著的正向影响。同时在农户生活垃圾分类处理的知觉行为控制的三个观测变量中，“您将生活垃圾分类处理好是因为这对您来说很轻松方便吗”（PBC_2）的标准化系数最大，表明农户自身能力和村内环卫设施的便利性对农户的生活垃圾分类处理行为有着较大的影响。参数估计结果表明，政府可以通过农村生活环境基础设施建设和激励与监督制度设立，提升农户采取更优的生活垃圾分类处理方式的可能性。

为了更加直观地了解结构模型中潜变量之间的直接效应、间接效应以及总效应，将计算结果汇总于表5.9。表5.9显示，对农户生活垃圾分类处理的行为意愿影响最大的变量是农户生活垃圾分类处理的行为态度（0.384），其次是主观规范（0.281）；而对农户生活垃圾分类处理行为影响最大的潜变量是农户的主观规范（0.425），其次是农户的知觉行为控制（0.257），农户行为态度的影响最小（0.093），表明村集体的政策制度约束或激励、家人朋友和邻里之间的影响对农户执行高水平的生活垃圾分类处理行为有着重要的影响。同时农户生活垃圾分类处理的主观规范对其行为的直接效应要远大于间接效应，表明村集体的政策制度约束或激励、家人朋友和邻里之间的影响，可以对农户生活垃圾分类处理行为产生较强的直接影响，得出农户主观规范是其生活垃圾分类处理行为的重要因素。

表 5.9 潜变量之间的直接效应、间接效应和总效应

路径	直接效应	间接效应	总效应
AT→BI	0.384	—	0.384
SN→BI	0.281	—	0.281
PBC→BI	0.029	—	0.029
AT→BE	—	0.093	0.093
SN→BE	0.357	0.068	0.425
PBC→BE	0.250	0.007	0.257
BI→BE	0.243	—	0.243

注：总效应等于直接效应与间接效应的和

基于理论分析结果，以浙江省农户入户调查的调研结果为例，运用结构方程模型分析农户主观感知对其生活垃圾分类处理行为的影响，研究结果表明：第一，农户生活垃圾分类处理的行为意愿受到农户生活垃圾分类处理的行为态度和主观规范的显著影响，但并未受到农户的知觉行为控制的影响；第二，农户生活垃圾分类处理的行为态度、行为意愿、主观规范和知觉行为控制对农户生活垃圾分类处理行为有显著正向影响，其中主观规范对农户行为的影响最大，其次是知觉行为控制，农户行为态度的影响最小；第三，农户生活垃圾分类处理的主观规范对其行为的影响有两个方面，一方面，通过影响农户的行为意愿来间接影响其行为，另一方面，直接影响农户行为，直接影响大于间接影响。

5.5 影响农户生活垃圾分类处理主观感知的实证分析

依据前文的理论分析，农户自身特征和外在环境因素主要通过影响农户的行为态度、主观规范和知觉行为控制来间接影响垃圾处理行为。因此，为分析农户自身特征和外在环境因素对农户生活垃圾分类处理行为的影响机理，本节需对农户自身特征和外在环境因素对农户生活垃圾分类处理主观感知的影响进行实证分析。

5.5.1 模型设定与变量说明

观测变量和潜变量之间的标准化路径系数，可以表明潜变量对观测变量的影响程度。根据农户的主观感知对其生活垃圾分类处理行为影响的实证分析结果，选取潜变量对观测变量的标准化系数大的变量作为模型的因变量，故选取 AT_3、

SN_2和PBC_2来分别表示农户生活垃圾分类处理主观感知的三个方面（行为态度、主观规范和知觉行为控制）。AT_3、SN_2和PBC_2为有序多分类变量，采用有序Logit模型进行分析。模型公式如下：

$$\text{Logit}P_j = \text{Logit}[P(Y \geqslant j|X)] = \alpha_j + \sum_{i=1}^{n} \beta_{ij} X_i \quad (j=1,2,\cdots,5;\ i=1,2,\cdots,n) \tag{5.3}$$

式中，$P(Y \geqslant j \mid X)$为因变量，大于j（j=1,2,⋯,5）的概率为

$$P(Y \geqslant j|X)=P(Y=1|X)+\cdots+P(Y=5|X) \tag{5.4}$$

$$\text{Logit}P_j = \text{Logit}[P(Y \geqslant j|X)] = \ln\frac{P(Y \geqslant j|X)}{1-P(Y \geqslant j|X)} \tag{5.5}$$

本节的解释变量为农户自身特征和外在环境因素，农户自身特征包括性别、年龄、婚姻状况、文化水平、健康状况、工作经验、是否外出从事非农工作和家庭总收入等变量；外在环境因素主要包括四个方面，即社会网络、社会信任、社会规范、环卫设施建设。其中，社会网络用“经常走动的亲戚朋友数”来度量；社会信任以对村内居民的信任来测度；社会规范采用农户对非正式规范（环保标语）的认知、村内对随意处理生活垃圾的规范来测度，其中，村内对随意处理生活垃圾的规范分三类：没有规范、劝阻和批评、全村通报批评或罚款，以没有规范为参照组；环卫设施建设以村内环卫设施能否满足农户需求来测度。此外，农户所在地区社会经济环境的差异也可能会对其生活垃圾分类处理主观感知有着显著影响，因而需要对其他方面的影响因素进行有效控制，为此本章引入地区特征控制变量，主要包括村内人均收入以及地区虚拟变量，本节以临安区作为参照组。变量的定义、均值和标准差见表5.10。

表 5.10 变量说明

变量类型		变量	均值	标准差	单位/说明
因变量		行为态度（AT_3）	4.27	0.56	利克特5点
		主观规范（SN_2）	4.12	0.68	利克特5点
		知觉行为控制（PBC_2）	3.57	0.95	利克特5点
农户自身特征	人口学特征	性别	0.97	0.18	1=男性；0=女性
		年龄	56.69	9.28	周岁
		婚姻状况	0.95	0.21	1=已婚；0=单身（包括单身、离异、丧偶）
		文化水平	1.79	0.78	1=小学及以下；2=初中；3=中专或高中；4=大专或本科及以上

续表

变量类型		变量	均值	标准差	单位/说明
农户自身特征	自身健康特征	健康状况	1.22	0.47	1=健康；2=一般；3=差
	工作特征	工作经验	14.12	14.21	年
		是否外出从事非农工作	0.17	0.38	1=是；0=否
	收入特征	家庭总收入	48 268.58	117 142.3	元
外部环境因素	社会网络	经常走动的亲戚朋友数	18.86	11.98	人
	社会信任	村内居民可信任吗	4.07	0.58	利克特5点
	社会规范	是否赞成“分类收集人人有责，男女老幼齐参与”	2.81	1.03	利克特5点
		劝阻和批评	0.32	0.47	1=进行劝阻和批评；0=其他
		全村通报批评或罚款	0.3	0.46	1=进行全村通报批评或罚款；0=其他
		是否会遵守上级政府对垃圾分类的要求	0.57	0.5	1=会；0=不会
	环卫设施建设	村内环卫设施能否满足需要	0.89	0.31	1=满足；0=不满足
控制变量		村内人均收入	11 711.31	5 625.73	元
		地区虚拟变量1	0.26	0.44	1=开化县；0=其他
		地区虚拟变量2	0.24	0.43	1=庆元县；0=其他
		地区虚拟变量3	0.24	0.43	1=龙泉市；0=其他

5.5.2 样本的描述性统计分析

从农户自身特征对农户行为态度的影响来看，见表5.11，女性对生活垃圾分类处理的行为态度水平要高于男性。年龄在41~50岁的农户，其行为态度水平最高；年龄在60岁以上的农户，其行为态度水平最低。已婚农户的行为态度水平高于单身农户。随着文化水平的提高，农户的行为态度水平逐步提高，但并未通过差异性检验，表明差异不显著。身体健康的农户，其行为态度水平要高于其他农户。在工作特征方面，工作经验丰富的农户，其行为态度水平比工作经验缺乏者高，但差异并不显著。外出从事非农工作的农户，其行为态度水平显著高于其他农户。家庭总收入低的农户，其行为态度水平略高于家庭总收入高的农户，但并未通过独立性 t 检验。

表 5.11　农户自身特征描述性统计

特征	变量	说明	均值	标准差	均值差异性检验
人口学特征	性别	女	4.38	0.74	独立性 t 检验：t=0.5363
		男	4.27	0.55	
	年龄	40 岁及以下	4.25	0.62	单因素方差分析：F=2.59*
		41~50 岁	4.44	0.55	
		51~60 岁	4.31	0.53	
		60 岁以上	4.16	0.57	
	婚姻状况	单身	4.09	0.83	独立性 t 检验：t=−0.7458
		已婚	4.28	0.54	
	文化水平	小学及以下	4.18	0.57	单因素方差分析：F=1.53
		初中	4.31	0.53	
		中专或高中	4.37	0.54	
		大专或本科及以上	4.50	1.00	
自身健康特征	健康状况	健康	4.31	0.58	单因素方差分析：F=2.53*
		一般	4.10	0.44	
		差	4.20	0.45	
工作特征	工作经验	工作经验缺乏者	4.24	0.57	独立性 t 检验：t=−1.0201
		工作经验丰富者	4.31	0.54	
	是否外出从事非农工作	否	4.20	0.55	独立性 t 检验：t=−4.3944***
		是	4.62	0.49	
收入特征	家庭总收入	家庭总收入低	4.29	0.55	独立性 t 检验：t=0.7239
		家庭总收入高	4.23	0.58	

注：将年龄分为四组，将工作经验小于样本平均值归为工作经验缺乏者，大于样本平均值归为工作经验丰富者，将家庭总收入小于样本平均值归为家庭总收入低组，大于样本平均值归为家庭总收入高组

*、***分别表示在 10%、1%的水平下显著

从外在环境因素的四个方面对农户行为态度的影响来看，见表 5.12，社会信任、社会规范与环卫设施建设对农户的行为态度存在显著影响，而社会网络对农户行为态度没有显著影响。具体来说，邻里之间越可信、对环保标语赞成度越高的农户，越赞成在生活垃圾分类处理上花费时间和金钱，表明农户之间的信任和非强制规范能够改善农户对生活垃圾分类处理的行为态度。三种村内对随意处理生活垃圾的规范带来的农户行为态度差异并未通过 F 检验，表明三者之间的差异不显著，即强制性规范并未显著影响农户行为态度。会遵守上级政府要求的农户，其对生活垃圾分类处理的行为态度水平均值显著高于其他农户。认为村内环卫设施能够满足需求的农户，其对生活垃圾分类处理的行为态度水平均值显著高于认为村内环卫设施不能满足需求的农户。统计结果表明，村内环卫设施的建设将有

利于提高农户对生活垃圾分类处理的行为态度水平。社会网络小的农户对生活垃圾分类处理的行为态度水平均值高于社会网络大的农户，但未通过独立性 t 检验，表明两者之间的差异并不显著。

表 5.12　不同外在环境的农户行为态度

因素	变量	变量含义	说明	均值	标准差	均值差异性检验
不同社会环境因素	社会网络	经常走动的亲戚朋友数	数量较少	4.30	0.55	独立性 t 检验：t=0.9562
			数量较多	4.23	0.57	
	社会信任	村内居民可信任吗	几乎不可信任	0.00	0.00	单因素方差分析：F=8.18***
			少数可信	4.00	0.00	
			一半可信	3.92	0.69	
			大多可信	4.25	0.52	
			全部可信	4.56	0.50	
	社会规范	是否赞成“分类收集人人有责，男女老幼齐参与”	完全不赞成	3.92	0.64	单因素方差分析：F=6.89***
			不赞成	4.13	0.53	
			一般	4.35	0.56	
			赞成	4.44	0.50	
			完全赞成	4.73	0.47	
		村内对随意处理生活垃圾的规范	没有规范	4.28	0.58	单因素方差分析：F=0.02
			劝阻和批评	4.27	0.58	
			全村通报批评或罚款	4.26	0.50	
		是否会遵守上级政府对垃圾分类的要求	不会	4.00	0.45	独立性 t 检验：t=−7.2285***
			会	4.48	0.55	
不同基础设施因素	环卫设施建设	村内环卫设施能否满足需要	不能	3.84	0.55	独立性 t 检验：t=−4.2316***
			能	4.32	0.54	

***表示在 1%的水平下显著

表 5.13 汇总了不同特征农户的主观规范，从农户自身特征对农户主观规范的影响来看，女性在对生活垃圾进行处理时受到其他人的影响略高于男性，但未通过独立性 t 检验，表明这种差异不显著。年龄在 41~50 岁的农户受到其他人的影响程度最大，60 岁以上的农户受到其他人的影响程度最小。已婚农户的主观规范水平高于单身农户。文化水平越高，农户在执行生活垃圾分类处理行为时受到他人的影响越大。身体健康的农户，其主观规范水平显著高于其他农户。在工作特征方面，工作经验丰富的农户的主观规范水平均值略高于工作经验缺乏的农户，但并未通过独立性 t 检验，表明差异不显著；外出从事非农工作的农户，其主观规范水平显著高于其他农户。家庭总收入低的农户，其主观规范水平略低于家庭

总收入高的农户，但没有通过独立性 t 检验，表明这种差异不显著。

表 5.13　不同特征农户的主观规范

特征	变量	说明	均值	标准差	均值差异性检验
人口学特征	性别	女	4.13	0.64	独立性 t 检验：t=0.0116
		男	4.12	0.68	
	年龄	40 岁及以下	4.17	0.72	单因素方差分析：F=0.85
		41~50 岁	4.24	0.62	
		51~60 岁	4.14	0.70	
		60 岁以上	4.05	0.68	
	婚姻状况	单身	4.00	0.63	独立性 t 检验：t=−0.6547
		已婚	4.13	0.68	
	文化水平	小学及以下	4.03	0.65	单因素方差分析：F=1.38
		初中	4.15	0.66	
		中专或高中	4.24	0.75	
		大专或本科及以上	4.50	1.00	
自身健康特征	健康状况	健康	4.19	0.66	单因素方差分析：F=5.29***
		一般	3.88	0.68	
		差	3.60	0.55	
工作特征	工作经验	工作经验缺乏者	4.11	0.69	独立性 t 检验：t=−0.3983
		工作经验丰富者	4.14	0.67	
	是否外出从事非农工作	否	4.04	0.67	独立性 t 检验：t=−4.0876***
		是	4.51	0.60	
收入特征	家庭总收入	家庭总收入低	4.11	0.64	独立性 t 检验：t=−0.2232
		家庭总收入高	4.14	0.74	

***表示在 1%的水平下显著

从外在环境因素各个方面对农户主观规范的影响来看，见表 5.14，社会网络小的农户对生活垃圾分类处理行为的主观规范水平均值低于社会网络大的农户，但未通过独立性 t 检验，表明两者之间的差异并不显著。随着农户对村内其他农户的信任水平的提高和对环保标语赞成度的加大，农户的主观规范水平均值不断增大，并通过单因素方差分析，表明差异显著。同时在三种村内对随意处理生活垃圾的规范中，全村通报批评或罚款的农户主观规范水平均值最高，其次为劝阻和批评，最低为没有规范，并通过单因素方差分析，表明差异显著。会遵守上级政府要求的农户，对生活垃圾分类处理行为的主观规范水平显著高于其他农户。认为村内环卫设施能够满足需求的农户，对生活垃圾分类处理行为的主观规范水平显著高于认为村内环卫设施不能满足需求的农户。描述统计表明，社会信任会增加农户在处理生活垃圾受他人影响的程度，村庄对生活垃圾分类处理的规范和对基础设施的建设能够提高外在环境对农户主观规范的影响。

表 5.14　不同外在环境的农户主观规范

因素	变量	变量含义	说明	均值	标准差	均值差异性检验
不同社会环境因素	社会网络	经常走动的亲戚朋友数	数量较少	4.06	0.67	独立性 t 检验：$t=-1.6398$
			数量较多	4.21	0.68	
	社会信任	村内居民可信任吗	几乎不可信任	0.00	0.00	单因素方差分析：$F=2.64^{*}$
			少数可信	3.50	0.71	
			一半可信	3.96	0.82	
			大多可信	4.10	0.68	
			全部可信	4.33	0.52	
	社会规范	是否赞成“分类收集人人有责，男女老幼齐参与”	完全不赞成	3.38	0.65	单因素方差分析：$F=11.55^{***}$
			不赞成	4.02	0.65	
			一般	4.02	0.64	
			赞成	4.46	0.54	
			完全赞成	4.64	0.67	
		村内对随意处理生活垃圾的规范	没有规范	3.99	0.71	单因素方差分析：$F=2.90^{*}$
			劝阻和批评	4.18	0.69	
			全村通报批评或罚款	4.23	0.60	
		是否会遵守上级政府对垃圾分类的要求	不会	3.90	0.58	独立性 t 检验：$t=-4.6513^{***}$
			会	4.29	0.70	
不同基础设施因素	环卫设施建设	村内环卫设施能否满足需要	不能	3.52	0.71	独立性 t 检验：$t=-4.9476^{***}$
			能	4.20	0.64	

*、***分别表示在 10%、1%的水平下显著

从农户自身特征对其知觉行为控制的影响来看，见表 5.15，女性对生活垃圾分类处理行为的知觉行为控制水平高于男性。40 岁及以下的农户，其知觉行为控制水平显著高于其他年龄段的农户。已婚农户的知觉行为控制水平高于单身农户，但并未通过独立性 t 检验，表明这种差异并不显著。文化水平越高的农户，其知觉行为控制水平越高，但并未通过差异性检验。就身体状况而言，随着身体状况变差，农户的知觉行为控制水平不断降低。工作经验丰富的农户的知觉行为控制水平高于工作经验缺乏的农户，但并未通过独立性 t 检验。外出从事非农工作的农户，其知觉行为控制水平显著高于其他农户。家庭总收入低的农户，其知觉行为控制水平高于家庭总收入高的农户，但并未通过独立性 t 检验，表明这种差异

并不显著。

表 5.15　不同特征农户的知觉行为控制

特征	变量	说明	均值	标准差	均值差异性检验
人口学特征	性别	女	3.63	1.06	独立性 t 检验：t=0.1732
		男	3.57	0.95	
	年龄	40 岁及以下	4.00	1.04	单因素方差分析：F=3.36**
		41~50 岁	3.88	0.95	
		51~60 岁	3.40	0.98	
		61 岁以上	3.53	0.87	
	婚姻状况	单身	3.36	1.12	独立性 t 检验：t=−0.6236
		已婚	3.58	0.94	
	文化水平	小学及以下	3.47	0.96	单因素方差分析：F=1.40
		初中	3.56	0.93	
		中专或高中	3.74	0.95	
		大专或本科及以上	4.25	0.96	
自身健康特征	健康状况	健康	3.63	0.97	单因素方差分析：F=1.92
		一般	3.34	0.82	
		差	3.20	0.84	
工作特征	工作经验	工作经验缺乏者	3.52	0.95	独立性 t 检验：t=−0.8112
		工作经验丰富者	3.62	0.95	
	是否外出从事非农工作	否	3.46	0.91	独立性 t 检验：t=−3.9796***
		是	4.10	0.97	
收入特征	家庭总收入	家庭总收入低	3.64	0.97	独立性 t 检验：t=1.6016
		家庭总收入高	3.43	0.91	

、*分别表示在 5%、1%的水平下显著

从外在环境因素各个方面对农户知觉行为控制的影响来看，见表 5.16，社会网络小的农户对生活垃圾分类处理行为的知觉行为控制水平低于社会网络大的农户，但未通过独立性 t 检验，表明两者之间的差异并不显著。随着农户对村内其他农户的信任水平的提高，农户的知觉行为控制水平均值呈增长趋势，但并未通过单因素方差分析，表明差异不显著。随着农户对环保标语赞成度的加大，农户的知觉行为控制水平均值显著提升。三种规范带来的农户知觉行为控制差异未通过 F 检验，表明三者之间的差异不显著。会遵守上级政府要求的农户对生活垃圾分类处理的知觉行为控制水平显著高于其他农户。认为村内环卫设施能够满足需求的农户对生活垃圾分类处理的知觉行为控制水平显著高于认为村内环卫设施不

能满足需求的农户。统计结果表明，村内环卫设施的建设将有利于提高农户对生活垃圾分类处理的知觉行为控制水平。

表 5.16 不同外在环境的农户知觉行为控制

因素	变量名称	变量	说明	均值	标准差	均值差异性检验
不同社会环境因素	社会网络	经常走动的亲戚朋友数	数量较少	3.56	0.92	独立性 t 检验：$t=-0.0706$
			数量较多	3.57	1.00	
	社会信任	村内居民可信任吗	几乎不可信任	0.00	0.00	单因素方差分析：$F=0.06$
			少数可信	3.50	0.71	
			一半可信	3.50	0.86	
			大多可信	3.57	0.97	
			全部可信	3.60	0.96	
	社会规范	是否赞成“分类收集人人有责，男女老幼齐参与”	完全不赞成	3.08	0.86	单因素方差分析：$F=10.98^{***}$
			不赞成	3.26	0.85	
			一般	3.60	1.00	
			赞成	3.96	0.84	
			完全赞成	4.64	0.67	
		村内对随意处理生活垃圾的规范	没有规范	3.51	1.01	单因素方差分析：$F=0.57$
			劝阻和批评	3.55	0.93	
			全村通报批评或罚款	3.67	0.90	
		是否会遵守上级政府对垃圾分类的要求	不会	3.26	0.76	独立性 t 检验：$t=-4.5725^{***}$
			会	3.80	1.01	
不同基础设施因素	环卫设施建设	村内环卫设施能否满足需要	不能	3.00	0.50	独立性 t 检验：$t=-5.2711^{***}$
			能	3.64	0.97	

***表示在 1%的水平下显著

上述描述性统计分析基本上印证了本书理论分析的合理性。那么，上述差异对农户生活垃圾分类处理的行为态度、主观规范和知觉行为控制水平有无决定性作用？以上各种关键变量相互间存在怎样的数量关系？后续还有必要对这些进行计量检验。

5.5.3 计量结果分析

本节使用 Stata 13 软件对农户生活垃圾分类处理的行为态度、主观规范和知觉行为控制进行有序 Logit 模型回归估计。回归结果如表 5.17 所示，三个模型的卡方值分别为 109.86、103.33 和 66.52，在 1%的水平下显著，表明三个模型总体回归效果良好。由于有序 Logit 模型的参数估计结果只能从显著性和符号方面给出有限的信息，为了识别出各变量对农户行为态度、主观规范和知觉行为控制的影响，本节进一步估计各变量的边际效应。

表 5.17　模型回归结果

变量	行为态度		主观规范		知觉行为控制	
	系数	标准误	系数	标准误	系数	标准误
性别	−0.5615	0.9413	1.2751	0.7860	0.1453	0.7610
年龄	0.0024	0.0215	−0.0189	0.0193	−0.0234	0.0172
婚姻状况	0.0416	0.8486	0.0426	0.6960	0.2911	0.6231
文化水平	−0.0988	0.2569	−0.0746	0.2254	−0.1839	0.1986
健康状况	0.1006	0.4000	−0.7226**	0.3364	−0.1122	0.3024
工作经验	0.0069	0.0122	−0.0178	0.0110	−0.0014	0.0099
是否外出从事非农工作	1.5291***	0.5020	1.1337**	0.4458	0.7890**	0.3962
家庭总收入	1.76×10^{-6}	1.42×10^{-6}	2.02×10^{-6}	1.20×10^{-6}	-1.40×10^{-7}	1.13×10^{-6}
经常走动的亲戚朋友数	0.0204	0.0150	0.0227*	0.0129	−0.0022	0.0113
村内居民可信任吗	0.8307***	0.3154	0.6264**	0.2761	−0.3253	0.2380
是否赞成“分类收集人人有责，男女老幼齐参与”	0.3638**	0.1833	0.6057***	0.1682	0.6105***	0.1492
劝阻和批评	0.6162	0.4397	0.7442*	0.3916	0.2564	0.3376
全村通报批评或罚款	0.7746*	0.4361	0.7880**	0.3775	0.5797*	0.3362
是否会遵守上级政府对垃圾分类的要求	2.1579***	0.4158	0.6175*	0.3153	0.6913**	0.2824
村内环卫设施能否满足需要	1.8726***	0.5791	1.1188**	0.4789	0.7819*	0.4063
村内人均收入	-8.16×10^{-5}	5.55×10^{-5}	-6.85×10^{-5}	4.72×10^{-5}	-7.49×0^{-5}	4.13×10^{-5}
开化县	−0.7168**	0.8419	0.4653	0.7300	−0.1208	0.6362
庆元县	0.3391	0.7933	−1.0719	0.6843	0.4965	0.6010
龙泉市	−0.3241	0.7065	−0.2660	0.6103	−0.2645	0.5329
对数似然值	−132.21		−179.65		−272.54	
卡方统计量	109.86***		103.33***		66.52***	
伪决定系数	0.2935		0.2234		0.1088	
观测量	229		229		229	

*、**、***分别表示在 10%、5%和 1%水平下显著

模型回归结果及分析如下所示。

（1）在农户行为态度模型中，外出从事非农工作的农户行为态度水平显著高于其他农户，这是因为外出从事非农工作的农户较其他农户可能拥有更多的机会

了解到生活垃圾污染的危害，相对于其他农户表现出较高的行为态度。

农户对村内居民的信任程度对农户行为态度有着显著的正向影响（表 5.17）。同时边际效应估计结果显示（表 5.18），农户对村内居民越信任，农户行为态度处于高水平的概率越会提高，处于其他水平层次的概率就越低。这是因为邻里信任会促进农户更加重视对公共环境卫生的维护，因而农户行为态度水平往往较高。

表 5.18　各行为态度水平下的边际效应

解释变量	$AT_3=2$	$AT_3=3$	$AT_3=4$	$AT_3=5$
性别	0.0017	0.0148	0.0672	−0.0837
	（0.0027）	（0.0212）	（0.1206）	（0.1436）
年龄	-0.902×10^{6}	−0.0001	−0.0003	0.0003
	（8.25×10^{-5}）	（0.0007）	（0.0024）	（0.0031）
婚姻状况	−0.0002	−0.0013	−0.0046	0.0060
	（0.0032）	（0.0261）	（0.0931）	（0.1224）
文化水平	0.0004	0.0030	0.0108	−0.0143
	（0.0010）	（0.0079）	（0.0281）	（0.0370）
健康状况	−0.0004	−0.0031	−0.0110	0.0145
	（0.0016）	（0.0123）	（0.0438）	（0.0577）
工作经验	-2.62×10^{-5}	−0.0002	−0.0008	0.0010
	（5.21×10^{-5}）	（0.0004）	（0.0013）	（0.0018）
是否外出从事非农工作	−0.0032	−0.0319***	−0.2060***	0.2412***
	（0.0032）	（0.0107）	（0.0730）	（0.0792）
家庭总收入	-6.71×10^{-9}	-5.41×10^{-8}	-1.93×10^{-7}	2.54×10^{-7}
	（8.31×10^{-9}）	（4.57×10^{-8}）	（1.54×10^{-7}）	（2.03×10^{-7}）
经常走动的亲戚朋友数	−0.0001	−0.0006	−0.0022	0.0029
	（0.0001）	（0.0005）	（0.0016）	（0.0021）
村内居民可信任吗	−0.0032	−0.0255**	−0.0911***	0.1199***
	（0.0032）	（0.0114）	（0.0340）	（0.0437）
是否赞成“分类收集人人有责，男女老幼齐参与”	−0.0014	−0.0112*	−0.0399**	0.0525**
	（0.0015）	（0.0062）	（0.0198）	（0.0258）
劝阻和批评	−0.0027	−0.0203	−0.0618	0.0848
	（0.0032）	（0.0151）	（0.0435）	（0.0591）
全村通报批评或罚款	−0.0032	−0.0245	−0.0802*	0.1079*
	（0.0035）	（0.0149）	（0.0441）	（0.0587）
是否会遵守上级政府对垃圾分类的要求	−0.0082	−0.0664***	−0.2368***	0.3114***
	（0.0078）	（0.0208）	（0.0408）	（0.0499）

续表

解释变量	$AT_3=2$	$AT_3=3$	$AT_3=4$	$AT_3=5$
村内环卫设施能否满足需要	−0.0071	−0.0576***	−0.2055***	0.2702***
	(0.0070)	(0.0194)	(0.0697)	(0.0836)
村内人均收入	3.11×10^{-7}	2.51×10^{-6}	8.95×10^{-6}	-1.118×10^{-5}
	(3.59×10^{-7})	(1.80×10^{-6})	(6.06×10^{-6})	(7.91×10^{-6})
开化县	0.0109	0.0695	0.1463***	−0.2267**
	(0.0133)	(0.0454)	(0.0458)	(0.0925)
庆元县	−0.0012	−0.0098	−0.0392	0.0502
	(0.0027)	(0.0217)	(0.0960)	(0.1200)
龙泉市	0.0014	0.0103	0.0347	−0.0464
	(0.0035)	(0.0236)	(0.0730)	(0.0996)

注：括号内为标准误

*、**、***分别表示在 10%、5%和 1%水平下显著

农户对环保标语的赞成度对其行为态度有着显著的正向影响。同时边际效应估计结果显示，农户对环保标语赞成度越大，其行为态度处于高水平的概率越会提高，处于其他水平层次的概率就越低。若随意处理生活垃圾会受到全村通报批评或罚款，那么农户的行为态度水平会显著高于没有规范的农户，对随意处理生活垃圾进行劝阻和批评并未对农户行为态度产生显著的影响。随着对随意处理生活垃圾规范程度的加深，农户行为态度处于高水平层次的概率会提高，处于其他水平层次的概率会降低，以上分析结果可以表明强有力的规章制度能够显著提升农户行为态度水平。遵守上级政府要求的农户，其行为态度水平显著高于其他农户。表明环境保护的宣传教育和规范机制将会使得农户更加清晰明了地认知到随意处置生活垃圾的危害，从而促使农户倾向于赞成花费更多的时间或金钱参与到生活垃圾分类处理中来。由此可知，社会规范对农户生活垃圾分类处理的行为态度有着显著的正向影响，即社会规范性越大，农户越赞成花费时间和金钱来处理生活垃圾。

上述分析认为村内环卫设施满足需求的农户的行为态度水平显著高于其他农户。由此可知，环卫设施建设和对农户生活垃圾分类处理制定制度规范将有助于提升农户生活垃圾分类处理的行为态度水平。另外，性别、年龄、婚姻状况、健康状况、文化水平、工作经验、家庭总收入、村内人均收入对农户行为态度没有显著影响。

（2）在农户主观规范模型中，外出从事非农工作的农户的主观规范水平显著高于仍从事农业工作农户，表明外出从事非农工作农户受他人的影响程度较大。健康状况对农户生活垃圾分类处理的主观规范有着显著的负向影响，表明身体健

康状况越好，农户受到他人和社会的影响越小。

农户经常走动的亲戚朋友数、农户对村内居民的信任程度及其对环保标语的赞成度对农户主观规范有着显著的正向影响。边际效应估计结果显示（表5.19），农户经常走动的亲戚朋友数越多、对村内居民越信任、对环保标语的赞成度越大，农户的主观规范处于高水平的概率越大，处于其他水平层次的概率越低。若随意处理生活垃圾会受到全村通报批评或罚款，那么农户的主观规范水平会显著高于没有规范的农户。同时随着处理生活垃圾规范程度的加深，农户生活垃圾分类处理行为的主观规范处于高水平层次的概率也会增加。对于遵守上级政府要求的农户来说，其主观规范水平显著高于其他农户。表明随着社会网络的扩大、社会信任提高、社会规范的增加，社会对农户生活垃圾分类处理行为的影响增大。这是因为密集的社会联系、邻里信任和有序的社会规范会对随意处理生活垃圾的行为产生群体压力，增加了农户的主观规范。由此可知，社会网络、社会信任和社会规范对农户生活垃圾分类处理行为的主观规范有着显著的正向影响，即农户社会网络规模越大、邻里之间越信任、社会规范性越强，农户生活垃圾分类处理行为受到的社会影响越大。

表5.19 各主观规范水平下的边际效应

解释变量	SN_2=2	SN_2=3	SN_2=4	SN_2=5
性别	−0.0198	−0.1373	0.0019	0.1552**
	（0.0225）	（0.0962）	（0.0439）	（0.0744）
年龄	0.0002	0.0017	0.0010	−0.0028
	（0.0002）	（0.0017）	（0.0010）	（0.0028）
婚姻状况	−0.0004	−0.0038	−0.0021	0.0063
	（0.0061）	（0.0620）	（0.0351）	（0.1031）
文化水平	0.0007	0.0066	0.0038	−0.0111
	（0.0020）	（0.0201）	（0.0114）	（0.0334）
健康状况	0.0063	0.0643**	0.0364*	−0.1071**
	（0.0051）	（0.0294）	（0.0208）	（0.0500）
工作经验	0.0002	0.0016	0.0009	−0.0026
	（0.0001）	（0.0010）	（0.0006）	（0.0016）
是否外出从事非农工作	−0.0064	−0.0843***	−0.0971*	0.1878**
	（0.0046）	（0.0283）	（0.0516）	（0.0778）
家庭总收入	-1.77×10^{-8}	-1.80×10^{-7}*	-1.02×10^{-7}	3.00×10^{-7}*
	（1.58×10^{-8}）	（1.09×10^{-7}）	（6.30×10^{-8}）	（1.74×10^{-7}）
经常走动的亲戚朋友数	−0.0002	−0.0020*	−0.0011	0.0034*
	（0.0002）	（0.0012）	（0.0007）	（0.0019）

续表

解释变量	$SN_2=2$	$SN_2=3$	$SN_2=4$	$SN_2=5$
村内居民可信任吗	−0.0055	−0.0558**	−0.0316**	0.0928**
	(0.0043)	(0.0252)	(0.0157)	(0.0401)
是否赞成“分类收集人人有责，男女老幼齐参与”	−0.0053	−0.0539***	−0.0305***	0.0898***
	(0.0038)	(0.0157)	(0.0111)	(0.0234)
劝阻和批评	−0.0069	−0.0691*	−0.0317	0.1076*
	(0.0056)	(0.0363)	(0.0216)	(0.0568)
全村通报批评或罚款	−0.0071	−0.0726**	−0.0349	0.1146**
	(0.0057)	(0.0345)	(0.0226)	(0.0552)
是否会遵守上级政府对垃圾分类的要求	−0.0054	−0.0550*	−0.0311*	0.0915**
	(0.0046)	(0.0283)	(0.0179)	(0.0463)
村内环卫设施能否满足需要	−0.0098	−0.0996**	−0.0564*	0.1658**
	(0.0078)	(0.0394)	(0.0335)	(0.0730)
村内人均收入	5.99×10^{-7}	6.1×10^{-6}	3.45×10^{-6}	-1.01×10^{-5}
	(5.68×10^{-7})	(4.2×10^{-6})	(2.60×10^{-6})	(6.98×10^{-6})
开化县	−0.0035	−0.0392	−0.0296	0.0723
	(0.0053)	(0.0585)	(0.0548)	(0.1176)
庆元县	0.0118	0.1059	0.0305**	−0.1482*
	(0.0123)	(0.0739)	(0.0153)	(0.0857)
龙泉市	0.0025	0.0242	0.0123	−0.0390
	(0.0063)	(0.0567)	(0.0259)	(0.0884)

注：括号内为标准误

*、**、***分别表示在 10%、5%和 1%水平下显著

由上述结果可以看出，认为村内环卫设施满足需求的农户的主观规范水平显著高于其他农户。由此可以推断，环卫设施建设有助于提升农户生活垃圾分类处理的主观规范水平。另外，家庭总收入对农户的主观规范有着显著的正向影响，但这种影响相对较小。性别、年龄、婚姻状况、文化水平、工作经验、村内人均收入对农户生活垃圾分类处理的主观规范没有显著影响。

（3）在农户知觉行为控制模型中，外出从事非农工作的农户，其知觉行为控制水平显著高于其他农户，这是因为外出从事非农工作的农户较其他农户有着更多的学习机会来增加其妥善处理生活垃圾的能力，相对于其他农户表现出较高的知觉行为控制水平。

农户经常走动的亲戚朋友数和农户对村内居民的信任程度对农户的知觉行为控制水平没有显著影响（表 5.17）。农户对环保标语的赞成度对其知觉行为控制

水平有着显著的正向影响。边际效应估计结果显示（表 5.20），对环保标语的赞成度越大，农户的知觉行为控制处于高水平的概率越会提高，处于其他水平层次的概率越低。随意处理生活垃圾会受到全村通报批评或罚款的农户的知觉行为控制水平显著高于没有规范的农户，对随意处理生活垃圾进行劝阻和批评对农户的知觉行为控制水平没有显著影响。同时随着对随意处理生活垃圾规范程度的加深，农户的知觉行为控制处于中高和高水平层次的概率会提高。会遵守上级政府要求的农户的知觉行为控制水平显著高于其他农户。由此可知，社会规范对农户生活垃圾分类处理行为的知觉行为控制水平有着正向显著影响，即社会规范性越大，农户越容易控制自己的行为，这是因为社会规范可以通过奖惩机制有效地增强农户对生活垃圾分类处理行为的控制能力。

表 5.20 各知觉行为控制水平下的边际效应

解释变量	$PBC_2=1$	$PBC_2=2$	$PBC_2=3$	$PBC_2=4$	$PBC_2=5$
性别	−0.0013	−0.0125	−0.0153	0.0107	0.0184
	(0.0076)	(0.0682)	(0.0772)	(0.0596)	(0.0934)
年龄	0.0002	0.0019	0.0025	−0.0016	−0.0031
	(0.0002)	(0.0015)	(0.0019)	(0.0012)	(0.0022)
婚姻状况	−0.0025	−0.0241	−0.0317	0.0202	0.0382
	(0.0057)	(0.0516)	(0.0681)	(0.0434)	(0.0817)
文化水平	0.0016	0.0152	0.0200	−0.0128	−0.0241
	(0.0020)	(0.0166)	(0.0215)	(0.0138)	(0.0261)
健康状况	0.0010	0.0093	0.0122	−0.0078	−0.0147
	(0.0027)	(0.0250)	(0.0331)	(0.0210)	(0.0397)
工作经验	1.25×10^{-5}	0.0001	0.0002	−0.0001	−0.0002
	(8.63×10^{-5})	(0.0008)	(0.0011)	(0.0007)	(0.0013)
是否外出从事非农工作	−0.0050	-0.0540^{**}	-0.0994^{*}	0.0398^{**}	0.1186^{*}
	(0.0039)	(0.0233)	(0.0544)	(0.0161)	(0.0663)
家庭总收入	1.22×10^{-9}	1.16×10^{-8}	1.53×10^{-8}	-9.74×10^{-9}	-1.84×10^{-8}
	(9.82×10^{-9})	(9.34×10^{-8})	(1.23×10^{-7})	(7.85×10^{-8})	(1.48×10^{-7})
经常走动的亲戚朋友数	1.95×10^{-5}	0.0002	0.0002	−0.0002	−0.0003
	(9.89×10^{-5})	(0.0009)	(0.0012)	(0.0008)	(0.0015)
村内居民可信任吗	0.0028	0.0270	0.0355	−0.0226	−0.0426
	(0.0028)	(0.0200)	(0.0260)	(0.0170)	(0.0311)
是否赞成“分类收集人人有责，男女老幼齐参与”	−0.0053	-0.0506^{***}	-0.0665^{***}	0.0424^{***}	0.0800^{***}
	(0.0039)	(0.0144)	(0.0156)	(0.0119)	(0.0193)

续表

解释变量	$PBC_2=1$	$PBC_2=2$	$PBC_2=3$	$PBC_2=4$	$PBC_2=5$
劝阻和批评	−0.0025	−0.0228	−0.0261	0.0197	0.0318
	(0.0038)	(0.0301)	(0.0344)	(0.0257)	(0.0420)
全村通报批评或罚款	−0.0050	−0.0470*	−0.0635*	0.0380*	0.0775*
	(0.0045)	(0.0278)	(0.0369)	(0.0222)	(0.0456)
是否会遵守上级政府对垃圾分类的要求	−0.0060	−0.0573**	−0.0753**	0.0480**	0.0906**
	(0.0048)	(0.0244)	(0.0304)	(0.0194)	(0.0377)
村内环卫设施能否满足需要	−0.0068	−0.0648*	−0.0852*	0.0543*	0.1025*
	(0.0059)	(0.0331)	(0.0463)	(0.0287)	(0.0543)
村内人均收入	6.50×10^{-8}	6.21×10^{-7}	8.16×10^{-7}	-5.20×10^{-7}	-9.82×10^{-7}
	(3.61×10^{-7})	(3.42×10^{-6})	(4.50×10^{-6})	(2.86×10^{-6})	(5.41×10^{-6})
开化县	0.0011	0.0102	0.0129	−0.0086	−0.0156
	(0.0060)	(0.0547)	(0.0663)	(0.0458)	(0.0812)
庆元县	−0.0038	−0.0381	−0.0570	0.0302	0.0688
	(0.0048)	(0.0429)	(0.0715)	(0.0311)	(0.0875)
龙泉市	0.0024	0.0227	0.0286	−0.0202	−0.0336
	(0.0053)	(0.0474)	(0.0568)	(0.0438)	(0.0655)

注：括号内为标准误

*、**、***分别表示在 10%、5%和 1%水平下显著

由表 5.17 和表 5.20 可知，认为村内环卫设施满足需求的农户的知觉行为控制水平显著高于其他农户，这是因为环卫设施建设满足了农户处理生活垃圾的需求，为农户提供了便利，使其能够轻易妥善处理生活垃圾。由此可知，环卫设施建设将有助于提升农户生活垃圾分类处理的知觉行为控制水平。另外，性别、年龄、婚姻状况、健康状况、文化水平、工作经验、家庭总收入、村内人均收入对农户的知觉行为控制没有显著影响。

本章基于实地调研数据，运用有序 Logit 回归模型，分析了农户自身特征和外在环境因素对农户生活垃圾分类处理的行为态度、主观规范和知觉行为控制的影响。研究结果表明：①在农户自身特征变量中，外出从事非农工作的农户在行为态度、主观规范和知觉行为控制上比其他农户有着更高的水平。健康状况主要对农户主观规范有着显著的负向影响。其他农户特征并未在统计意义上显示出对其生活垃圾分类处理行为的行为态度、主观规范和知觉行为控制有显著影响。②在外在环境因素中，农户所处的社会网络只对其主观规范有正向显著影响；农户所在村庄的居民信任程度对农户行为态度和主观规范有显著的正向影响；农户所在村庄的社会规范对农户行为态度、主观规范和知觉行为控制都有着正向显著

影响；环卫设施建设正向显著影响农户生活垃圾分类处理的行为态度、主观规范和知觉行为控制。

5.6 本章小结

本章的主要任务是对 2.3 节“农户参与农村生活垃圾分类处理行为分析框架”解构出的农户参与农村生活垃圾分类处理行为驱动机制进行实证检验，系统讨论农户参与农村生活垃圾分类处理行为机制，分析农户特征变量及社会、经济、市场、政策等外界环境对农户参与行为机制的影响。本章以浙江省四县（区、市）229 位农户的问卷数据为实证研究样本，运用结构方程模型和有序 Logit 模型分析了影响农户生活垃圾分类处理行为的主要因素及其影响机制，为提出促进农户参与生活垃圾分类处理行为的政策优化措施奠定基础。本章主要结论如下。

（1）农户参与生活垃圾分类处理的行为态度、主观规范、知觉行为控制和行为意愿对农户参与生活垃圾分类处理行为有显著正向影响。在对农户参与生活垃圾分类处理行为的影响因素中，农户参与生活垃圾分类处理的主观规范影响最大（0.425），知觉行为控制次之（0.257），行为态度的影响最小（0.093），表明农户参与生活垃圾分类处理主观规范是其生活垃圾分类处理行为的重要影响因素。此外，农户参与生活垃圾分类处理的行为意愿受到其行为态度和主观规范的正向显著影响，但并未受到知觉行为控制的显著影响。

（2）农户参与生活垃圾分类处理的主观规范对农户参与生活垃圾分类处理行为的影响有两个方面：一方面通过影响农户的行为意愿来间接影响其行为，另一方面直接影响农户行为。其中，主观规范的直接效应（0.357）大于其间接效应（0.068）。另外，农户参与生活垃圾分类处理的行为态度通过影响农户行为意愿间接影响农户参与生活垃圾分类处理行为；农户参与生活垃圾分类处理的行为意愿和知觉行为控制直接影响农户参与生活垃圾分类处理行为。

（3）农户自身特征和外在环境因素通过影响农户参与生活垃圾分类处理的行为态度、主观规范和知觉行为控制来间接影响其行为意愿和行为。

（4）在农户自身特征和外在环境因素中，外在环境因素是影响农户参与生活垃圾分类处理行为态度、主观规范和知觉行为控制的重要因素。其中，农户所处的社会网络只对其主观规范有正向显著影响，农户所处农村的居民信任程度对农户行为态度和主观规范有正向显著影响，农户所处农村的社会规范对农户行为态度、主观规范和知觉行为控制都有着正向显著影响。环卫设施建设正向显著影响农户参与生活垃圾分类处理的行为态度、主观规范和知觉行为控制。在较高水平外在环境因素的区域，农户行为态度、主观规范和知觉行为控制水平较高。由此可知，扩大农户所处的社会网络、提高农户对周围村民的信任程度、制定有效的社会规范、加强环卫设施建设，都将会助力改善农户的生活垃圾分类处理行为。

6 农户参与农村生活垃圾分类意愿与行为背离机制研究

本章研究以 4.2.2 节"抽样设计及一轮调研"为数据来源，主要目标是实证检验 2.3 节"农户参与农村生活垃圾分类处理行为分析框架"中解构出的农户参与生活垃圾分类处理意愿与行为的背离机制，以期通过理论与实证相结合的方法，系统性地回答农户参与生活垃圾分类处理意愿与行为的背离问题，并提出解决方案。

6.1 理论分析

基于 2.3.2 节"农户参与农村生活垃圾分类处理行为分析框架的解构"中的农户参与生活垃圾分类处理意愿与行为的背离机制可以看出，农户的行为态度、主观规范、知觉行为控制及农户的个体特征因素对其生活垃圾分类意愿与行为的一致性有着显著影响，其中知觉行为控制的影响最大。知觉行为控制对意愿与行为一致性的影响主要有两个方面：一方面直接对农户生活垃圾分类意愿产生影响，另一方面也将直接作用于分类行为。在对意愿与行为一致性影响因素的分析中发现，生活垃圾分类处理是否为负担、亲朋邻里的分类情况、是否了解生活垃圾分类的标准和要求、垃圾收集设施的类别数量、是否安排保洁员均对意愿与行为的一致性有显著影响。同时，根据影响分类意愿与行为一致性的显著因素，对农户的群体特征进行分析，找出具有何种特征的农户的意愿与行为的一致性程度较高。分析发现，加大对农户的生活垃圾分类知识宣传的力度，扩宽农户的社会网络，制定相关的社会规范条例，提高垃圾分类的基础设施水平等，都可以促进农户形成垃圾分类意愿，产生垃圾分类行为，从而提高其垃圾分类意愿与行为的一致性程度。

6.2 研究设计

6.2.1 数据来源

垃圾分类是一场发展理念和生活方式的深刻革命，是一场不折不扣的社会变革，既是民生关键小事，又是关乎生态文明建设的大事。结合第 5 章的分析结果，农户生活垃圾分类处理的行为意愿对其生活垃圾分类处理行为有正向影响，即行为意愿是导致行为发生的主要原因，但众多研究表明，意愿与行为之间往往是背离的。那么，是何种因素导致了意愿与行为的背离呢？又该如何抑制意愿与行为的背离呢？基于以上考虑，本章将基于 4.2.2 节“抽样设计及一轮调研”中所获的浙江省 522 份农户问卷进行分析，以回答上述问题。

6.2.2　模型选择

在分析样本农户的生活垃圾分类意愿、行为与其一致性的影响因素及农户的生活垃圾分类特征时采用了二元 Logistic 模型和聚类分析方法。在描述统计阶段，可以从样本总体层面观察到某些影响农户生活垃圾分类的因素，但这仅仅是在描述统计上的反映，实际上这些影响因素是否真正作用于农户的垃圾分类行为还需要采取更加科学准确的方法加以证明，目前比较成熟的就是计量经济学方法。因此在本章的研究中，采取了二元 Logistic 模型和聚类分析方法对农户生活垃圾分类意愿、行为及其一致性的影响因素和农户的特征进行分析。

6.2.2.1　二元 Logistic 回归

本章主要是针对农户生活垃圾分类意愿与行为一致性的影响因素进行研究，可将农户生活垃圾分类意愿、行为及其一致性作为因变量，其他相关影响因素作为自变量，通过多元回归的方法来解释因变量与自变量之间的相关关系。线性回归模型是研究这类问题最普遍的方法，但线性分析要求因变量必须是连续变量，但是由于农户生活垃圾分类意愿、行为及其一致性是一个二分变量（若有意愿/有行为/一致则 Y=1，反之 Y=0），一般的多元线性回归不适用，所以选择二元 Logistic 回归进行分析。该模型根据 Logistic 函数即增长函数建立，Logistic 函数主要用于分析事件发生的可能性，其表达式见式（6.1）：

$$P\left(y_i = 1|x_i\right) = P_i = \frac{1}{1+\mathrm{e}^{-(\beta_0+\beta_i x_i+\varepsilon_i)}} = \frac{\mathrm{e}^{\beta_0+\beta_i x_i+\varepsilon_i}}{1+\mathrm{e}^{\beta_0+\beta_i x_i+\varepsilon_i}} \tag{6.1}$$

式中，y 为二分类变量，取值是 1 或 0，y_i=1 表示事件发生；y_i=0 表示事件不发生；x_i 为自变量；ε_i 为误差项。

由式（6.2）可知，事件发生概率和不发生概率之比为

$$\frac{P_i}{1-P_i} = \mathrm{e}^{\beta_0+\beta_i x_i+\varepsilon_i} \tag{6.2}$$

由于 $P_i \in (0,1)$，所以式（6.2）左侧大于 0，将其取对数得到线性函数，将因变量与自变量的非线性关系转换为线性关系，可以使用 Logistic 模型来分析特定

情况下事件发生的概率。

$$\ln\left(\frac{P_i}{1-P_i}\right)=\beta_0+\beta_1 x_1+\cdots+\beta_i x_i+\varepsilon_i \tag{6.3}$$

Logistic 模型在研究农户的生活垃圾分类意愿、行为及其影响因素方面有着广泛的应用。林丽梅等（2017）使用 Logistic 回归模型，以治理情景为调节变量对农户生活垃圾集中处理的认知和行为响应的影响因素进行了分析；吴建（2012）使用 Logistic 模型对农户生活垃圾集中处理费用的支付意愿进行了分析；陈绍军等（2015）利用 Logistic 模型研究居民分类意愿与行为的背离，从而进一步研究城市居民生活垃圾的分类机制；王瑞梅等（2015）使用了 Logistic 回归模型对农户固体废弃物排放行为的影响因素进行了实证分析。

6.2.2.2　聚类分析

通过二元 Logistic 回归，我们可以得到影响农户生活垃圾分类意愿与行为一致性的显著因素，但只是在变量层面分析了哪些变量会显著影响农户生活垃圾分类意愿与行为的一致性，并不能够说明拥有何种特征的农户在意愿与行为的一致性上会产生背离，换句话说，就是具有何种特征的农户的分类意愿与行为的一致性程度较高。根据前文得到的显著因素将农户分为若干类，用每类中分类意愿与行为一致的农户数量比例来说明该类农户的一致性情况，将每类进行比较，可以观察出生活垃圾分类意愿与行为一致性程度高的农户类别及该类的农户特征。

在各类研究领域中，聚类分析也被广泛用于对各类群体进行细分。谭雪兰等（2015）借助 SPSS 等软件，利用聚类分析方法对长沙市农村居民点地域分异特征、地域类型进行分析，并提出相应的调控路径。睢党臣和肖文平（2014）利用 2011 年全国 31 个省区市数据分析得出其农村公共服务质量的综合排名，进一步根据因子综合得分，运用聚类分析方法进行划分，并分析每类地区农村公共服务质量差异性，最后提出提升农村公共服务质量的具体路径。邓斌和孙建敏（2013）利用聚类分析方法和因子分析对我国粮油上市公司的经营绩效进行综合评价。张改素等（2013）基于人均、地均指标构成的经济密度综合指数，运用聚类分析方法，对 2000 年以来中部地区整体、省域、市域经济密度的时空分异进行研究。王媛等（2013）利用系统聚类的方法，以影响碳排放绩效为主要指标将全国分为七个区域，分析中国影响碳排放绩效的区域差异性。施晟等（2012）利用聚类分析方法对中国现代农业发展的阶段进行定位。

聚类分析主要包括两阶聚类（two step cluster，TSC）、K-均值聚类、系统聚类等。SPSS 24.0 软件中的两阶聚类法采用对数极大似然估计值度量类间距离，可以同时处理分类变量和连续变量，可以对连续变量自动进行标准化处理，并且可以自动选择最佳聚类数量，有利于研究者在无任何先验知识时进行探索。通过聚类分析，可以得到分类意愿与行为一致性程度高的农户的群体特征，在未来提高其意愿与行为的一致性和农村生活垃圾分类水平方面具有重要的实践指导意义。

6.2.3 变量选取

农户生活垃圾分类意愿与行为的一致性是提高农村生活垃圾分类水平的重要手段，从实地调研的情况来看，虽然有六成左右的农户意愿与行为趋于一致，但仍有近四成的农户存在不一致的情况。结合现有的研究经验、行业内专家的意见以及实际调研的情况，选择“农户生活垃圾分类意愿”“农户生活垃圾分类行为”“农户生活垃圾分类意愿与行为的一致性”为因变量。

6.2.3.1 因变量为意愿的自变量选取及解释

农户的行为是受到意愿支配和驱动的，分类意愿是分类行为产生的基础，当居民缺乏分类意愿时，分类行为不会产生；当居民具有分类意愿时，分类行为也不一定会产生，会受到其他因素的影响，所以分类意愿是分类行为产生的必要条件而非充分条件。因此本书在研究过程中率先考虑影响农户生活垃圾分类意愿的因素。本书结合五个研究地区的农村实际，借鉴已有的相关文献研究，在系统性、可行性、科学性、综合性原则的指导下，选取以下自变量，如表 6.1 所示。

表 6.1 自变量情况说明（一）

变量说明	变量	代码	预测方向
行为态度	生活垃圾分类是否为负担	X_1	−
	生活垃圾不分类是否有影响	X_2	+
	是否愿意为生活垃圾分类付费	X_3	+
主观规范	村里对垃圾分类是否有明文规定	X_4	+
	党员、村干部是否带头进行垃圾分类处理	X_5	+
	您身边的亲戚朋友的生活垃圾分类情况	X_6	+
	生活垃圾不分类是否有人指责	X_7	+
知觉行为控制	是否了解生活垃圾分类的标准和要求	X_8	+/−
	垃圾收集设施的类别数量	X_9	−
	是否有安排保洁员	X_{10}	+
	村内生活垃圾分类是否收费	X_{11}	+

1. 行为态度

（1）生活垃圾分类是否为负担（X_1）。如果农户认为在日常生活中进行垃圾分类是一种负担，那么就会认为垃圾分类是一项繁琐的工作，会影响其日常生活，因此越认为生活垃圾分类是负担的农户其分类意愿越低，因此，该变量的预期方向为负。

（2）生活垃圾不分类是否有影响（X_2）。如果农户认为生活垃圾不分类有影响，那么就意味着他们了解生活垃圾分类知识，知道生活垃圾分类的好处，那么他们的生活垃圾分类意愿也就越高，因此，该变量的预期方向为正。

（3）是否愿意为生活垃圾分类付费（X_3）。为生活垃圾分类付费意味着农户对生活垃圾分类有一定的了解，为生活垃圾付费也能够督促农户在生活中养成垃圾分类的习惯。如果农户愿意为生活垃圾分类付费，那么其在生活中垃圾分类的意愿就越高，因此，该变量的预期方向为正。

2. 主观规范

（1）村里对垃圾分类是否有明文规定（X_4）。如果本村有关于垃圾分类的明文规定或相关的文件，那么农户生活垃圾分类的意愿就越高，因此，该变量的预期方向为正。

（2）党员、村干部是否带头进行垃圾分类处理（X_5）。如果本村的党员和村干部带头进行生活垃圾分类处理，那么农户生活垃圾分类的意愿就较高，因此，该变量的预期方向为正。

（3）您身边的亲戚朋友的生活垃圾分类情况（X_6）。问卷调研将亲戚朋友的生活垃圾分类情况分为五个等级，其中基本没有为1，将近全部为5。显而易见，亲戚朋友的生活垃圾分类程度越高，那么就越会影响农户的生活垃圾分类处理习惯，就越容易产生垃圾分类意愿。因此，该变量的预期影响方向为正，即亲戚朋友的生活垃圾分类程度越高，农户越愿意进行垃圾分类。

（4）生活垃圾不分类是否有人指责（X_7）。如果农户生活垃圾没有分类投放会受到指责，那么就会影响农户对垃圾分类的处理办法，即提高其垃圾分类的意愿，因此，该变量的预期方向为正。

3. 知觉行为控制

（1）是否了解生活垃圾分类的标准和要求（X_8）。农户对生活垃圾分类的标准和要求越了解，一方面可能会提高其生活垃圾分类意愿，但另一方面也存在农户了解垃圾分类的标准和要求后，认为垃圾分类比较麻烦，也就越不愿意进行生活垃圾分类，因此，该变量的预期方向不确定。

（2）垃圾收集设施的类别数量（X_9）。农村垃圾收集设施的类别越多，可能会给不了解具体分类标准的农户造成困扰，降低其生活垃圾分类意愿，因此，该变量的预期方向为负。

（3）是否有安排保洁员（X_{10}）。如果本村有安排卫生保洁员，那么生活垃圾分类就由专人负责，可以上门收垃圾，统一进行生活垃圾分类，这样就大大降低了农户乱扔垃圾的概率，也可以提高农户的生活垃圾分类意愿，因此，该变量的预期方向为正。

（4）村内生活垃圾分类是否收费（X_{11}）。如果本村的生活垃圾分类向农户收费，那么农户在付费的情况下会提高其生活垃圾分类意愿，因此，该变量的预期方向为正。

4. 农户个体特征因素

（1）年龄（G_1）。年轻人较年长者更倾向于实行生活垃圾分类，且前者比后者接受新鲜事物的能力更强，更容易接受垃圾分类的知识，因此，年轻人更愿意进行生活垃圾分类。

（2）性别（G_2）。受我国传统思想的影响，相较于男性，女性从事更多的家务劳动，是家务劳动的主要承担者，是生活垃圾的管理主体，更注重家庭环境卫生的整洁，因此，更愿意为了更好地居住环境而进行垃圾分类。

（3）受教育程度（G_3）。农户的受教育程度越高，对垃圾分类的好处就越了解，其生活垃圾分类意愿也就越强，因此，受教育程度对农户生活垃圾分类意愿一般有正向的影响关系。

（4）月均收入（G_4）。农户的月均收入越高，对生活环境质量的期望也会越高，对垃圾进行分类的意愿也会越高，因此，农户月均收入水平对其生活垃圾分类意愿有正向影响关系。

（5）家庭常住人口（G_5）。一般说来，常住人口越多的家庭，生活垃圾的产量更多，对生活垃圾分类的问题会更关注，会更愿意进行垃圾分类。

（6）是否为村干部（G_6）。如果农户在村内担任村干部，那么其受教育程度一般较高，知道垃圾分类是一项保护环境的正确做法，因此，会有较高的分类意愿。

6.2.3.2 因变量为行为的自变量选取及解释

农户有生活垃圾分类意愿并不意味着其在生活中就有垃圾分类行为，因此还要考虑农户在有分类意愿的前提下是否会产生分类行为。因此本书的第二个因变量选择为农户生活垃圾分类行为。本书结合五个研究地区的农村实际，借鉴已有的相关文献研究，在系统性、可行性、科学性、综合性原则的指导下，选取以下自变量，如表 6.2 所示。

表 6.2　自变量情况说明（二）

因变量	变量说明	变量	代码	预测方向
农户生活垃圾分类行为	农户生活垃圾分类意愿	是否愿意进行生活垃圾分类	Y_1	+
	知觉行为控制	是否了解生活垃圾分类的标准和要求	X_8	+/−
		垃圾收集设施的类别数量	X_9	−
		是否有安排保洁员	X_{10}	+
		村内生活垃圾分类是否收费	X_{11}	+
	农户个体特征因素	年龄	G_1	−
		性别	G_2	−
		受教育程度	G_3	+
		月均收入	G_4	+
		家庭常住人口	G_5	+
		是否为村干部	G_6	+

1. 农户生活垃圾分类意愿

根据计划行为理论分析，农户的生活垃圾分类意愿会对其分类行为产生影响，因此，农户的生活垃圾分类意愿不仅是因变量，同时也是影响农户生活垃圾分类行为的自变量。一般来说，农户的生活垃圾分类意愿与其行为之间存在正向关系，即农户越有生活垃圾分类意愿，那么就越有可能进行生活垃圾分类。因此，该变量的预期方向为正。

2. 知觉行为控制

（1）是否了解生活垃圾分类的标准和要求（X_8）。农户对生活垃圾分类的标准和要求越了解，就越可能产生生活垃圾分类行为，但也可能存在居民因分类标准复杂而懒得分类的情况。因此，该变量的预期方向不确定。

（2）垃圾收集设施的类别数量（X_9）。垃圾收集设施的类别数量越多，越会给农户生活垃圾分类造成负担，降低其垃圾分类的意愿，也会使其减少分类行为。因此，该变量的预期方向为负。

（3）是否有安排保洁员（X_{10}）。如果本村有安排卫生保洁员，那么本村的生活垃圾分类就会统一进行处理，可以让农户耳濡目染地养成生活垃圾分类的习惯，也就可以促使其产生分类行为。因此，该变量的预期方向为正。

（4）村内生活垃圾分类是否收费（X_{11}）。如果本村的生活垃圾分类向农户收费，那么农户在付费的情况下会自觉产生生活垃圾分类行为。因此，该变量的预期方向为正。

3. 农户个体特征因素

（1）年龄（G_1）。年轻人较年长者更倾向于实行生活垃圾分类，且前者比后者分类更为细致。年龄的趋势主要是因为年轻人的受教育程度普遍高于年长者，更容易接受垃圾分类知识，对垃圾分类的好处了解得更全面，也就更容易产生垃圾分类行为。

（2）性别（G_2）。受我国传统思想的影响，相较于男性，女性从事更多的家务劳动，是家务劳动的主要承担者，是生活垃圾的管理主体，更注重家庭环境卫生的整洁，因此接触垃圾分类的机会更多，也就更容易产生生活垃圾分类行为。

（3）受教育程度（G_3）。农户对生活垃圾的分类行为与其受教育程度有直接关系。一般受教育程度更高的农户，接受新事物的能力更强，会通过各种途径了解到生活垃圾对生活环境的影响，对环保知识更了解，从而更有可能产生生活垃圾分类行为。因此，受教育程度对农户生活垃圾分类行为一般有正向的影响关系。

（4）月均收入（G_4）。农户的月均收入与生活垃圾的产量有密切关系，因此选择月均收入作为影响分类行为的因素之一。农户的月均收入越高，对生活环境质量的期望也会越高，主观上也愿意投入一定的资金进行生活垃圾分类处理。因此，农户月均收入水平对其生活垃圾分类行为有正向影响关系。

（5）家庭常住人口（G_5）。一般说来，常住人口越多的家庭，生活垃圾的产量会越多，对生活垃圾分类的问题会更关注，会更容易产生生活垃圾分类行为。因此，该变量的预期方向为正。

（6）是否为村干部（G_6）。生活垃圾的分类状况与其是否为村干部有相关关系。如果农户在村内担任村干部，那么其受教育程度一般较高，对农村环境的要求就更高，也更愿意接受更多的环境保护知识，会自觉地进行生活垃圾分类，也能更有效地调动其他农户参与到垃圾分类中。因此，该变量的预期方向为正。

6.2.3.3 因变量为意愿与行为一致性的自变量选取及解释

在前文对农户生活垃圾分类意愿与行为进行分析后，本书第三个因变量选择为农户生活垃圾分类意愿与行为的一致性。自变量说明及预测方向如表 6.3 所示，自变量预测方向解释与上述意愿与行为一致，这里不再过多描述。

表 6.3 自变量情况说明（三）

因变量	变量说明	变量	代码	预测方向
农户生活垃圾分类意愿与行为的一致性	行为态度	生活垃圾分类是否为负担	X_1	−
		生活垃圾不分类是否有影响	X_2	+
		是否愿意为生活垃圾分类付费	X_3	+

续表

因变量	变量说明	变量	代码	预测方向
农户生活垃圾分类意愿与行为的一致性	主观规范	村里对垃圾分类是否有明文规定	X_4	+
		党员、村干部是否带头进行垃圾分类处理	X_5	+
		您身边的亲戚朋友的生活垃圾分类情况	X_6	+
		生活垃圾不分类是否有人指责	X_7	+
	知觉行为控制	是否了解生活垃圾分类的标准和要求	X_8	+/−
		垃圾收集设施的类别数量	X_9	+
		是否有安排保洁员	X_{10}	+
		村内生活垃圾分类是否收费	X_{11}	+
	农户个体特征因素	年龄	G_1	+
		性别	G_2	−
		受教育程度	G_3	+
		月均收入	G_4	+
		家庭常住人口	G_5	+
		是否为村干部	G_6	+

6.2.4 关键变量的描述性统计分析

6.2.4.1 农户生活垃圾分类意愿现状分析

浙江省目前没有针对农户生活垃圾分类意愿与行为的宏观统计数据，因此本章对农户生活垃圾分类意愿、行为及其一致性的现状分析是以样本点的调查数据为基础进行分析的。本节对样本点的农户的生活垃圾分类处理方式进行统计描述分析，在农户的分类意愿方面，以问卷中的“您是否愿意进行生活垃圾分类处理”来体现，分为“愿意”与“不愿意”两种态度。

就不同县（区、市）而言，虽然各县（区、市）农户的生活垃圾分类意愿存在一定的差异，但各县（区、市）愿意进行生活垃圾分类的农户人数均超过该地总数的 70%。如表 6.4 所示，在全部样本点农户中，愿意进行生活垃圾分类的占 76.05%，不愿意的占 23.95%。海宁市的农户的生活垃圾分类意愿程度最高（达到 83.33%）。松阳县的农户的生活垃圾分类意愿程度在五个县（区、市）中最低，占 71.43%，其次是浦江县，占 74.79%。临安区和江山市的农户的生活垃圾分类意愿差别不大，分别为 79.12%、78.57%。但仅分县（区、市）进行统计分析，得不出什么定性结论，因此还需要结合其他指标进行进一步的描述分析。

表 6.4 不同地区农户的生活垃圾分类意愿

县（区、市）	样本数	不同地区农户的生活垃圾分类意愿所占比例	
		愿意	不愿意
总体情况	522	76.05%	23.95%
杭州临安区	91	79.12%	20.88%
嘉兴海宁市	60	83.33%	16.67%
丽水松阳县	168	71.43%	28.57%
金华浦江县	119	74.79%	25.21%
衢州江山市	84	78.57%	21.43%

根据理论分析，农户的行为态度、主观规范和知觉行为控制是其生活垃圾分类的行为意愿的重要影响因素，因此，本书接下来将对各影响因素和农户生活垃圾分类意愿之间的关系进行描述性统计分析，以期发现各影响因素和农户生活垃圾分类意愿之间的相关性。

由表 6.5 可知，在农户的行为态度方面，认为生活垃圾分类不是负担的农户的分类意愿（93.12%）要高于认为是负担的农户的分类意愿（31.25%）；认为生活垃圾不分类有影响的农户的分类意愿比例（83.78%）明显高于认为没有影响的农户（56.16%）；愿意为生活垃圾分类付费的农户比例（89.64%）要高于不愿意付费的农户比例（60.33%），统计描述表明，认为生活垃圾分类不是负担，认为生活垃圾不分类会影响生活且愿意为生活垃圾分类付费的农户的分类意愿较高。

表 6.5 农户生活垃圾分类意愿计划行为理论影响因素的交叉分析

影响因素	变量	说明	样本数	分类意愿所占比例	
				愿意	不愿意
行为态度	生活垃圾分类是否为负担	是	144	31.25%	68.75%
		否	378	93.12%	6.88%
	生活垃圾不分类是否有影响	是	376	83.78%	16.22%
		否	146	56.16%	43.84%
	是否愿意为生活垃圾分类付费	是	280	89.64%	10.36%
		否	242	60.33%	39.67%
主观规范	村里对垃圾分类是否有明文规定	是	213	87.79%	12.21%
		否	309	67.96%	32.04%
	党员、村干部是否带头进行垃圾分类处理	是	261	89.66%	10.34%
		否	261	62.45%	37.55%

续表

影响因素	变量	说明	样本数	分类意愿所占比例	
				愿意	不愿意
主观规范	您身边的亲戚朋友的生活垃圾分类情况	基本没有	135	60.00%	40.00%
		比较少	129	77.52%	22.48%
		一般	129	77.52%	22.48%
		比较多	82	87.80%	12.20%
		将近全部	47	93.62%	6.38%
	生活垃圾不分类是否有人指责	是	206	80.10%	19.90%
		否	316	73.42%	26.58%
知觉行为控制	是否了解生活垃圾分类的标准和要求	是	283	94.35%	5.65%
		否	239	54.39%	45.61%
	垃圾收集设施的类别数量	1 个	236	72.46%	27.54%
		2 个	4	75.00%	25.00%
		3 个	259	78.38%	21.62%
		4 个及以上	23	86.96%	13.04%
	是否有安排保洁员	是	360	79.17%	20.83%
		否	162	69.13%	30.87%
	村内生活垃圾分类是否收费	是	60	85.00%	15.00%
		否	462	74.89%	25.11%

在主观规范方面，村里有关于生活垃圾分类的明文规定的农户，其生活垃圾分类的意愿较高。在农户所在村的党员、村干部带头进行生活垃圾分类的情况下，该村农户的生活垃圾分类意愿也较高（89.66%）。农户身边的亲戚朋友的生活垃圾分类情况也影响着农户的生活垃圾分类意愿。统计描述表明，亲戚朋友越进行生活垃圾分类，农户的分类意愿越高。如果农户垃圾不分类会受到指责的话，那么其分类意愿（80.10%）明显高于不会被指责的农户的分类意愿（73.42%）。

在农户的知觉行为控制方面，了解生活垃圾分类的标准和要求的农户的生活垃圾分类意愿较高，达到 94.35%。随着农村垃圾收集设施类别数量的增多，农户的垃圾分类意愿也会增加。如果农户所在村有安排保洁员，那么愿意分类的农户比例更高（79.17%），表明卫生保洁员的存在可以提高农户的生活垃圾分类意愿。如果该村生活垃圾分类向农户收费，那么收费的村的农户愿意进行生活垃圾分类的比例（85.00%）要高于不收费村的农户的分类意愿比例（74.89%）。

在农户的个体特征方面，农户的分类意愿随着年龄的增加而下降，表明年轻人比年长者更愿意进行生活垃圾分类。男性的生活垃圾分类意愿与女性相比差异不大。在受教育程度方面，高中及以上学历的农户，其意愿较高，达到 95%以上。

农户的生活垃圾分类意愿随着月均收入的增加而提高，月均收入在 4000 元以上的农户的分类意愿达到 100%。在家庭常住人口方面，常住人口数为 2~4 人的农户的生活垃圾分类意愿比例最高，达到 80.63%。在农户村内任职方面，在村内任村干部的农户的分类意愿（97.30%）要高于不任职的农户的分类意愿（72.54%），表明在村内任村干部的农户的分类意愿较高，具体可见表 6.6。

表 6.6　农户生活垃圾分类意愿特征影响因素的交叉分析

影响因素	变量	说明	样本数	分类意愿所占比例	
				愿意	不愿意
农户个体特征因素	年龄	30 岁及以下	74	94.59%	5.41%
		31~50 岁	221	87.78%	12.22%
		51~70 岁	188	64.36%	35.64%
		70 岁以上	39	30.77%	69.23%
	性别	男	255	74.90%	25.10%
		女	267	77.15%	22.85%
	受教育程度	小学及以下	195	50.77%	49.23%
		初中	170	86.47%	13.53%
		高中	113	96.46%	3.54%
		大专及以上	44	95.45%	4.55%
	月均收入	2000 元及以下	253	56.52%	43.48%
		2000（不含）~3000 元	111	91.89%	8.11%
		3000（不含）~4000 元	123	95.12%	4.88%
		4000 元以上	35	100%	0
	家庭常住人口	2 人以下	10	70.00%	30.00%
		2~4 人	191	80.63%	19.37%
		5~6 人	254	77.17%	22.83%
		6 人以上	67	59.70%	40.30%
	是否为村干部	是	74	97.30%	2.70%
		否	448	72.54%	27.46%

6.2.4.2　农户生活垃圾分类意愿行为现状分析

本节对样本点的农户的生活垃圾分类处理方式进行统计描述分析，在农户的分类行为方面，以问卷中的“您家生活垃圾是否有分开装袋处理”这一项问题来体现，分为“分类”与“不分类”两种行为。

就不同县（区、市）而言，虽然各县（区、市）农户的生活垃圾分类行为存在一定的差异，但各县（区、市）在实际生活中进行垃圾分类的农户人数不超过总数的 40%。如表 6.7 所示，在全部样本点农户中，生活中有垃圾分类行为的占 37.93%，没有分类行为的占 62.07%。浦江县的农户的生活垃圾分类行为的比例最高（达到 72.27%）。松阳县的农户的生活垃圾分类行为程度在五个地市中最低，仅占 4.17%，其次是临安区，占 30.77%。海宁市和江山市的农户的生活垃圾分类行为比例差别不大，分别为 55.00%、52.38%。但仅分县（区、市）进行统计分析，得不出什么定性结论，因此还需要结合其他指标进行进一步的描述分析。

表 6.7　不同地区农户的生活垃圾分类行为

县（区、市）	样本数	不同地区农户的生活垃圾分类行为所占比例	
		分类	不分类
总体情况	522	37.93%	62.07%
杭州临安区	91	30.77%	69.23%
嘉兴海宁市	60	55.00%	45.00%
丽水松阳县	168	4.17%	95.83%
金华浦江县	119	72.27%	27.73%
衢州江山市	84	52.38%	47.62%

根据理论框架，农户的知觉行为控制、农户的个体特征因素是其生活垃圾分类行为的重要影响因素，因此，本书接下来将对各影响因素和农户生活垃圾分类行为之间的关系进行描述性统计分析，以期发现各影响因素和农户生活垃圾分类行为之间的相关性。

由表 6.8 可知，在知觉行为控制方面，了解生活垃圾分类的标准和要求的农户在生活中有垃圾分类行为的占 62.54%，明显高于不了解的农户的生活垃圾分类比例（8.79%），由此可知，对生活垃圾分类的标准和要求越了解，农户越容易产生生活垃圾分类行为。农户的生活垃圾分类行为产生的可能性与垃圾收集设施的类别数量呈非单方向变化关系，分类设施数为 1~3 个时，随着设施数量的增加分类行为产生的可能性提高，但是分类设施数达到 4 个及以上时反而下降。如果农户所在村有安排保洁员，那么在生活中有垃圾分类行为的农户的比例（53.33%）要明显高于村里没有保洁员的农户的生活垃圾分类行为的比例（3.70%），即村里有保洁员能够带动农户产生生活垃圾分类行为。如果农户所在村对生活垃圾分类工作进行收费，则在生活中有垃圾分类行为的农户比例（85.00%）要高于不收费村的农户的分类行为比例（31.82%），也就意味着对生活垃圾分类进行收费能够督促农户在生活中养成垃圾分类的习惯。

表 6.8　农户生活垃圾分类行为计划行为理论影响因素的交叉分析

影响因素	变量	说明	样本数	分类行为所占比例	
				分类	不分类
知觉行为控制	是否了解生活垃圾分类的标准和要求	是	283	62.54%	37.46%
		否	239	8.79%	91.21%
	是否有安排保洁员	是	360	53.33%	46.67%
		否	162	3.70%	96.30%
	垃圾收集设施的类别数量	1 个	236	8.47%	91.53%
		2 个	4	25.00%	75.00%
		3 个	259	62.16%	37.84%
		4 个及以上	23	30.43%	69.57%
	村内生活垃圾分类是否收费	是	60	85.00%	15.00%
		否	462	31.82%	68.18%
农户个体特体因素	年龄	30 岁及以下	74	44.59%	55.41%
		31~50 岁	221	44.80%	55.20%
		51~70 岁	188	32.45%	67.55%
		70 岁以上	39	12.82%	87.18%
	性别	男	255	40.39%	59.61%
		女	267	35.58%	64.42%
	受教育程度	小学及以下	195	11.28%	88.72%
		初中	170	44.12%	55.88%
		高中	113	60.18%	39.82%
		大专及以上	44	75.00%	25.00%
	月均收入	2000 元及以下	253	13.83%	86.17%
		2000（不含）~3000 元	111	48.65%	51.35%
		3000（不含）~4000 元	123	65.85%	34.15%
		4000 元以上	35	80.00%	20.00%
	家庭常住人口	2 人以下	10	70.00%	30.00%
		2~4 人	191	46.60%	53.40%
		5~6 人	254	32.68%	67.32%
		6 人以上	67	28.36%	71.64%
	是否为村干部	是	74	83.78%	16.22%
		否	448	30.36%	69.64%

在农户的个体特征方面，年龄范围在31~50岁年龄段的农户的生活垃圾分类行为比例最高，70岁以上的农户的生活垃圾分类行为比例最低。统计描述表明，年轻人较年长者更容易产生生活垃圾分类行为。男性将生活垃圾进行分类的比例（40.39%）高于女性（35.58%），统计描述表明，男性比女性更容易产生生活垃圾分类行为，更能妥善地处理生活垃圾。受教育程度在大专及以上的农户产生垃圾分类行为的比例最高，达到75.00%，并且随着受教育程度的降低，农户产生生活垃圾分类行为的比例也在降低。统计描述表明，农户的生活垃圾分类行为与其月均收入之间存在正相关关系，随着农户月均收入的提高，其产生生活垃圾分类行为的比例也在提高。在家庭常住人口方面，常住人口数2人以下的农户的生活垃圾分类行为比例最高，达到70.00%，6人以上的分类行为比例（28.36%）最低，即随着农户家庭常住人口的增加，农户产生生活垃圾分类行为的比例降低。在农户村内任职方面，如果农户在村内任村干部职位，那么在生活中有垃圾分类行为的比例（83.78%）要高于不任职的农户比例（30.36%），统计描述表明，在村内任村干部能够促使农户产生生活垃圾分类行为。

6.2.4.3 农户生活垃圾分类意愿与行为一致性的现状分析

本节对样本点的农户的生活垃圾分类处理方式进行统计描述分析，在农户生活垃圾分类意愿与行为的一致性方面，以问卷中的“您是否愿意进行生活垃圾分类处理”和“您家生活垃圾是否有分开装袋处理”来体现，分为“一致”与“不一致”两种情况。

农户生活垃圾分类意愿与行为不一致有两种情况：一是有生活垃圾分类意愿但没有分类行为的；二是没有生活垃圾分类意愿但存在分类行为。通过对本书样本情况的分析，不存在垃圾分类意愿却在生活中存在垃圾分类行为的只有3人，所以本书研究农户生活垃圾分类意愿与行为的不一致时主要关注存在垃圾分类意愿但缺乏分类行为的样本农户，农户生活垃圾分类意愿与行为一致性的情况如表6.9所示。

表6.9 农户生活垃圾分类意愿与行为一致性的情况

县（区、市）	样本数	不同地区农户的生活垃圾分类意愿与行为一致性所占比例	
		一致	不一致
总体情况	522	60.73%	39.27%
杭州临安区	91	49.45%	50.55%
嘉兴海宁市	60	73.33%	26.67%
丽水松阳县	168	32.74%	67.26%
金华浦江县	119	94.12%	5.88%
衢州江山市	84	73.81%	26.19%

从五个县（区、市）的总体情况来看，农户生活垃圾分类意愿与行为一致的占 60.73%，也就是说，仍有 39.27%的农户存在生活垃圾分类意愿与行为不一致的情况。上述分析结果显示，浦江县的农户的生活垃圾分类意愿与行为的一致性最高（达到 94.12%），说明在这五个县（区、市）中，浦江县的生活垃圾分类工作走在前列。松阳县农户生活垃圾分类意愿与行为的一致性程度在五个县（区、市）中最低，占 32.74%，其次是临安区，占 49.45%。海宁市和江山市的农户的生活垃圾分类意愿与行为的一致性差别不大，分别为 73.33%、73.81%。但仅分县（区、市）进行统计分析，得不出什么定性结论，因此还需要结合其他指标进行进一步的描述分析。

根据理论分析，农户的行为态度、主观规范和知觉行为控制通过影响行为意愿而间接影响行为，同时知觉行为控制又可以直接对分类行为产生影响。此外，农户的个体特征因素和外部环境因素也对农户的生活垃圾分类行为产生影响。因此，在研究农户生活垃圾分类意愿与行为的一致性情况时，将以上因素综合考虑，对其进行描述性统计分析，以期发现各影响因素与农户意愿与行为一致性之间的相关性。

由表 6.10 可知，在农户的行为态度方面，认为生活垃圾分类不是负担的农户的生活垃圾分类意愿与行为的一致性程度（84.03%）要高于认为是负担的农户的一致性程度（51.85%）。认为生活垃圾不分类有影响的农户的生活垃圾分类意愿与行为的一致性程度(67.02%)高于认为没有影响的农户的一致性程度(44.52%)，即越认为生活垃圾分类有影响的农户的生活垃圾分类意愿与行为的一致性程度越高。愿意为生活垃圾分类付费的农户的意愿与行为的一致性程度（73.21%）要高于不愿意付费的农户的比例（46.28%），即愿意为生活垃圾付费的农户的生活垃圾分类意愿与行为更趋向一致。

表 6.10　农户生活垃圾分类意愿与行为一致性计划行为理论影响因素的交叉分析

影响因素	变量	说明	样本数	一致性所占比例	
				一致	不一致
行为态度	生活垃圾分类是否为负担	是	144	51.85%	48.15%
		否	378	84.03%	15.97%
	生活垃圾不分类是否有影响	是	376	67.02%	32.98%
		否	146	44.52%	55.48%
	是否愿意为生活垃圾分类付费	是	280	73.21%	26.79%
		否	242	46.28%	53.72%

续表

影响因素	变量	说明	样本数	一致性所占比例	
				一致	不一致
主观规范	村里对垃圾分类是否有明文规定	是	213	87.32%	12.68%
		否	309	42.39%	57.61%
	党员、村干部是否带头进行垃圾分类处理	是	261	76.25%	23.75%
		否	261	45.21%	54.79%
	您身边的亲戚朋友的生活垃圾分类情况	基本没有	135	40.00%	60.00%
		比较少	129	37.98%	62.02%
		一般	129	68.22%	31.78%
		比较多	82	97.56%	2.44%
		将近全部	47	97.87%	2.13%
	生活垃圾不分类是否有人指责	是	206	76.21%	23.79%
		否	316	50.63%	49.37%
知觉行为控制	是否了解生活垃圾分类的标准和要求	是	283	66.78%	33.22%
		否	239	53.56%	46.44%
	垃圾收集设施的类别数量	1 个	236	35.17%	64.83%
		2 个	4	50.00%	50.00%
		3 个	259	82.24%	17.76%
		4 个及以上	23	82.61%	17.39%
	是否有安排保洁员	是	360	72.50%	27.50%
		否	162	34.57%	65.43%
	村内生活垃圾分类是否收费	是	60	93.33%	6.67%
		否	462	43.51%	56.49%

在主观规范方面，如果本村有关于生活垃圾分类的明文规定，那么农户的分类意愿与行为的一致性程度会较高。并且如果该村的党员、村干部带头进行生活垃圾分类，那么也会提高该村居民生活垃圾分类意愿与行为的一致性程度（76.25%）。农户身边的亲戚朋友的生活垃圾分类情况也影响着农户的生活垃圾分类意愿与行为的一致性程度。统计描述表明，亲戚朋友的分类情况越多，农户的一致性程度越高。如果农户不分类时会受到指责，那么会提高其分类意愿与行为的一致性程度。

在知觉行为控制方面，了解生活垃圾分类的标准和要求的农户的生活垃圾分类意愿与行为的一致性程度（66.78%）要高于不了解的农户（53.56%）。农户所在村的垃圾收集设施类别数量与农户生活垃圾分类意愿与行为的一致性程度呈正相关关系。如果农户所在村有安排保洁员，那么其分类意愿与行为的一致性程度

（72.50%）要高于没有安排保洁员的农户分类意愿与行为一致性程度（34.57%）。如果该村生活垃圾分类向农户收费，那么收费的村的农户的一致性程度（93.33%）要高于不收费村的农户的一致性程度（43.51%），统计描述表明，向农户收费有利于提高其生活垃圾分类意愿与行为的一致性程度。

在农户的个体特征方面，年龄范围在 70 岁以上的农户的生活垃圾分类意愿与行为一致性比例最高，达到 76.92%，并随着年龄的下降而下降，表明年长者比年轻人生活垃圾分类意愿与行为的一致性更高。男性（65.49%）的生活垃圾分类意愿与行为的一致性程度高于女性（56.18%）。在受教育程度方面，大专及以上学历的农户的意愿与行为的一致性程度最高，达到 75.00%，并且随着受教育程度的降低，一致性呈下降趋势。农户的月均收入与其生活垃圾分类意愿与行为的一致性之间存在正相关关系，随着月均收入的增高，农户生活垃圾分类意愿与行为的一致性程度也在提高。在家庭常住人口方面，常住人口数 2 人以下的农户的生活垃圾分类行为一致性比例最高，达到 80.00%，其次为 6 人以上（68.66%），2~4 人、5~6 人的一致性比例分别为 64.92%和 54.72%，呈现先下降后升高的趋势。在农户村内任职方面，如果农户在村内任村干部职位，那么其意愿与行为的一致性程度（81.08%）要高于不任职的农户的一致性程度（57.37%），具体见表 6.11。

表 6.11　农户生活垃圾分类意愿与行为一致性特征影响因素的交叉分析

影响因素	变量	说明	样本数	一致性所占比例	
				一致	不一致
农户个体特征因素	年龄	30 岁及以下	74	47.30%	52.70%
		31~50 岁	221	56.11%	43.89%
		51~70 岁	188	68.09%	31.91%
		70 岁以上	39	76.92%	23.08%
	性别	男	255	65.49%	34.51%
		女	267	56.18%	43.82%
	受教育程度	小学及以下	195	59.49%	40.51%
		初中	170	56.47%	43.53%
		高中	113	60.18%	39.82%
		大专及以上	44	75.00%	25.00%
	月均收入	2000 元及以下	253	56.52%	43.48%
		2000（不含）~3000 元	111	56.76%	43.24%
		3000（不含）~4000 元	123	67.48%	32.52%
		4000 元以上	35	80.00%	20.00%

续表

影响因素	变量	说明	样本数	一致性所占比例	
				一致	不一致
农户个体特征因素	家庭常住人口	2 人以下	10	80.00%	20.00%
		2~4 人	191	64.92%	35.08%
		5~6 人	254	54.72%	45.28%
		6 人以上	67	68.66%	31.34%
	是否为村干部	是	74	81.08%	18.92%
		否	448	57.37%	42.63%

6.3 实证分析与研究结果

6.3.1 二元 Logistic 回归结果与分析

本书使用 SPSS 24.0 软件进行二元 Logistic 回归，研究农户生活垃圾分类意愿、行为及其一致性的影响因素。首先对 522 份正式问卷进行信度和效度的分析，主要采用 Cronbach's α 系数对变量进行信度检验，结果显示，总体的 Cronbach's α 系数值为 0.759，说明问卷的信度较好，数据具有可靠度；采用主成分分析对问卷效度进行验证，结果显示量表总体的 KMO 值为 0.831，达到显著水平。因此，拒绝 Bartlett 球形检验零假设，可认为本量表建构效度良好。

6.3.1.1 因变量为意愿的结果分析

对农户生活垃圾分类意愿的影响因素进行回归分析，结果如表 6.12 所示。从表 6.12 可以发现，“生活垃圾分类是否为负担”及垃圾收集设施的类别数量与农户生活垃圾分类意愿存在显著负相关关系；“生活垃圾不分类是否有影响”“是否愿意为生活垃圾分类付费”“村里对垃圾分类是否有明文规定”“是否了解生活垃圾分类的标准和要求”对其生活垃圾分类意愿存在正向影响，并且在 1%的水平下显著；“党员、村干部是否带头进行垃圾分类处理”及家庭常住人口对农户生活垃圾分类意愿存在正向影响，但统计上不显著。

表 6.12 农户生活垃圾分类意愿的影响因素回归结果

变量	代码	β	显著性	Exp(β)
生活垃圾分类是否为负担	X_1	-3.144^{***}	0.000	0.043
生活垃圾不分类是否有影响	X_2	1.202^{***}	0.004	3.326

续表

变量	代码	β	显著性	Exp(β)
是否愿意为生活垃圾分类付费	X_3	2.577***	0.000	13.158
村里对垃圾分类是否有明文规定	X_4	1.833***	0.006	6.251
党员、村干部是否带头进行垃圾分类处理	X_5	0.394	0.450	1.483
您身边的亲戚朋友的生活垃圾分类情况	X_6	−0.090	0.730	0.914
生活垃圾不分类是否有人指责	X_7	−0.268	0.575	0.765
是否了解生活垃圾分类的标准和要求	X_8	1.678***	0.002	5.356
垃圾收集设施的类别数量	X_9	−0.688**	0.046	0.503
是否有安排保洁员	X_{10}	−0.089	0.881	0.915
村内生活垃圾分类是否收费	X_{11}	−0.329	0.630	0.719
年龄	G_1	−0.425	0.154	0.654
性别	G_2	−0.178	0.620	0.837
受教育程度	G_3	−0.190	0.560	0.827
月均收入	G_4	−0.009	0.977	0.991
家庭常住人口	G_5	0.180	0.516	1.197
是否为村干部	G_6	−0.764	0.448	0.466
地区控制	D_i	是		
常数项		1.731	0.071	5.649
样本量		522		

注：Exp(β)表示优势比，即变量的发生比

、*分别表示在 5%、1%的水平下显著

模型结果表明，农户的行为态度对其分类意愿具有显著影响，与预期方向一致。其中，“生活垃圾分类是否为负担”对农户生活垃圾分类意愿具有负向影响，即与认为生活垃圾不是负担的农户相比，认为垃圾分类是负担的农户的分类意愿更低。原因可能是当农户认为生活垃圾分类是负担、会消耗他们的时间和资金成本时，他们将不倾向于进行垃圾分类。“生活垃圾不分类是否有影响”和“是否愿意为生活垃圾分类付费”均对农户生活垃圾分类意愿有正向影响。与认为生活垃圾不分类没有影响的农户相比，认为生活垃圾不分类有影响的农户的分类意愿更高，并且愿意为生活垃圾分类付费的农户的分类意愿要高于不愿意付费的农户的分类意愿，这是因为如果农户认为生活垃圾不分类已经对他们的生活造成影响，那么他们会有较大的意愿参与到生活垃圾分类工作中来解决这一问题，如为生活垃圾分类工作提供资金支持等。

“村里对垃圾分类是否有明文规定”对农户生活垃圾分类意愿具有显著的正向影响。说明有明文规定的村的农户的生活垃圾分类意愿强于没有规定的村的农户

的生活垃圾分类意愿。变量的发生比为6.251，表明有明文规定的农户分类意愿是没有明文规定的6.251倍。通常，在有相关生活垃圾分类规定的农村地区，明文规定会影响农户的生活垃圾分类处理习惯，受明文规定的约束影响会使居民产生生活垃圾的分类意愿。没有受生活垃圾分类明文规定约束的农户对生活垃圾的处理可能就比较随意。

“是否了解生活垃圾分类的标准和要求”对农户生活垃圾分类意愿具有显著的正向影响，说明越了解生活垃圾分类标准和要求的农户，其生活垃圾分类的意愿越高。变量的发生比为5.356，说明了解生活垃圾分类标准和要求的农户，其分类意愿是不了解的农户的5.356倍。由此可见，让农户了解生活垃圾分类的标准和要求对分类意愿的影响作用很大，加强宣传，提高农户对生活垃圾分类标准和要求的了解程度是提高其分类意愿的首选措施。“垃圾收集设施的类别数量”对农户生活垃圾分类意愿具有显著的负向影响，说明垃圾收集设施的类别数量越多，农户生活垃圾分类的意愿就越低。原因可能是随着垃圾收集设施类别的增加，农户对于哪类垃圾属于哪种类别会产生犹豫，对垃圾分类行为造成负担，增加他们的时间成本。因此合理设置收集设施的类别，避免分类类别过细，也有利于提高农户的分类意愿。

6.3.1.2 因变量为行为的结果分析

对农户生活垃圾分类行为的影响因素进行回归分析，结果如表6.13所示。从表6.13可以看到，在5%的水平下显著的变量有“是否有安排保洁员”、“村内生活垃圾分类是否收费”及农户的月均收入，在1%的水平下显著的变量有农户生活垃圾分类意愿、“是否了解生活垃圾分类的标准和要求”、垃圾收集设施的类别数量、农户的受教育程度及“是否为村干部”。

表6.13 农户生活垃圾分类行为的影响因素回归结果

变量	代码	β	显著性	Exp(β)
农户生活垃圾分类意愿	Y_1	3.598^{***}	0.000	36.524
是否了解生活垃圾分类的标准和要求	X_8	1.868^{***}	0.000	6.472
垃圾收集设施的类别数量	X_9	1.629^{***}	0.000	5.097
是否有安排保洁员	X_{10}	1.626^{**}	0.011	5.085
村内生活垃圾分类是否收费	X_{11}	2.041^{**}	0.006	7.699
年龄	G_1	0.170	0.516	1.185
性别	G_2	0.323	0.350	1.381
受教育程度	G_3	0.551^{***}	0.038	1.735
月均收入	G_4	0.462^{**}	0.033	1.588

续表

变量	代码	β	显著性	Exp(β)
家庭常住人口	G_5	−0.138	0.218	0.871
是否为村干部	G_6	2.879***	0.000	17.800
地区控制	D_i	是		
常量		−11.685***	0.000	0.000
样本量		522		

、*分别表示在 5%、1%的水平下显著

从表 6.13 模型的检验结果中可知，农户的生活垃圾分类意愿对其分类行为存在显著的正向影响，说明随着农户生活垃圾分类意愿的提高，农户进行生活垃圾分类的可能性就越高。反观影响意愿的显著因素（表 6.12），“生活垃圾分类是否为负担”“生活垃圾不分类是否有影响”“是否愿意为生活垃圾分类付费”“村里对垃圾分类是否有明文规定”“是否了解生活垃圾分类的标准和要求”通过影响意愿间接影响行为。因此，可以通过网络、电视、报纸等多种途径加大垃圾分类的宣传和教育，通过颁布有关生活垃圾分类的村规民约等方式，提高农户对分类的认知，改善农户关于垃圾分类的认知和态度，增强其生活垃圾分类意愿，促进其分类行为改变。

表 6.13 模型结果表明，知觉行为控制对农户生活垃圾分类行为具有显著的正向影响。“是否了解生活垃圾分类的标准和要求”在 1%的水平下显著，且变量系数为正，表明越了解生活垃圾分类标准和要求的农户越容易产生生活垃圾分类行为。这是因为，随着农户对生活垃圾分类的标准和要求了解程度的提高，会减少居民在分类时因犹豫困惑所产生的麻烦和不便感，增强其分类意愿，进而增加其生活垃圾分类行为。Vining 和 Ebreo（1990）对居民分类回收的调查表明，垃圾分类知识掌握程度的差异是分类回收者和非分类回收者之间最大的区别，居民实施分类行为的前提条件是分类知识。垃圾收集设施的类别数量对农户的分类行为存在正向影响，即垃圾收集设施的类别数量越多，农户越容易产生分类行为。垃圾收集设施的类别数量多，可以给农户垃圾分类提供更多的投放选择，结合上述对居民分类意愿的影响，垃圾收集设施的类别数量是造成居民分类意愿与行为不一致的原因之一。“是否有安排保洁员”对农户生活垃圾分类行为具有正向影响，即与没有安排保洁员的村的农户相比，村内有安排保洁员的农户更容易产生生活垃圾分类行为，村内有安排卫生保洁员会给农户生活垃圾分类提供便利条件，从而促进农户生活垃圾分类行为的产生。“村内生活垃圾分类是否收费”对农户生活垃圾分类行为有正向影响，说明与生活垃圾分类不收费地区的农户相比，收费地区的农户更容易产生生活垃圾分类行为。变量的发生比为 7.699，表明收费地

区农户有生活垃圾分类行为的是不收费地区的 7.699 倍。通常，如果农村生活垃圾分类向农户收费，那么农户在付费的前提下，会改变其对生活垃圾分类的态度，养成生活垃圾分类行为。

在农户的个体特征方面，从表 6.13 的检验结果可知，农户的受教育程度在 1%的水平下显著，且变量系数为正，与预期一致，说明农户的受教育程度越高，越容易产生生活垃圾分类行为。Dietz 等（1998）在研究居民的环境行为与社会人口统计变量之间的关系时发现，居民的知识水平是影响其环境行为的重要变量。农户的月均收入在 5%的水平下显著，变量系数大于零，表明随着农户月均收入的提高，其垃圾分类行为发生的可能性也会提高。研究普遍认为，随着农户富裕程度的提高，改善农村居住环境卫生状况的需求就会增加，更容易表现出垃圾分类的积极性。“是否为村干部”在 1%的水平下显著，变量系数为正，说明如果农户在本村任村干部，那么其产生垃圾分类行为的可能性就较大，这说明与其他类型的农户相比，村干部对农村生活环境保护具有更高的积极性。

6.3.1.3 因变量为意愿与行为一致性的结果分析

综合上述结果，可以看出，“是否有安排保洁员”与“村内生活垃圾分类是否收费”对农户的分类行为有显著影响，但对分类意愿没有显著影响。垃圾收集设施的类别数量对农户的分类意愿存在负向影响，而对分类行为有正向影响。这些因素都可能造成农户生活垃圾分类意愿与行为间的差异。因此，本节接下来以农户生活垃圾分类意愿与行为一致性为因变量，对其影响因素进行回归检验。

对农户生活垃圾分类意愿与行为一致性的影响因素进行回归分析，结果如表 6.14 所示。从表 6.14 可以看到，在 5%的水平下显著的变量有“生活垃圾分类是否为负担”、“是否了解生活垃圾分类的标准和要求”、“垃圾收集设施的类别数量”、“是否有安排保洁员”及农户的性别和月均收入，在 1%的水平下显著的变量有“您身边的亲戚朋友的生活垃圾分类情况”及“是否为村干部”。

表 6.14 农户生活垃圾分类意愿与行为一致性的影响因素回归结果

变量	代码	β	显著性	Exp(β)
生活垃圾分类是否为负担	X_1	-2.169^{**}	0.014	0.114
生活垃圾不分类是否有影响	X_2	−0.499	0.745	0.607
是否愿意为生活垃圾分类付费	X_3	0.055	0.954	1.057
村里对垃圾分类是否有明文规定	X_4	0.970	0.132	2.638
党员、村干部是否带头进行垃圾分类处理	X_5	−0.800	0.181	0.449
您身边的亲戚朋友的生活垃圾分类情况	X_6	2.468^{***}	0.000	11.799

续表

变量	代码	β	显著性	Exp(β)
生活垃圾不分类是否有人指责	X_7	0.033	0.955	1.033
是否了解生活垃圾分类的标准和要求	X_8	1.537**	0.019	4.649
垃圾收集设施的类别数量	X_9	0.888**	0.035	2.430
是否有安排保洁员	X_{10}	1.892**	0.014	6.632
村内生活垃圾分类是否收费	X_{11}	1.240	0.302	3.455
年龄	G_1	−0.039	0.925	0.961
性别	G_2	0.936**	0.047	2.549
受教育程度	G_3	0.652	0.082	1.919
月均收入	G_4	0.691**	0.023	1.996
家庭常住人口	G_5	0.229	0.220	1.258
是否为村干部	G_6	4.235***	0.000	69.032
地区控制	D_i	是		
常量		−14.541***	0.000	0.000
样本量		522		

、*分别表示在 5%、1%的水平下显著

从模型的检验结果中可知，“生活垃圾分类是否为负担”对农户分类意愿与行为的一致性存在显著的负向影响，即与认为生活垃圾不是负担的农户相比，认为垃圾分类是负担的农户的分类意愿与行为的一致性更低。原因可能是当农户认为生活垃圾分类是负担时，其分类的意愿也会降低，意愿对行为有直接的正向影响，所以会降低农户产生分类行为的可能性。

模型结果表明，“您身边的亲戚朋友的生活垃圾分类情况”对农户分类意愿与行为的一致性存在显著的正向影响，即农户身边的亲朋邻里参与垃圾分类的情况越多，农户生活垃圾分类意愿与行为的一致性程度越高。这是由于中国是一个人情社会，一般居民会参照身边大多数人的行为而行事，同时农户与亲朋邻里之间的互动网络可以抑制农户的机会主义倾向，形成保护环境的群体压力，培养农户产生垃圾分类的意愿，提高农户垃圾分类行为产生的可能性。

“是否了解生活垃圾分类的标准和要求”对农户分类意愿与行为的一致性存在显著的正向影响，即越了解垃圾分类标准和要求的农户，其垃圾分类意愿与行为的一致性程度越高。对于了解垃圾分类标准和要求的农户来说，可以减少他们在分类时产生的阻力，增强分类意愿与分类行为之间的正向作用，提高其分类意愿从而有效地促进分类行为的产生。因此，在农村范围内广泛普及生活垃圾分类知识，提高农户对垃圾分类知识及环境保护的了解程度对提高其分类意愿与行为的一致性至关重要。“垃圾收集设施的类别数量”及“是否有安排保洁员”对农户

分类意愿与行为的一致性存在显著的正向影响，意味着农村生活垃圾收集设施的健全可以节约农户生活垃圾分类的时间、空间成本，为农户垃圾分类创造便利的环境，从而提高其分类意愿与行为的一致性。

从模型的检验结果可知，与女性相比，男性的垃圾分类意愿与行为的一致性程度更高。原因可能是与女性相比，男性更加关注政府的相关政策文件，容易受到相关宣传的影响。随着农户生活水平和收入的提高，对于居住环境的要求也会提高，会愿意并且有能力参与到环保行为中。此外，如果农户在本村担任村干部，那么对于农户来说起到一个带头模范作用，会提高其生活垃圾分类意愿与行为的一致性。

6.3.2 聚类结果与分析

6.3.2.1 聚类结果

本书使用 SPSS 24.0 统计软件中的两阶段聚类来对数据进行处理。将前文 Logistic 回归模型所得到的显著变量（生活垃圾分类是否为负担、您身边的亲戚朋友的生活垃圾分类情况、是否了解生活垃圾分类的标准和要求、垃圾收集设施的类别数量、是否有安排保洁员、性别、月均收入及是否为村干部）输入。由于分类变量和连续变量同时存在，SPSS 24.0 会使用 log-likelihood（对数似然）距离进行计算，另外由于连续变量的量纲尺度会影响聚类时变量的权重，因此本节将其中的连续变量进行标准化处理。系统将 522 个样本自动聚为 2 类，聚类质量良好，可以使用聚类结果来进行下一步分析。

在聚类过程中，“是否为村干部”、“是否有安排保洁员”及“您身边的亲戚朋友的生活垃圾分类情况”比较重要。聚类情况见表 6.15，样本被聚为两类，每类的样本数分别为 244 和 278，计算每类农户生活垃圾分类意愿与行为一致的人数占总样本数的比重，可以看出第 1 类农户生活垃圾分类意愿与行为的一致性程度高于第 2 类，达到了 85%以上。当然这只是直观上的判断，还需要进行进一步的统计检验来判断第 1 类农户的生活垃圾分类意愿与行为的一致性程度是否和第 2 类有明显差异。

表 6.15 每类样本数和农户分类意愿与行为的一致性情况

项目	第 1 类	第 2 类
样本数	244	278
其中：意愿与行为一致的	211	106
比例	86.5%	38.1%

由于农户生活垃圾分类意愿与行为是否一致的数据不服从正态分布，使用非参数检验来对数据进行假设检验。第 1 类与第 2 类做 Mann-Whitney U 检验（曼-惠特尼 U 检验），Mann-Whitney U 检验的原假设为两样本来自相同总体。经检验从表 6.16 可以看出，第 1 类与第 2 类的检验值 $Z=-11.274$，p 值为 0.000，所以基本可以认为，就农户生活垃圾分类意愿与行为是否一致而言，第 1 类和第 2 类来自不同总体，差异具有统计学意义。如果不再将单个农户当成独立个体，而是将同种类型农户当成一个样本的话，可以发现，第 1 类农户的一致性程度高于第 2 类农户。

表 6.16　Mann-Whitney U 检验结果

类别	第 1 类	
	Z	p 值
第 2 类	−11.274	0.000***

6.3.2.2　结果分析

通过前文的检验结果发现两类农户群体的生活垃圾分类意愿与行为的一致性是有差异的，其中第 1 类的一致性程度较高，这在统计学上证明了农户生活垃圾分类意愿与行为存在不一致的情况。Logistic 回归模型所得到的显著变量只是从变量层面上说明了这些变量对一致性会产生影响；聚类分析得到的分类结果可以从农户的角度说明分类意愿与行为一致性程度不同的农户群体特征有哪些差异。前者需要将农户的一系列特征运用模型计算才能得到预测结果，后者只需要观察农户符合哪一个群体特征就能基本推断出他们的意愿与行为的一致情况，显然后者更具有实践意义。

可以通过参与聚类的变量的均值来直观比较各类农户的群体特征差异。是否有安排保洁员、是否了解生活垃圾分类的标准和要求、是否为村干部及生活垃圾分类是否为负担四个变量的均值分别代表本村有安排保洁员、了解垃圾分类的标准和要求、是村干部及垃圾分类不是负担的农户比例。“您身边的亲戚朋友的生活垃圾分类情况”的均值代表亲朋邻里生活垃圾分类情况较多的农户比例；垃圾收集设施的类别数量的均值代表类别数量较多（2 个及以上）的农户比例；月均收入的均值代表月均收入较高（3000 元及以上）的农户比例。

从表 6.17 可以看出农户的性别和月均收入、“您身边的亲戚朋友的生活垃圾分类情况”、垃圾收集设施的类别数量四个变量的均值差别不大，且性别和月均收入在聚类过程中重要程度较低，提供的信息较少，所以在农户特征群体比较中重点关注是否有安排保洁员、是否了解生活垃圾分类的标准和要求、是否为村干部及生活垃圾分类是否为负担四个变量。

表 6.17 各类农户群体特征比较（基于均值）

类别	生活垃圾分类意愿与行为的一致性	您身边的亲戚朋友的生活垃圾分类情况	垃圾收集设施的类别数量	是否有安排保洁员	是否了解生活垃圾分类的标准和要求	月均收入	是否为村干部	生活垃圾分类是否为负担（不是）	性别（女）
第 1 类	86.5%	52.9%	45.5%	99.2%	77.5%	44.3%	79.9%	79.5%	50%
第 2 类	38.1%	47.1%	54.5%	0.8%	22.5%	55.7%	20.1%	20.5%	50%

将第 1 类与第 2 类对比来看，第 1 类农户生活居住的村庄基本都安排了保洁员，且农户对生活垃圾分类的标准和要求的了解程度较高，也并未将生活垃圾分类作为一种负担，村干部占比也较多，由此基本可以得出第 1 类农户的群体特征。

第 1 类农户居住的农村基本都安排了保洁员，第 2 类农户居住的农村基本都没有安排保洁员。农村安排卫生保洁员不仅可以对日常生活垃圾进行简单收集处理，在处理过程中也会对垃圾进行适当的分类，农户在看保洁员对垃圾进行分类的情况下，会受到潜移默化的影响，耳濡目染地形成生活垃圾分类意识，使农户在投放垃圾时自觉进行分类，因此农户生活垃圾分类意愿与行为的一致性程度较高。可以对两类农户生活垃圾分类意愿与行为一致性程度的差异进行解释。

第 1 类农户对生活垃圾分类的标准和要求的了解程度与第 2 类聚类相比差异较大，二者相差 55%，对垃圾分类标准和要求的了解程度越高，意味着他们在垃圾分类的过程中所受的阻力越小，就越愿意进行生活垃圾分类，也越容易产生垃圾分类行为，所以导致分类意愿与行为的一致性程度低了 48.4%，可以认为是不了解垃圾分类标准和要求是导致一致性程度低的又一个重要因素。

再将第 1 类与第 2 类对比来看，在询问是否认为垃圾分类为负担这一问题时，认为生活垃圾分类不是负担的第 1 类农户比例明显高于第 2 类的农户比例，二者相差高达 59%。意味着农户若认为生活垃圾分类不是负担，则其分类意愿与行为的一致性程度就高。此外，在第 1 类农户的群体特征中可以发现，调查样本中农户担任村干部的比例较高，这可能也是第 1 类意愿与行为一致性程度较高的一个原因。因为村干部在环境保护和垃圾分类方面发挥了一定的模范带头作用，因而也会对农户生活垃圾分类意愿与行为的一致性程度的提高起到促进作用。

通过分析可以发现生活垃圾分类意愿与行为一致性程度较高的农户的特征：对第 1 类农户来说，在他们对生活垃圾分类的标准和要求有一定的了解，认为生活垃圾分类不是一种负担，且居住的农村有安排保洁员、村干部占比也较高的情况下，农户生活垃圾分类意愿与行为的一致性程度较高。虽然以上分析不代表这些特征和农户的垃圾分类意愿与行为的一致性有直接的因果关系，但是数据的直观反映是拥有这些特征的农户的分类意愿与行为的一致性程度较高。在未来农村地区垃圾分类的推广时可以着力于以下三点：首先，要积极向农户宣传垃圾分类的好处，使其转变垃圾分类是负担的错误观念，提高其对垃圾分类标准和要求的了解程度；其次，要为农村地区提供资金支持，争取每个农村地区都能安排卫生保洁员；最后，要注重对村干部的环保意识的培养，发挥其在垃圾分类工作中的带头作用。

6.4 本章小结

农户作为农村生活垃圾分类处理的主体，其意愿与行为的一致性与生活垃圾分类处理密切相关，掌握农户生活垃圾分类意愿与行为一致性的影响因素，分析农户生活垃圾分类意愿与行为的一致性的影响机理，是本章的主要任务。

本章首先基于 2.3 节“农户参与农村生活垃圾分类处理行为分析框架”中解构出的农户参与生活垃圾分类处理意愿与行为的背离机制，分析影响背离的因素；其次，利用浙江省 522 份农户调查数据，对农户参与生活垃圾分类意愿、行为及其一致性的特征进行统计描述，并运用 Logistic 模型分别对农户参与生活垃圾分类意愿、行为及其一致性的影响机制进行实证分析；最后，按照参与生活垃圾分类意愿与行为一致性高低的标准对样本农户进行聚类分析，最终分为两类样本，得到生活垃圾分类意愿与行为一致性程度高的农户特征。本章主要结论如下。

（1）影响农户参与生活垃圾分类意愿与行为一致性的主要因素体现在农户的行为态度、主观规范、知觉行为控制及农户的个体特征因素四个方面。在农户的行为态度方面，生活垃圾是否为负担对意愿与行为的一致性有显著的负向影响；在主观规范方面，“您身边的亲戚朋友的生活垃圾分类情况”对意愿与行为的一致性有显著的正向影响；在农户的知觉行为控制方面，是否了解生活垃圾分类的标准和要求、垃圾收集设施的类别数量及是否有安排保洁员对意愿与行为的一致性有显著正向影响；此外，在农户的个体特征方面，男性相较于女性，其垃圾分类意愿与行为的一致性程度更高，这可能是因为与女性相比，男性更加关注政府的相关政策文件。如果农户在本村担任村干部，那么会发挥模范带头作用，会提醒其在生活中产生分类行为。随着农户月均收入的提高，其对于环境的要求也越高，也越愿意分类，并且在垃圾分类方面付诸的行动也越多。

（2）通过对样本农户的聚类分析可以发现，拥有不同特征的农户群体的生活垃圾分类意愿与行为一致性程度有显著差异。第1类农户自身对垃圾分类的标准有一定的了解，认为垃圾分类不是一种负担，居住地有保洁员且在本村担任村干部的比例较高，这四类特征的农户的分类意愿与行为的一致性程度均较高。

7　农户参与农村生活垃圾分类处理对处理效率的影响

本章基于农户参与视角，在 2.4 节“农户参与对农村生活垃圾分类处理效率的影响机制”的基础上，基于 4.2.3.2 节“村庄问卷数据”中的浙江省杭州市临安区 187 个村的微观数据，对样本地区农户参与现状及农村生活垃圾分类处理投入产出情况进行描述统计分析，并运用 DEA 模型对样本村庄的农村生活垃圾分类处理效率进行测算，分析农户直接参与和间接参与对农村生活垃圾分类处理效率的影响，最终结合 Tobit 模型和 OLS（ordinary least squares，普通最小二乘法）模型进一步检验农户参与对农村生活垃圾分类处理效率的影响机制，探究农户参与对农村生活垃圾分类处理投入产出的影响。

7.1　理论分析

7.1.1　农户直接参与对垃圾处理效率的影响

基于 2.4.1 节“农户直接参与对农村生活垃圾分类处理效率的影响”中的分析，提出如下假说。

H7.1：农户直接参与的程度越高，农村生活垃圾分类处理的投入就越少。

H7.2：农户直接参与的程度越高，农村生活垃圾分类处理的产出就越多。

基于 H7.1 和 H7.2，农户直接参与程度加大，农村生活垃圾分类处理的投入就减少、产出就增多。因此，提出如下假说。

H7.3：农户直接参与的程度提高，可以促进农村生活垃圾分类处理效率提高。

7.1.2　农户间接参与对垃圾处理效率的影响

基于 2.4.2 节“农户间接参与对农村生活垃圾分类处理效率的影响”中的分析，提出如下假说。

H7.4：农户间接参与的程度越高，农村生活垃圾分类处理的投入就越多。

H7.5：农户间接参与的程度越高，农村生活垃圾分类处理的产出就越少。

基于 H7.4 和 H7.5，农户间接参与程度加大，农村生活垃圾分类处理的投入就增多、产出就减少。因此，提出如下假说。

H7.6：农户间接参与的程度提高，会降低农村生活垃圾分类处理效率。

7.2 农户参与农村生活垃圾分类处理统计分析

7.2.1 数据来源

基于上述的理论分析，本章将运用 4.2.3.2 节“村庄问卷数据”中 187 个村庄的实地调查数据，对样本地区农村生活垃圾治理历程，农村生活垃圾分类处理中投入、产出现状，以及农户参与农村生活垃圾分类处理等进行分析。

7.2.2 农村生活垃圾分类处理中投入产出现状分析

一般来说，生活垃圾分类处理的产出包括质和量两个方面，农村生活垃圾分类的准确程度反映了垃圾分类质量的高低，农村生活垃圾分类处理总量或人均生活垃圾分类处理量是垃圾分类产出量的代表。从垃圾分类产出的情况来看，如表 7.1 所示，农户垃圾分类准确率在 50%及以下的共有 127 个村，占总样本的 67.91%；垃圾分类准确率在 50%（不含）~80%的共有 56 个村，占总样本的 29.95%；垃圾分类准确率在 80%以上的仅有 4 个村，占总样本的 2.14%。村年人均垃圾处理量在 200 公斤（1 公斤=1 千克）及以下的仅有 4 个村，占比为 2.14%；村人均垃圾处理量在 200（不含）~400 公斤的共有 124 个村，占比为 66.31%；村人均垃圾处理量在 400 公斤及以上的共有 59 个村，占比为 31.55%。总之，整体村平均垃圾

表 7.1 垃圾分类处理投入产出情况

变量类别	指标	组别	样本数/个	占比
产出情况	准确率	≤50%	127	67.91%
		50%（不含）~80%	56	29.95%
		80%（不含）~100%	4	2.14%
	村年人均垃圾处理量	≤200 公斤	4	2.14%
		200（不含）~400 公斤	124	66.31%
		＞400 公斤	59	31.55%
投入情况	村年人均劳动力投入	≤100 元	121	64.71%
		100（不含）~200 元	63	33.69%
		＞200 元	3	1.60%
	村年人均资金投入	≤100 元	92	49.20%
		100（不含）~200 元	95	50.80%

资料来源：实地调查数据分析

分类准确率仅为48%，准确率达到80%以上的占总样本的2.14%，这说明，农村生活垃圾分类准确率整体处于较低水平。整体村年人均垃圾处理量均值为 347.5 公斤，村年人均垃圾处理量主要集中在200~400 公斤。

农村生活垃圾分类的投入主要包括垃圾分类基础设施、收集清运车辆购置、垃圾桶购置、清扫工具购置、水电油耗、垃圾分类宣传教育投入、垃圾分类专管员工资、清运员工资、收集员工资、保洁员工资等一系列投入，即主要可分为资金投入和劳动力投入。从垃圾分类处理投入情况来看，村年人均劳动力投入在 100 元及以下的村共有 121 个，占总样本的 64.71%；村年人均劳动力投入在 100（不含）~200 元的村共有 63 个，占总样本的 33.69%；村年人均劳动力投入在 200 元以上的村有 3 个，占总样本的 1.60%。村年人均资金投入在 100 元及以下的村有 92 个，占总样本村数的 49.20%；村年人均资金投入在 100（不含）~200 元的村有 95 个，占总样本的 50.80%。总之，整体村年人均劳动力投入均值为 96.20 元，村年人均资金投入均值为 101.35 元。这说明，村年人均垃圾分类处理总投入为 197.55 元。最终，农户参与是否会对农村生活垃圾分类处理的投入和产出产生显著的影响，需要进一步的实证检验。

7.2.3　农户参与农村生活垃圾分类处理的现状分析

农户参与农村生活垃圾分类的行为总体上分为两种形式：直接参与和间接参与。根据调查的情况，从农户直接参与方式来看，主要体现在以下三个方面：第一，农户参与垃圾分类前期的知识培训和学习，提高其垃圾分类知识的知晓程度且知晓垃圾如何分类；第二，以自身实际行动直接参与垃圾分类；第三，农户具有良好的环保意识，在自身进行垃圾分类的同时参与监督其他农户进行垃圾分类，对其他农户垃圾乱扔、乱倒行为向村委进行反映举报。从农户间接参与方式来看，农户的间接参与主要是指农户通过参与支付垃圾分类处理费用等方式支持农村生活垃圾分类处理。因此，本书采用垃圾分类知晓率、垃圾分类参与率、垃圾分类监督次数作为农户在农村生活垃圾分类处理中直接参与的代理变量，采用付费垃圾治理作为农户在农村生活垃圾分类处理中间接参与的代理变量。

从农户参与农村生活垃圾分类情况来看（表 7.2），在农户直接参与方式中，垃圾分类知晓率在 50%及以下的共有 75 个村，占总样本的 40.11%；垃圾分类知晓率在 50%（不含）~80%的共有 82 个村，占总样本的 43.85%；垃圾分类知晓率在 80%以上的共有 30 个村，占总样本的 16.04%。垃圾分类参与率在 50%及以下的共有 11 个村，占总样本的 5.88%；垃圾分类参与率在 50%（不含）~80%的共有 120 个村，占总样本的 64.17%；垃圾分类参与率在 80%以上的共有 56 个村，占总样本的 29.95%。农户参与垃圾分类监督并向村委反映或举报次数在 5 次及以下的共有 169 个村，占总样本的 90.37%；垃圾分类监督次数在 6 次及以上的仅有

18 个村，占总样本的 9.63%。目前仅有 13.90%的村对农户收取生活垃圾分类处理费用，86.10%的村还未实行农户付费垃圾治理。总之，整体农户垃圾分类知晓率均值为 60%，农户垃圾分类参与率的均值为 74%，农户平均垃圾分类监督次数为 3 次。在农户间接参与方式中，农户付费垃圾治理的比例较少。最终，农户参与垃圾分类的方式是否会对农村生活垃圾分类处理效率产生显著的影响，需要进一步的实证检验。

表 7.2 农户参与农村生活垃圾分类情况

变量类别	变量	说明	样本数/个	比例
农户直接参与	垃圾分类知晓率	≤50%	75	40.11%
		50%（不含）~80%	82	43.85%
		80%（不含）~100%	30	16.04%
	垃圾分类参与率	≤50%	11	5.88%
		50%（不含）~80%	120	64.17%
		80%（不含）~100%	56	29.95%
	垃圾分类监督次数	≤5 次	169	90.37%
		≥6 次	18	9.63%
农户间接参与	付费垃圾治理	付费=1	26	13.90%
		不付费=0	161	86.10%

根据表 7.2 可知，各村农户垃圾分类知晓率、垃圾分类参与率、垃圾分类监督次数、付费垃圾治理等情况存在一定的差异。因此，本书接下来将对农户参与方式和村个体特征因素之间的关系进行描述性统计分析，以期发现村个体因素和农户参与方式之间的相关性。

由表 7.3 可知，就村域特征而言，除常住人口 3000 人以上的三个极少数样本外，常住人口集中在 1000（不含）~2000 人的村，农户垃圾分类知晓率在 80%以上的比例相对较高，达 18.10%。大多数人均收入集中在 2 万（不含）~4 万元，其中，人均收入集中在 3 万（不含）~4 万元的村，农户垃圾分类知晓率在 80%以上的比例相对较高，达 19.05%。大多数村人均受教育年限在 6~9 年，其垃圾分类知晓率在 80%以上的比例相对较高，达 16.55%。企业参与垃圾分类治理的村有 55 个，其垃圾分类知晓率在 80%以上的比例最高，高达 18.18%。村规民约中强制垃圾分类奖罚措施的村样本比例高，其垃圾分类知晓率在 80%以上的比例相对较高，达 17.12%。保洁模式正规程度与农户垃圾分类知晓率成正比。上门收集可以提高农户参与农村生活垃圾分类知晓率。农村生活垃圾管护人员人数在 5 人及以内的，其垃圾分类知晓率在 80%以上的比例相对较高，达 17.33%。随着垃圾分类宣传次数的增加，有利于增加农户垃圾分类的知晓率。

表 7.3　村域特征与农户垃圾分类知晓率的交叉分析

变量类别	变量	说明	样本数/个	知晓率所占比例		
				≤50%	50%（不含）~80%	80%（不含）~100%
村域特征因素	常住人口	1000 人及以下	37	40.54%	45.95%	13.51%
		1000（不含）~2000 人	116	43.10%	38.79%	18.10%
		2000（不含）~3000 人	31	29.03%	61.29%	9.68%
		3000 人以上	3	33.33%	33.33%	33.33%
	人均收入	2 万元及以下	3	33.33%	33.33%	33.33%
		2 万（不含）~3 万元	78	47.44%	41.03%	11.54%
		3 万（不含）~4 万元	105	35.24%	45.71%	19.05%
		4 万元以上	1	0	100.00%	0
	村人均受教育年限	6~9 年	145	40.69%	42.76%	16.55%
		10~12 年	42	38.10%	47.62%	14.29%
	企业责任	参与垃圾治理=1	55	23.64%	58.18%	18.18%
		不参与垃圾治理=0	132	46.97%	37.88%	15.15%
	村规民约	有奖罚措施=1	111	40.54%	42.34%	17.12%
		无奖罚措施=0	76	39.47%	46.05%	14.47%
	保洁模式	无专门保洁员=1	11	63.64%	36.36%	0
		兼职保洁员=2	76	44.74%	46.05%	9.21%
		专职保洁员=3	67	32.84%	46.27%	20.90%
		外包给保洁公司=4	33	36.36%	36.36%	27.27%
	收集方式	上门=1	113	35.40%	45.13%	19.47%
		定点=0	74	47.30%	41.89%	10.81%
	管护人员人数	1~5 人	150	40.67%	42.00%	17.33%
		6~10 人	37	37.84%	51.35%	10.81%
	垃圾分类宣传教育次数	5 次及以下	131	43.51%	43.51%	12.98%
		6~10 次	41	36.59%	41.46%	21.95%
		10 次以上	15	20.00%	53.33%	26.67%

注：因四舍五入，存在相加不为 100%情况

由表 7.4 可知，就村域特征而言，随着村常住人口数的增加，农户垃圾分类参与率在 80%以上的比例也随之增加。大多数人均收入集中在 2 万（不含）~4 万元，其中，人均收入在 3 万（不含）~4 万元的村，农户垃圾分类参与率在 80%以上的比例相对较高，达 31.43%。人均受教育年限在 6~9 年的，农户垃圾分类参与率在 80%以上的比例相对较高，达 31.03%。企业参与垃圾分类治理的村相对较少，

农户垃圾分类参与率在80%以上的比例最高，高达30.91%。村规民约中没有强制垃圾分类奖罚措施的村，其垃圾分类参与率在80%以上的比例相对较高，达30.26%，说明村规民约未起到积极作用。保洁模式越正规，农户垃圾分类参与率相对越高。上门收集方式可以提高农户垃圾分类参与率。农村生活垃圾管护人员人数在5人及以内，其垃圾分类参与率在80%以上的比例相对较高，达30.00%。

表7.4 村域特征与农户垃圾分类参与率的交叉分析

变量类别	变量	说明	样本数	参与率所占比例		
				≤50%	50%（不含）~80%	80%（不含）~100%
村域特征因素	常住人口	1000人及以下	37	2.70%	72.97%	24.32%
		1000（不含）~2000人	116	6.90%	64.66%	28.45%
		2000（不含）~3000人	31	3.23%	58.06%	38.71%
		3000人以上	3	33.33%	0	66.67%
	人均收入	2万元及以下	3	0	66.67%	33.33%
		2万（不含）~3万元	78	5.13%	66.67%	28.21%
		3万（不含）~4万元	105	6.67%	61.90%	31.43%
		4万元以上	1	0	100.00%	0
	村人均受教育年限	6~9年	145	6.90%	62.07%	31.03%
		10~12年	42	2.38%	71.43%	26.19%
	企业责任	参与垃圾治理=1	55	5.45%	63.64%	30.91%
		不参与垃圾治理=0	132	6.06%	64.39%	29.55%
	村规民约	有奖罚措施=1	111	5.41%	64.86%	29.73%
		无奖罚措施=0	76	6.58%	63.16%	30.26%
	保洁模式	无专门保洁员=1	11	9.09%	63.64%	27.27%
		兼职保洁员=2	76	10.53%	72.37%	17.11%
		专职保洁员=3	67	1.49%	61.19%	37.31%
		外包给保洁公司=4	33	3.03%	51.52%	45.45%
	收集方式	上门=1	113	4.42%	59.29%	36.28%
		定点=0	74	8.11%	71.62%	20.27%
	管护人员人数	1~5人	150	4.67%	65.33%	30.00%
		6~10人	37	10.81%	59.46%	29.73%
	垃圾分类宣传教育次数	5次及以下	131	7.63%	67.18%	25.19%
		6~10次	41	2.44%	53.66%	43.90%
		10次以上	15	0	66.67%	33.33%

注：因四舍五入，存在相加不为100%情况

由表 7.5 可知，在村域特征方面，与其他人口规模的村相比，村常住人口数在 1000（不含）~2000 人的样本比例最高，监督大于 5 次占比也最高，为 10.34%。除人均收入 4 万元以上的一个极端样本外，随着人均收入的提高，农户垃圾分类监督次数在 5 次以上的比例增加。村人均受教育年限在 6~9 年的农户，其垃圾分类监督次数在 5 次以上的比例最高，达 10.34%。在企业责任方面，企业参与垃圾分类治理的村有 55 个，监督次数大于 5 次的比例高达 14.55%。村规民约中无强制垃圾分类奖罚措施的村样本有 76 个，但监督次数大于 5 次的比例高达 13.16%，

表 7.5　村域特征与农户垃圾分类监督次数的交叉分析

变量类别	变量	说明	样本数	监督次数所占比例	
				5 次及以下	5 次以上
村域特征因素	常住人口	1000 人及以下	37	91.89%	8.11%
		1000（不含）~2000 人	116	89.66%	10.34%
		2000（不含）~3000 人	31	90.32%	9.68%
		3000 人以上	3	100.00%	0
	人均收入	2 万元及以下	3	100.00%	0
		2 万（不含）~3 万元	78	91.03%	8.97%
		3 万（不含）~4 万元	105	89.52%	10.48%
		4 万元以上	1	100.00%	0
	村人均受教育年限	6~9 年	145	89.66%	10.34%
		10~12 年	42	92.86%	7.14%
	企业责任	参与垃圾治理=1	55	85.45%	14.55%
		不参与垃圾治理=0	132	92.42%	7.58%
	村规民约	有奖罚措施=1	111	92.79%	7.21%
		无奖罚措施=0	76	86.84%	13.16%
	保洁模式	无专门保洁员=1	11	100.00%	0
		兼职保洁员=2	76	93.42%	6.58%
		专职保洁员=3	67	89.55%	10.45%
		外包给保洁公司=4	33	81.82%	18.18%
	收集方式	上门=1	113	90.27%	9.73%
		定点=0	74	90.54%	9.46%
	管护人员人数	1~5 人	150	89.33%	10.67%
		6~10 人	37	94.59%	5.41%
	垃圾分类宣传教育次数	5 次及以下	131	95.42%	4.58%
		6~10 次	41	82.93%	17.07%
		10 次以上	15	66.67%	33.33%

说明村规民约不一定能增加农户垃圾分类监督次数。保洁模式越正规就越能增加农户监督次数。上门收集方式可以提高农户垃圾分类监督次数。农村生活垃圾管护人员人数一般在 5 人及以内，且这也有利于提高农户垃圾分类监督次数。垃圾分类宣传次数的增加，有利于增加农户垃圾分类的监督次数。

由表 7.6 可知，在村域特征方面，除了常住人口数在 3000 人以上的少数大村外，其余村庄随着村常住人口数的增加，农户付费垃圾治理的比例降低。随着人均收入的增加，农户付费垃圾治理的比例呈增长趋势。村人均受教育年限在 6~9 年的付费垃圾治理的比例最高，达 33.10%。企业参与垃圾分类治理的农户付费垃圾治理的比例最高，达 43.64%。村规民约中未设定奖罚措施的农户付费垃圾治理的比例较高，说明村规民约并未对农户付费垃圾治理起到积极作用。保洁模式越专业就越能提高农户付费垃圾治理的比例。在收集方式方面，上门收集方式可以提高农户付费垃圾治理的比例，农村生活垃圾管护人员人数对农户付费垃圾治理的影响效果不明显。随着垃圾分类宣传次数的增加，有利于提高农户付费垃圾治理的比例。

表 7.6 村域特征与农户付费垃圾治理的交叉分析

变量类别	变量	说明	样本数	付费情况所占比例	
				付费	不付费
村域特征因素	常住人口	1000 人及以下	37	40.54%	59.46%
		1000（不含）~2000 人	116	32.76%	67.24%
		2000（不含）~3000 人	31	19.35%	80.65%
		3000 人以上	3	66.67%	33.33%
	人均收入	2 万元及以下	3	33.33%	66.67%
		2 万（不含）~3 万元	78	21.79%	78.21%
		3 万（不含）~4 万元	105	40.00%	60.00%
		4 万元以上	1	100.00%	0
	村人均受教育年限	6~9 年	145	33.10%	66.90%
		10~12 年	42	30.95%	69.05%
	企业责任	参与垃圾治理=1	55	43.64%	56.36%
		不参与垃圾治理=0	132	28.03%	71.97%
	村规民约	有奖罚措施=1	111	29.73%	70.27%
		无奖罚措施=0	76	36.84%	63.16%
	保洁模式	无专门保洁员=1	11	18.18%	81.82%
		兼职保洁员=2	76	25.00%	75.00%
		专职保洁员=3	67	35.82%	64.18%
		外包给保洁公司=4	33	48.48%	51.52%

续表

变量类别	变量	说明	样本数	付费情况所占比例	
				付费	不付费
村域特征因素	收集方式	上门=1	113	38.94%	61.06%
		定点=0	74	22.97%	77.03%
	管护人员人数	1~5 人	150	32.67%	67.33%
		6~10 人	37	32.43%	67.57%
	垃圾分类宣传教育次数	5 次及以下	131	30.53%	69.47%
		6~10 次	41	34.15%	65.85%
		10 次以上	15	46.67%	53.33%

7.3 农村生活垃圾分类处理的效率测算及分析

依据前文相关章节的影响机理分析可知，农户参与通过影响农村生活垃圾分类处理的投入和产出，进而影响农村生活垃圾分类处理效率。因此，为了解农村生活垃圾分类处理效率的现状，本章节采用 DEA 模型，对农村生活垃圾分类处理效率进行测算及分析。

7.3.1 模型设定

农村生活垃圾分类处理是个多产出多投入复杂系统，面临指标核算单位不统一、衡量方法不同，难以直接进行横向比较和综合评判，绩效评估困难度也随之增加，而 DEA 模型可以解决以上难点，具有一定的优势（孙翔等，2018）。传统 DEA 模型主要包括 CCR 模型（Charnes-Cooper-Rhodes model）和 BCC 模型（Banker-Charnes-Cooper model）（Banker，1984）。其中，BCC 模型以规模报酬可变假设为前提，无须担心受规模效率的影响，考虑到农村生活垃圾分类处理的实际情况，采用以投入为导向、规模报酬可变的 BCC 模型来测算农村生活垃圾分类处理效率。该模型基本形式为

$$\min\left[\theta_d - \varepsilon\left(\sum_{i=1}^{m} s_i^- + \sum_{r=1}^{s} s_r^+\right)\right]$$

$$\text{s.t.}\quad \sum_{j=1}^{n}\lambda_j x_i + s^- = \theta_d x_0,$$

$$\sum_{j=1}^{n}\lambda_j y_j - s^+ = y_0, \tag{7.1}$$

$$\lambda_j \geqslant 0,\ j=1,2,\cdots,n,$$
$$s^+ \geqslant 0,\ s^- \geqslant 0$$

式中，x_i 和 y_j 为每个农村生活垃圾分类处理的投入和产出，每个村都有 m（m=2）种投入和 s（s=2）种产出，$1\leqslant i\leqslant m$，$1\leqslant j\leqslant s$；n 为进行垃圾分类处理的村的个数（n=1,2,⋯,187）；θ_d 为村进行垃圾处理的效率值，其含义表示村垃圾分类处理效率；s^+、s^- 分别为松弛变量产出不足和投入冗余。当上述模型中 $\theta_d=1$，且 $s^+=s^-=0$ 时，表明农村垃圾处理已达到效率最优状态，此时 DEA 有效；当 $\theta_d=1$，且 $s^+\neq 0$ 或 $s^-\neq 0$ 时，表明农村垃圾处理存在产出不足、投入冗余，则弱 DEA 有效；当 $\theta_d<1$时，DEA 无效。

7.3.2 评价指标体系的建立

针对农村生活垃圾分类处理效率的评价，需要建立投入产出指标才能对评价单元群进行全面有效的描述，指标选择不当，评价结果和测度目标结果会有偏差。综合考虑农村生活垃圾分类处理中的各种投入和产出指标，尽量公平地反映农村生活垃圾分类处理效率。根据 DEA 的指标选取原则和已有研究文献的垃圾处理效率评价计算，建立以下指标体系。

（1）决策单元（DMU）。目前，我国农村生活垃圾分类处理主要以村为单位，本书选取村为观测单位，能够更准确地观察农户参与对农村生活垃圾分类处理效率的影响。基于分层随机抽样原则抽取浙江省杭州市临安区 200 个村，最终有效决策单元为 187 个。

（2）农村生活垃圾分类处理效率产出指标选取。根据上文分析可知，农村生活垃圾分类处理的产出主要包括产出质和量两个方面。一方面，从垃圾分类处理质的方面来看，垃圾分类准确率作为垃圾分类质量的代表，本书将以随机等距抽样抽取的 10 户农户的垃圾分类准确率的情况，作为样本村生活垃圾分类准确率的整体情况；另一方面，从垃圾分类处理的量来看，农村垃圾处理总量或人均垃圾处理量作为垃圾分类产出量的代表，村年人均垃圾处理量是指村年垃圾分类处理总量与村年常住人口数的比例。需要说明的是，垃圾处理量是指垃圾清运员的垃圾收集量。

（3）农村生活垃圾分类处理效率投入指标选取。参考既有文献（易思宇等，2012；Chen et al.，2017），综合考虑村生活垃圾分类处理中可能产生的费用，本书垃圾分类处理投入主要包括人均资金投入和人均劳动力投入。其中，资金投入主要包括固定投入和运行投入，固定投入包括垃圾桶购买费用、清扫工具购买费用、收集运送车辆购置费、年垃圾分类宣传教育费用等；运行投入包括打扫工具购买费，垃圾桶损坏费，车辆维护费，水、电、油消耗等。村年人均资金投入是指村年垃圾处理资金总投入比上村年常住人口数，需要说明的是，其中垃圾桶和车辆等作为固定资产投入已经进行折旧处理。村年劳动力总投入包括村垃圾分类专管员、保洁员、收集员、清运员等人员年工资的总和。村年人均劳动力投入是指村年垃圾处理中劳动力的总投入比上村年常住人口数。各投入、产出变量描述性统计情况见表7.7。

表 7.7　垃圾分类处理投入产出描述性统计分析结果

变量	变量定义及说明	均值	标准差
产出指标	村垃圾分类准确率（%）	48.02	17.65
	村年人均垃圾处理量（kg）	347.47	97.48
投入指标	村年人均资金投入（元）	101.35	23.78
	村年人均劳动力投入（元）	96.2	38.76

7.3.3　农村生活垃圾分类处理效率测算结果

运用DEA 2.1软件，测算农村生活垃圾分类处理效率。借鉴既有研究（郑莹莹等，2015），将效率值按“=1.0、>0.7~1.0、>0.4~0.7和0~0.4”分为高效、相对高效、相对低效和低效4个等级。

根据表7.8，从整体情况来看，在浙江省杭州市临安区187个样本村中，农村生活垃圾分类处理效率处于低效的有29个村，占15.51%，农村生活垃圾分类处理效率的均值为0.341；农村生活垃圾分类处理效率处于相对低效的有115个村，占61.50%，农村生活垃圾分类处理效率的均值为0.538；农村生活垃圾分类处理效率处于相对高效的有38个村，占20.32%，农村生活垃圾分类处理效率的均值为0.816；农村生活垃圾分类处理效率处于高效的有5个村，占2.67%，农村生活垃圾分类处理效率的均值为1。农村生活垃圾分类处理效率处于低效及相对低效的总占比为77.01%，相对高效及高效的总占比为22.99%。在提升人居环境，助力乡村振兴的背景下，农村生活垃圾分类处理的相关投入在不断加大，农村生活垃圾分类处理综合效率均值为0.577，整体处于相对低效水平。

表 7.8　农村生活垃圾分类处理效率结果统计

组别	样本量/个	比例	效率均值	效率评价
0＜效率≤0.4	29	15.51%	0.341	低效
0.4＜效率≤0.7	115	61.50%	0.538	相对低效
0.7＜效率<1	38	20.32%	0.816	相对高效
效率=1	5	2.67%	1	高效

为了进一步掌握浙江省杭州市临安区不同镇街农村生活垃圾分类处理的实施效果，根据上述研究结果（表7.8），以镇街为单位将各村的生活垃圾分类处理效率均值进行比较。

根据表7.9，从浙江省杭州市临安区18个镇街的情况来看，镇街所辖村生活垃圾分类处理的效率均值都在0.4以上，即镇街所辖村生活垃圾分类处理效率均值未处于低效状态。其中，湍口镇、天目山镇、岛石镇3个镇的生活垃圾分类处理效率均值处于0.5以下，整体处于相对低效状态；所辖村生活垃圾分类处理效率均值在0.5到0.6之间的镇街总共有9个，分别为锦北街道、青山湖街道、高虹镇、板桥镇、龙岗镇、潜川镇、太阳镇、清凉峰镇、玲珑街道，整体处于相对低效状态；所辖村生活垃圾分类处理效率均值在0.6到0.7的镇街总共有5个，分别为河桥镇、锦南街道、昌化镇、太湖源镇、锦城街道，整体处于相对低效状态；仅有於潜镇所辖村生活垃圾分类处理效率均值达到0.752，整体处于相对高效状态。

表7.9 农村生活垃圾分类处理效率镇街结果统计

镇街	样本量/个	比例	效率均值	效率评价
湍口镇	13	6.95%	0.435	相对低效
天目山镇	12	6.42%	0.465	相对低效
岛石镇	12	6.42%	0.497	相对低效
锦北街道	3	1.60%	0.539	相对低效
青山湖街道	14	7.49%	0.546	相对低效
高虹镇	8	4.27%	0.547	相对低效
板桥镇	14	7.49%	0.558	相对低效
龙岗镇	10	5.35%	0.558	相对低效
潜川镇	14	7.49%	0.564	相对低效
太阳镇	11	5.88%	0.566	相对低效
清凉峰镇	11	5.88%	0.580	相对低效
玲珑街道	14	7.49%	0.581	相对低效
河桥镇	10	5.35%	0.608	相对低效
锦南街道	3	1.60%	0.638	相对低效
昌化镇	10	5.35%	0.639	相对低效
太湖源镇	14	7.49%	0.640	相对低效
锦城街道	3	1.60%	0.675	相对低效
於潜镇	11	5.88%	0.752	相对高效

本章以浙江省杭州市临安区18个镇街的187个村为决策单元，以村年人均资金投入、村年人均劳动力投入为投入指标，以村垃圾分类准确率、村年人均垃圾

处理量为产出指标，采用 DEA 模型计算了杭州市临安区所辖 187 个村的生活垃圾分类处理效率。从 18 个镇街的情况来看：17 个镇街所辖村生活垃圾分类处理效率均值处于相对低效状态，仅有於潜镇所辖村生活垃圾分类处理效率处于相对高效状态。从各村的整体情况来看，29 个村生活垃圾分类处理效率处于低效状态；115 个村生活垃圾分类处理效率处于相对低效状态；38 个村生活垃圾分类处理效率处于相对高效状态；5 个村生活垃圾分类处理效率处于高效状态。

7.4　农户参与对农村生活垃圾分类处理效率影响的实证分析

从 7.3 节测算生活垃圾分类处理效率的结果可知，浙江省杭州市临安区农村生活垃圾分类处理效率均值仅有少数达到高效状态，多数仍处于相对低效甚至低效状态，各村之间的效率均值差距较大。农村生活垃圾能否有效处理的关键是垃圾分类处理效率能否提升，因此，寻找出农村生活垃圾分类处理效率的提升路径同样重要。

7.4.1　农户参与对农村生活垃圾分类处理效率的影响因素分析

本节实证模型的被解释变量为农村生活垃圾分类处理效率。首先，采用 DEA 模型进行效率测算，由于 DEA 测算效率值处于(0,1]，属于受限制的因变量，Tobit 模型估计不仅无偏而且有效，因此，本书选取截断回归模型（censored regression model），即 Tobit 模型，分析农村生活垃圾分类处理效率的影响因素。

7.4.1.1　模型设定

为了探明农户参与是否会对农村生活垃圾分类处理效率产生影响，构建相应的实证模型，其基本形式为

$$y_i^* = \alpha_0 + \beta_i M_i + \rho_i X_i + \varepsilon_i,\ \ \mu_i \sim N(0,\sigma^2) \tag{7.2}$$

式中，y_i^* 为潜变量；M_i 为农户参与方式，包含农户垃圾分类知晓率、垃圾分类参与率、垃圾分类监督次数、付费垃圾治理；X_i 为控制变量，包含垃圾分类宣传教育次数、管护人员人数、收集方式、保洁模式、企业责任、村规民约、人均收入、村人均受教育年限、地区等；α_0 为常数项；β_i、ρ_i 为农户参与方式、控制变量的系数向量；ε_i 为残差项。

7.4.1.2　变量选取

农村生活垃圾分类处理的效率受多种因素的影响，主要包括被解释变量、核心解释变量和控制变量。

1. 被解释变量

在农户参与对农村生活垃圾分类处理效率的影响因素分析中，被解释变量为农村生活垃圾分类处理效率。

2. 核心解释变量

核心解释变量为垃圾分类知晓率、垃圾分类参与率、垃圾分类监督次数、付费垃圾治理，其选取主要根据地方政府相关部门座谈会、咨询专家和实际调研情况确定。由上述分析可知，农户参与垃圾分类处理的方式主要包括直接参与和间接参与。农户直接参与可分为三个阶段：前期阶段，农户通过直接参与垃圾分类知识学习，并知晓垃圾如何分类；中期阶段，在知晓垃圾分类的基础上，农户自身参与垃圾分类；后期阶段，在自身垃圾分类行为的基础上，对垃圾分类进行监督。基于此，本书选取垃圾分类知晓率、垃圾分类参与率、垃圾分类监督次数作为农户直接参与方式的三个代理变量；选取付费垃圾治理作为农户间接参与方式的代理变量。

3. 控制变量

根据农村生活垃圾分类处理影响因素的现有研究成果分析，影响农村生活垃圾分类处理效率的主要因素包括村级垃圾处理服务供给、村域社会资本、村域农户个体禀赋、地区发展等因素（叶春辉，2007；李玉敏等，2012；王爱琴等，2016；郑淋议等，2019）。本节研究主要从以下三个方面进行变量选取。

（1）村级垃圾处理服务供给。村级垃圾处理服务供给是农村生活垃圾分类处理服务供给的主体，农户生活在特定村域内，村级垃圾服务供给与农户日常垃圾分类密切相关。其中，村垃圾分类宣传教育次数是指村委一年组织农户集体参与垃圾分类宣传教育学习或上门宣传垃圾如何分类的次数；村管护人员人数是村委为了规范农户垃圾分类行为或对垃圾乱扔乱倒行为安排监督人员的数量；收集方式是指村生活垃圾收运员是上门收集还是定点收集，上门收集赋值为 1，定点收集赋值为 0；保洁模式主要包括无专门保洁员、保洁员工资低且是兼职、村聘请专职保洁员、外包给保洁公司四种方式，分别记 1 分至 4 分。因此，选取垃圾分类宣传教育次数、管护人员人数、收集方式、保洁模式等作为村级垃圾处理服务供给的代理变量。通过以下四个问题测量："2018 年村组织了几次集体或上门进行垃圾分类宣传教育""村人居管护的在任人数总共多少人""清运员收集垃圾时是上门收集还是定点收集""村垃圾分类清理时保洁模式是哪一种"。目前，村域企业作为农村生活垃圾分类处理的多元治理主体之一，在付费垃圾处理和规范员工进行垃圾分类方面已经起到重要作用。因此，选取付费垃圾处理或规范员工垃圾分类行为作为村域企业责任变量。通过以下三个问题测量村域企业责任变量："村内是否有企业""若有企业，企业是否向村委交垃圾处理费用""若有企业，企业是否可以规范本村员工垃圾分类行为"。最终，选取村内企业付费垃圾治理或规范员工垃圾分类行为赋值为 1，其他赋值为 0。

（2）村域社会资本。Putnam 等（1993）认为村域社会资本通过信任、规范和网络等途径在集体行动中发挥作用。村域规范是一种非正式控制手段，规范程度越高的村域，其农户行为就越规范。参照已有文献，选取村规民约作为村域社会资本的衡量（吴玉锋，2011）。通过以下三个问题测量村规民约的执行："您村有村规民约吗""有人负责村规民约的执行落实吗""村规民约是否有奖罚措施"。最终，选取有村规民约且有奖罚措施赋值为 1，其他赋值为 0。

（3）村域农户个体禀赋。农户环保意识和综合素质与受教育程度、收入有着显著的相关性影响（Ma et al.，2009；黄开兴等，2012；高秀梅和史耀疆，2014）。因此，选取村人均受教育年限、人均收入和常住人口作为村域农户个体禀赋因素的测量变量。通过以下三个问题测量："您村的常住人口数是多少""您村的年人均收入是多少""您村的人均受教育年限是多少"。

经济发展水平、文化观念、宗教信仰等不可观测因素，采用地区虚拟变量来控制。各变量的含义及描述性统计分析结果见表 7.10。

表 7.10　变量描述性统计结果（一）

变量	变量定义及说明	均值	标准差
被解释变量	农村生活垃圾分类处理效率	0.58	0.18
核心解释变量	参与垃圾分类宣传教育学习且知晓垃圾分类户数的比例（%）	60.30	21.53
	参与垃圾分类户数的比例（%）	74.34	13.82
	农户向村委反映或举报乱扔垃圾行为的次数（次）	2.67	2.08
	付费垃圾治理=1，否则=0	0.13	0.35
控制变量	村年垃圾分类宣传教育次数（次）	5.22	3.03
	村年人居环境管护在任总人数（人）	3.80	1.85
	企业付费或规范员工行为参与垃圾治理=1，否则=0	0.29	0.46
	村规民约有卫生保洁且有奖罚措施=1，否则=0	0.59	0.49
	村垃圾上门收集=1，定点收集=0	0.60	0.49
	无专门保洁员=1，保洁员工资低且是兼职=2，村聘请专职保洁员=3，外包给保洁公司=4	2.65	0.84
	村常住人口数（人）	1 469.61	600.98
	村年人均收入（元）	30 060.44	3 980.13
	村人均受教育年限（年）	9.44	1.23
控制组	东部=1，其他地区=0	0.39	0.49
	中部=1，其他地区=0	0.26	0.44
对照组	西部=1，其他地区=0	0.35	0.48

7.4.1.3 计量结果分析

利用 Stata 14.0 软件，采用 Tobit 模型，对农村生活垃圾分类处理效率的影响因素进行结果估计。在农户参与对农村生活垃圾分类处理效率影响的实证结果中（表 7.11），Tobit 模型中解释变量方差膨胀因子的平均值为 1.49，最大值为 2.90，均远小于 10。这说明，变量之间不存在严重的多重共线性问题。

表 7.11 农户参与对农村生活垃圾分类处理效率影响的估计结果

变量	模型（1）	模型（2）	模型（3）	模型（4）
垃圾分类知晓率	0.0028***	0.0029***	0.0030***	0.0028***
	（0.0006）	（0.0006）	（0.0006）	（0.0006）
垃圾分类参与率	0.0192***	0.0129**	0.0137**	0.0133**
	（0.0058）	（0.0058）	（0.0058）	（0.0058）
垃圾分类监督次数	0.0029***	0.0026***	0.0023**	0.0024**
	（0.0010）	（0.0010）	（0.0010）	（0.0010）
付费垃圾治理	−0.0513*	−0.0483*	−0.0558*	−0.0525*
	（0.0288）	（0.0292）	（0.0290）	（0.0296）
垃圾分类宣传教育次数	—	0.0095***	0.0105***	0.0096***
		（0.0034）	（0.0034）	（0.0035）
管护人员人数	—	−0.0006	0.0028	0.0026
		（0.0054）	（0.0056）	（0.0057）
企业责任	—	0.0230	0.0136	0.0137
		（0.0213）	（0.0216）	（0.0220）
村规民约	—	−0.0276	−0.0341*	−0.0354*
		（0.0196）	（0.0196）	（0.0200）
收集方式	—	−0.0053	−0.0010	-3.42×10^{-5}
		（0.0202）	（0.0201）	（0.0204）
清洁模式	—	−0.0080	−0.0003	−0.0004
		（0.0124）	（0.0138）	（0.0141）
常住人口	—	3.91×10^{-5}**	4.39×10^{-5}**	4.18×10^{-5}**
		（0.0000）	（0.0000）	（0.0000）
人均收入	—	1.06×10^{-6}	4.94×10^{-6}	4.86×10^{-6}
		（0.0000）	（0.0000）	（0.0000）
村人均受教育年限	—	0.0012	0.0035	0.0042
		（0.0077）	（0.0078）	（0.0080）

续表

变量	模型（1）	模型（2）	模型（3）	模型（4）
东部地区	—	—	−0.0129** （0.0056）	0.0135** （0.0059）
中部地区	—	—	−0.0025** （0.0011）	−0.0025** （0.0015）
常数	0.1500***	0.0672	−0.0588	−0.0556
卡方检验统计量	104.61	123.42	128.04	—
决定系数	—	—	—	0.49

注：括号内为标准误
*、**、***分别表示在 10%、5%、1%的水平下显著

农户垃圾分类知晓率、垃圾分类参与率、垃圾分类监督次数等反映农户直接参与，以及付费垃圾治理反映农户间接参与的关键变量均对农村生活垃圾分类处理效率产生了显著的影响，由此，可以说明农户参与对农村生活垃圾分类处理效率产生了显著影响。根据表 7.11，模型（1）中，农户垃圾分类知晓率、垃圾分类参与率、垃圾分类监督次数、付费垃圾治理四个核心解释变量对农村生活垃圾分类处理效率均具有显著的影响，且分别在 1%、1%、1%、10%的水平下显著。模型（2）在模型（1）的基础上，引入村内垃圾处理特征变量等控制变量后，核心解释变量对农村生活垃圾分类处理效率还具有显著的影响，且分别在 1%、5%、1%、10%的水平下显著。模型（3）在模型（2）的基础上，引入地区变量后，农户垃圾分类知晓率、垃圾分类参与率、垃圾分类监督次数均对农村生活垃圾分类处理效率具有显著的正向影响，且分别在 1%、5%、5%的水平下显著，即农户垃圾分类知晓率、垃圾分类参与率、垃圾分类监督次数提高了农村生活垃圾分类处理效率。与 H7.1~H7.3 的理论预期相一致，则农户直接参与程度越高，越有助于降低村级垃圾处理投入，增加垃圾分类处理产出，从而提高农村生活垃圾分类处理效率。同时，农户付费垃圾治理对农村生活垃圾分类处理效率具有显著的负向影响，且在 10%的水平下显著，即农户支付垃圾治理成本行为降低了农村生活垃圾分类处理效率。与 H7.4~H7.6 理论预期相一致，当农户迫于服从政策性要求支付垃圾治理成本时，会助长其乱扔乱倒、破坏垃圾清理设施行为，导致村级垃圾处理人员和资金投入增加、分类的比率减少。同时，在等额收费的情况下，农户的个体“理性”会使其以过度产生垃圾、降低分类行为来弥补支付成本，从而降低了农村生活垃圾分类处理效率。

除此之外，根据表 7.11，在模型（3）中，垃圾分类宣传教育次数对农村生活垃圾分类处理效率具有显著的正向影响，且在 1%的水平下显著，即垃圾分类宣传教育次数有助于提高农村生活垃圾分类处理效率；村规民约对农村生活垃圾分类处理效率具有显著的负向影响，且在 10%的水平下显著，即村规民约的实行对

农村生活垃圾分类处理效率未起到积极作用。常住人口对农村生活垃圾分类处理效率具有显著的正向影响，且在 5%的水平下显著。一般而言，垃圾基础设施投入标准既定，常住人口的增加会降低人均资金投入和人均劳动力投入，从而提高农村生活垃圾分类处理效率。地区变量——东部地区和中部地区，对农村生活垃圾分类处理效率均具有显著的负向影响，经济相对发达且外来人口多，垃圾分类工作效果不明显，从而降低了农村生活垃圾分类处理效率。除此之外，估计结果中管护人员人数、企业责任、收集方式、清洁模式、人均收入、村人均受教育年限变量在各村之间变异不大，即对农村生活垃圾分类处理效率影响作用不显著。

采用 OLS 方法对模型进行重新模拟，从而对模型（3）进行稳健性检验，模型（3）显示农户垃圾分类知晓率、垃圾分类参与率、垃圾分类监督次数均对农村生活垃圾分类处理效率具有显著的正向影响，且分别在 1%、5%、5%的水平下显著。同时，付费垃圾治理对农村生活垃圾分类处理效率具有显著的负向影响，且在 10%的水平下显著。模型（4）显著性水平与模型（3）相同，各变量的系数基本保持不变，即检验的结果与模型（3）基本一致，即模型（3）相对稳健。

7.4.2　农户参与对农村生活垃圾分类处理效率影响机制的检验分析

根据影响机制分析可知，农户参与通过影响农村生活垃圾分类处理中劳动力投入与资金投入进而影响农村生活垃圾分类处理效率。因此，为了进一步检验农户参与对农村生活垃圾分类处理效率的影响机制，本节运用 Tobit 模型和 OLS 模型分析农户参与对农村生活垃圾分类处理投入、产出指标的影响。

7.4.2.1　模型设定

为了进一步检验农户参与对农村生活垃圾分类处理效率的影响机制，分析农户参与对农村生活垃圾分类处理投入、产出指标的影响。由于因变量为连续变量，因此，构建多元线性回归模型来分析，采用最小二乘法进行估计。其基本形式为

$$\begin{aligned} Q_i = \alpha &+ \gamma_1 M_1 + \gamma_2 M_2 + \gamma_3 M_3 + \gamma_4 M_4 + \rho_5 X_5 + \rho_6 X_6 + \rho_7 X_7 + \rho_8 X_8 \\ &+ \rho_9 X_9 + \rho_{10} X_{10} + \rho_{11} X_{11} + \rho_{12} X_{12} + \rho_{13} X_{13} + \rho_{14} X_{14} + \varepsilon \end{aligned} \tag{7.3}$$

式中，Q_i 为第 i 个村垃圾分类处理的投入产出，包含村垃圾分类处理准确率、村年人均垃圾处理量、村年人均资金投入、村年人均劳动力投入；M_1 为村农户垃圾分类知晓率；M_2 为农户垃圾分类参与率；M_3 为农户举报乱扔垃圾行为的次数；M_4 为农户付费垃圾治理；X_5 为村垃圾分类宣传教育次数；X_6 为村管护人员人数；X_7 为企业责任；X_8 为村规民约奖罚措施；X_9 为垃圾收集方式；X_{10} 为保洁模式；X_{11} 为村常住人口数；X_{12} 为村年人均收入；X_{13} 为村人均受教育年限；X_{14} 为地区变量；γ、ρ 分别为回归模型的系数；α 为回归式的常数项；ε 为回归式的误差项。

7.4.2.2　变量选取

在农户参与对农村生活垃圾分类处理投入产出的影响因素分析中，其因变量分别为村垃圾分类准确率、村年人均垃圾处理量、村年人均资金投入、村年人均劳动力投入。根据理论分析可知，对农村生活垃圾分类处理的投入和产出产生影响的因素，均能够对垃圾处理效率产生直接或间接影响，因此式（7.3）和前文式（7.2）中核心解释变量与控制变量选取相同。各变量描述性统计结果见表 7.12。

表 7.12　变量描述性统计结果（二）

变量	变量定义及说明	均值	标准差
被解释变量	村垃圾分类准确率（%）	48.02	17.65
	村年人均垃圾处理量（kg）	347.47	97.48
	村年人均资金投入（元）	101.35	23.78
	村年人均劳动力投入（元）	96.20	38.76
核心解释变量	参与垃圾分类宣传教育学习且知晓垃圾分类户数的比例（%）	60.30	21.53
	参与垃圾分类户数的比例（%）	74.34	13.82
	农户向村委反映或举报乱扔垃圾行为的次数（次）	2.67	2.08
	付费垃圾治理=1，否则=0	0.13	0.35
控制变量	村年垃圾分类宣传教育次数（次）	5.22	3.03
	村年人居环境管护在任总人数（人）	3.80	1.85
	企业付费或规范员工行为参与垃圾治理=1，否则=0	0.29	0.46
	村规民约有卫生保洁且有奖罚措施=1，否则=0	0.59	0.49
	村垃圾上门收集=1，定点收集=0	0.60	0.49
	无专门保洁员=1，保洁员工资低且是兼职=2，村聘请专职保洁员=3，外包给保洁公司=4	2.65	0.84
	村常住人口数（人）	1 469.61	600.98
	村年人均收入（元）	30 060.44	3 980.13
	村人均受教育年限（年）	9.44	1.23
控制组	东部=1，其他地区=0	0.39	0.49
	中部=1，其他地区=0	0.26	0.44
对照组	西部=1，其他地区=0	0.35	0.48

7.4.2.3　计量结果分析

农户参与对农村生活垃圾分类处理效率影响机制的回归结果如表 7.13 所示。反映农户直接参与以及间接参与的关键变量均对农村生活垃圾分类处理的投入产出产生了显著的影响，由此，可以说明农户参与对农村生活垃圾分类处理的投入产出产生了显著影响。

表 7.13　农户参与对农村生活垃圾分类处理效率影响机制的回归结果

变量	村年人均劳动力投入	村年人均资金投入	村垃圾分类准确率	村年人均垃圾处理量
	模型（1）	模型（2）	模型（3）	模型（4）
垃圾分类知晓率	−0.222* （0.1260）	−0.277*** （0.0998）	0.0021*** （0.0006）	0.217 （0.419）
垃圾分类监督次数	−2.023* （1.2000）	−1.591* （0.9450）	0.0154*** （0.0055）	2.620 （3.964）
垃圾分类参与率	−0.364* （0.2020）	−0.285* （0.158）	0.0025*** （0.0009）	0.500 （0.665）
付费垃圾治理	0.4540** （0.1820）	8.163* （4.789）	−0.0475* （0.0278）	22.85 （20.09）
垃圾分类宣传教育次数	−0.1240 （0.7120）	0.0867 （0.562）	0.0039 （0.0033）	7.287*** （2.356）
管护人员人数	0.6730 （1.1770）	−0.735 （0.923）	−0.0040 （0.0054）	3.507 （3.874）
企业责任	−0.820 （4.5340）	0.260 （3.559）	−0.0068 （0.0206）	16.03 （14.93）
村规民约	4.1360 （4.1280）	4.569 （3.236）	0.0142 （0.0188）	−0.440 （13.57）
收集方式	10.0900** （4.1830）	4.165 （3.299）	0.0496** （0.0191）	2.543 （13.84）
清洁模式	2.6320 （2.8920）	−2.746 （2.273）	0.0305** （0.0132）	−10.81 （9.537）
常住人口	−0.0262*** （0.0036）	−0.0069** （0.00293）	-2.93×10^{-5}* （1.70×10^{-5}）	−0.0519*** （0.0123）
人均收入	0.0010 （0.0006）	0.0008 （0.000508）	-1.62×10^{-7} （2.94×10^{-6}）	0.0048** （0.00213）
村人均受教育年限	−2.6390 （1.6410）	−1.416 （1.289）	−0.0147* （0.0075）	−0.189 （5.409）
东部地区	已控制			
中部地区	已控制			

续表

变量	村年人均劳动力投入	村年人均资金投入	村垃圾分类准确率	村年人均垃圾处理量
	模型（1）	模型（2）	模型（3）	模型（4）
常数	156.4***	140.6***	0.197	198.0**
	（26.85）	（21.14）	（0.123）	（88.68）
对数似然比	—	—	130.43	—
卡方检验统计量	—	—	112.46	—
OLS 模型中的 R^2	0.429	0.313	—	0.234

注：括号内为标准误

*、**、***分别表示在 10%、5%、1%的水平下显著

模型（1）中以村年人均劳动力投入为被解释变量。农户垃圾分类知晓率、垃圾分类参与率、垃圾分类监督次数均对村年人均劳动力投入具有显著的负向影响，且都在 10%的水平下显著，即农户直接参与降低了农村生活垃圾分类处理的投入。与 H7.1 的理论预期相一致，即农户直接参与程度高，可以减少保洁体系人员，则有助于降低村级垃圾处理人均劳动力投入。同时，付费垃圾治理对村年人均劳动力投入具有显著的正向影响，且在 5%的水平下显著，即农户间接参与对农村生活垃圾分类处理的投入具有显著的正向影响。与 H7.4 的理论预期相一致，即农户政策性间接参与程度越高，越可能使其产生乱扔乱倒行为，进而导致村级垃圾处理人均劳动力投入增加。

模型（2）中以村年人均资金投入为被解释变量。农户垃圾分类知晓率、垃圾分类参与率、垃圾分类监督次数均对村年人均资金投入具有显著的负向影响，即农户直接参与降低了农村生活垃圾分类处理的投入。与 H7.1 的理论预期相一致，即农户直接参与程度高，可以减少二次分拣设施投入，降低机构运行资金，有助于降低村级垃圾处理的人均资金投入。同时，付费垃圾治理对村年人均资金投入具有显著的正向影响，即农户间接参与对村垃圾分类处理的投入具有显著的正向影响。与 H7.4 的理论预期相一致，即农户政策性间接参与程度越高，越可能会使其产生破坏垃圾清理设施的行为，进而导致村级垃圾处理的人均资金投入增加。

在模型（3）中以村垃圾分类准确率为被解释变量，农户垃圾分类知晓率、垃圾分类参与率、垃圾分类监督次数对村垃圾分类准确率具有显著的正向影响，即农户直接参与增加了农村生活垃圾分类处理产出。与 H7.2 的理论预期相一致，即农户直接参与程度高，可以提高垃圾分类质的改变，从而增加与垃圾分类准确率相关产出。付费垃圾治理对村垃圾分类准确率有负向影响，即农户间接参与付费垃圾治理行为，降低了与垃圾分类准确率相关产出，对农村生活垃圾分类处理产出具有显著的负向影响。与 H7.6 的理论预期相一致，即农户政策性间接参与程度

高，则其垃圾分类行为减少，农村生活垃圾分类处理效率降低。

模型（4）中以村年人均垃圾处理量为被解释变量，农户垃圾分类知晓率、垃圾分类参与率、垃圾分类监督次数、付费垃圾治理均对村年人均垃圾处理量无影响，这说明农户直接参与和间接参与对人均垃圾处理量影响作用不显著。

此外，模型（1）中收集方式对村年人均劳动力投入具有显著的正向影响，且在 5%的水平下显著，即上门收集会增加保洁员的工作量，进而会增加人均劳动力投入。常住人口对村年人均劳动力投入具有显著的负向影响，且在 1%的水平下显著，即村常住人口数的增加可以降低人均劳动力投入。模型（2）中常住人口对村年人均资金投入具有显著的负向影响，且在 5%的水平下显著，即村常住人口数的增加可以降低人均资金投入。模型（3）中收集方式对村垃圾分类准确率具有显著的正向影响，且在 5%的水平下显著，说明保洁员上门收集可以提高垃圾分类准确率。清洁模式对村垃圾分类准确率具有显著的正向影响，且在 5%的水平下显著，说明保洁人员专业性可以提高垃圾分类准确率。常住人口对村生活垃圾分类准确率具有显著的负向影响，且在 10%的水平下显著，即村常住人口数越少越便于垃圾分类管理，从而会提高垃圾分类准确率。村人均受教育年限对村垃圾分类准确率具有显著的负向影响，且在 10%的水平下显著，这说明教育年限对垃圾分类准确率成效不佳。模型（4）中垃圾分类宣传教育次数对村年人均垃圾处理量具有显著的正向影响，且在 1%的水平下显著，即随着宣传教育次数的增加，乱扔垃圾现象会减少，从而增加了人均垃圾处理量。常住人口数对村年人均垃圾处理量具有显著的负向影响，且在 1%的水平下显著，即随着常住人口数的增加，人均垃圾处理量减少。人均收入对村年人均垃圾处理量具有显著的正向影响，且在 5%的水平下显著，这说明农户生活水平提高，物质条件变好，生活垃圾产生量与排放量增加，从而会增加人均垃圾分类处理量。

本章基于浙江省杭州市临安区实地调研数据。首先，运用 Tobit 模型分析了农户参与对农村生活垃圾分类处理效率的影响。研究结果表明：①在农户参与的核心变量中，农户直接参与和间接参与均对农村生活垃圾分类处理效率产生了显著的影响。即垃圾分类知晓率、垃圾分类参与率、垃圾分类监督次数等方式的农户直接参与对农村生活垃圾分类处理效率具有显著的正向影响，付费垃圾治理方式的农户间接参与对农村生活垃圾分类处理效率具有显著的负向影响。这说明农户直接参与有助于提高农村生活垃圾分类处理效率，农户间接参与降低了农村生活垃圾分类处理效率。②在控制变量中，垃圾分类宣传教育次数、常住人口对农村生活垃圾分类处理效率具有显著的正向影响；村规民约、地区变量对农村生活垃圾分类处理效率具有显著的负向影响。③估计结果中管护人员人数、企业责任、收集方式、清洁模式、人均收入、村人均受教育年限变量在各村之间差异不大，即对农村生活垃圾分类处理效率影响作用不显著。其次，运用 Tobit 模型和 OLS

模型探究农户参与对农村生活垃圾分类处理投入产出的影响。研究结果表明，垃圾分类知晓率、垃圾分类参与率、垃圾分类监督次数等方式的农户直接参与有助于增加垃圾分类处理产出，降低资金投入和劳动力投入，对垃圾处理量产出影响不显著。付费垃圾治理方式的农户间接参与减少了垃圾分类处理产出，使资金投入和劳动力投入增加，对垃圾处理量产出影响不显著。

7.5 本章小结

本章基于农户参与视角，分析农户参与对农村生活垃圾分类处理效率的影响。首先，提出农户直接参与和间接参与对农村生活垃圾分类处理效率影响的研究假说；其次，利用 2019 年浙江省杭州市 187 个村的微观数据，采用 DEA 模型，测算农村生活垃圾分类处理效率，采用 Tobit 模型检验农户参与对于农村生活垃圾分类处理效率的影响，并从投入产出角度做进一步的影响机制检验。本章主要结论如下所示。

（1）样本农村生活垃圾分类处理效率还有待提高。样本农村生活垃圾分类处理综合效率均值为 0.577，整体处于相对低效水平，垃圾分类处理效率还有待提高。在 187 个样本村中，农村生活垃圾分类处理效率处于低效的占 15.51%，其生活垃圾分类处理效率的均值为 0.341；农村生活垃圾分类处理效率处于相对低效的占 61.50%，其生活垃圾分类处理效率的均值为 0.538；农村生活垃圾分类处理效率处于相对高效的占 20.32%，其生活垃圾分类处理效率的均值为 0.816；农村生活垃圾分类处理效率处于高效的占 2.67%，其生活垃圾分类处理效率的均值为 1。

（2）通过农户参与对农村生活垃圾分类处理效率的实证分析结果可知，不同形式的农户参与对农村生活垃圾分类处理效率的影响不同。农户垃圾分类知晓率、垃圾分类参与率和垃圾分类监督次数等直接参与方式对农村生活垃圾分类处理效率具有显著的正向影响。付费垃圾治理等间接参与方式对农村生活垃圾分类处理效率具有显著的负向影响。与农户间接参与相比，农户直接参与垃圾分类处理方式更有利于提高垃圾分类处理效率。因此，政府在垃圾分类宣传教育中应着重提高农户直接参与垃圾分类处理的意识。此外，估计结果中垃圾分类宣传教育次数、村规民约、常住人口等变量对农村生活垃圾分类处理效率也具有显著影响。

（3）进一步检验农户参与对农村生活垃圾分类处理效率的影响机制，估计结果发现，农户的直接参与方式与间接参与方式对农村生活垃圾分类处理投入及产出影响不同。具体而言，垃圾分类知晓率、垃圾分类参与率和垃圾分类监督次数等农户直接参与方式对农村生活垃圾分类处理产出具有显著的正向影响，对垃圾分类处理中资金投入和劳动力投入具有显著的负向影响，对垃圾处理量产出影响作用不显著。付费垃圾治理等农户间接参与方式对农村生活垃圾分类处理产出具有显著的负向影响，对垃圾分类处理中资金投入和劳动力投入具有显著的正向影响，对垃圾处理量产出影响作用不显著。与农户间接参与相比，农户直接参与垃圾分类处理方式有助于增加农村生活垃圾分类处理产出及减少资金投入等。

8 农户生活垃圾准确分类驱动分析

自2018年农村人居环境整治三年行动实施后，农户参与生活垃圾分类的现实情况究竟如何？通过探讨影响农户生活垃圾分类准确性的因素，从源头寻求提升农户垃圾分类效果的途径是本章的研究目标。本章选取目前农村垃圾分类工作开展已取得一定成效的浙江省嘉兴市作为案例区，基于农户生活垃圾分类的准确性，运用4.2.3节“抽样设计及二轮调研”中所获数据，展开影响其分类准确性的系统性分析，对决策部门掌握当前农村生活垃圾分类处理状况，以及如何在农村人居环境整治提升五年行动中，引导公众树立正确的环境保护观、探索提高垃圾分类效果的可行路径具有一定的参考意义。

8.1 理论分析

基于2.5节“农户生活垃圾准确分类驱动机制”并结合4.2.3节“抽样设计及二轮调研”中观测到的实际状况，提出如下假说。

8.1.1 农户个体层面

为更好地探讨农户生活垃圾分类准确性的影响因素，从行为和结果两个角度进行综合考虑，进行生活垃圾准确分类的分析。首先，在前端产生农村生活垃圾的环节，从农户这一产生垃圾主体出发，引入计划行为理论，探究农户生活垃圾分类的行为态度、主观规范、知觉行为控制对农户垃圾分类准确性的影响。在垃圾分类处理过程中，行为态度主要体现为农户是否认同及倾向于进行生活垃圾准确分类，即农户对执行生活垃圾分类行为所产生结果的喜好程度；主观规范是指农户在垃圾分类时承受的外界压力，具体表现为亲戚朋友、邻居等对其垃圾分类行为的影响；知觉行为控制则体现的是农户垃圾准确分类的难易程度，涵盖过往分类经验等内部因子及预期分类时会发生的时空阻碍外部因子。

基于以上分析，提出如下假说。

H8.1：农户生活垃圾分类的行为态度、主观规范、知觉行为控制会对农户垃圾分类的准确性产生影响。

8.1.2 制度层面

生活垃圾分类功能智能化，实现分类照片实时采集，并在智慧系统中进行储存，以大数据的方式及时掌握农户的分类情况，促进分类投放更加精准；运用数字化成果，管理者可在终端掌握农户垃圾分类情况，且垃圾分类后台大数据管理系统具备的实时查看整体收运情况、滚动更新点位信息等多项功能有利于精准掌握农户生活垃圾分类情况，进一步推动农户垃圾分类的准确性。

基于以上分析，提出如下假说。

H8.2：垃圾分类智慧收运制度会对农户垃圾分类的准确性产生影响。

垃圾分类奖惩制度可以激发农户正确分类的动机，同时调动人们的积极性，把积极效应发挥到最大化，以达到事半功倍的效果（高月养等，2020）。强化理论认为，农户的行为受外界的刺激影响，刺激的不同会导致其行为发生变化。强化的表现形式有正强化、负强化。其中，正强化一般是对农户准确进行垃圾分类行为给予肯定和奖赏，负强化是通过否定或惩罚削弱农户准确进行垃圾分类的行为。

基于以上分析，提出如下假说。

H8.3：垃圾分类奖惩制度会对农户垃圾分类的准确性产生影响。

8.2　农户生活垃圾分类准确性现状分析

8.2.1　数据来源

本章分析所用数据为 4.2.3 节“抽样设计及二轮调研”中的 479 份有效问卷数据。运行 SPSS 23 得到本次问卷数据的 Cronbach’s α 系数为 0.786，根据系数判别规则，当系数介于 0.7~0.9，表明问卷具有良好的信度。本书采用 Bartlett 球形检验方法来验证问卷各问题之间的相关性情况。经检验，此次调查问卷的 KMO 值为 0.801，接近 1，且 Bartlett 球形检验在 1%水平上显著，表明本书具有一定的效度。

8.2.2　浙江省嘉兴市农村生活垃圾分类成效

嘉兴市隶属于浙江省，于 2014 年启动生活垃圾分类处置工作，2019 年已实现农村生活垃圾“四分类”整建制全面覆盖，2020 年获评浙江省生活垃圾分类考核评估优秀县（市、区），连续三年在嘉兴市级考核中排名前两位。在 176 个行政村中，农村生活垃圾分类可回收利用率为 54.6%，资源化利用率达 100.0%，无害化处理率达 100.0%，易腐垃圾智慧收运行政村覆盖率达 100.0%，覆盖农户数达 77.9%。

但由于现在没有针对农户生活垃圾分类准确性分析的数据，本节使用 2021 年浙江省嘉兴市 11 个乡镇（街道）中 30 个村 479 份农户问卷调查数据来分析浙江省农户生活垃圾分类准确性现状。

8.2.3 乡镇（街道）农村生活垃圾分类成效

在抽样调查的乡镇（街道）中，高桥街道被评为2021年度浙江省高标准生活垃圾分类示范片区。屠甸镇、崇福镇、大麻镇的行政村易腐垃圾智慧收运覆盖农户数超过80%。为提升农村生活垃圾分类成效，各个乡镇（街道）均采取了一定的生活垃圾分类制度措施。

（1）高桥街道。实行垃圾分类“1113”工作法。第一个“1”指的是用活一个机制。充分利用作为“三治融合”发源地的优势，采取三治融合积分兑换机制，以村民“自治”获得三治融合积分，激励村民广泛深入参与垃圾分类。第二个“1”是抓住一个平台。用生活垃圾智慧化监管云平台实现垃圾分类智慧监管，促进垃圾分类准确性的提高。第三个“1”是做细一件事。充分利用好“一事一收运”流程，对收运过程的规范性等方面做出细致的规定。“3”是指牵住三类人员。最大限度地发挥好村干部领头雁作用；最大限度地做好保洁（收运）员的日常工作；最大限度地发挥好劝导员（党员、三小组长、志愿者）先锋引领、典型带动作用，以此提升农村生活垃圾分类工作的成效。

（2）崇福镇。推行垃圾分类“四化”法。垃圾分类管理“专业化”：各个村庄自行设置多名“桶管员”，在分类投放点现场指导农户投放垃圾。垃圾分类功能“智能化”：积极推广生活垃圾分类智慧化收运体系，分类照片实时采集，且在智慧系统进行储存，以大数据的方式及时掌握农户的分类情况，促进分类投放更加精准。垃圾分类投放“精细化”：结合实际情况，对城市居民和农村农户采取不同的人员管理及垃圾处理等方式，进一步精细化管理村庄。垃圾分类运营“市场化”：积极引进多家第三方专业公司，采取市场竞争机制，提升垃圾分类处理准确性。

（3）乌镇镇。发挥“互联网+”的优势。作为世界互联网大会永久举办地，乌镇镇充分运用数字化成果。通过“大数据”平台，每日农户垃圾分类情况、积分及收集数量在终端上一目了然，数据可由管理者详尽掌握。垃圾分类后台大数据管理系统不断完善与更新，已具备实时查看整体收运情况、滚动更新点位信息等多项功能。在村庄掌握了垃圾分类的相关信息后，即可明确垃圾分类宣传的重点人群，与此同时对重点人群的宣传也具备了工作方向。此外，对于居民的生活垃圾分类质量的评比记录也进行了统计，起到促进垃圾分类工作开展的积极作用。

（4）屠甸镇。积极抓好“两个推行”。一是大力推行垃圾分类兑换超市，主要用于垃圾分类积分兑换和互动体验。易腐垃圾和有害垃圾积分都可以在“兑换超市”中兑换生活用品、酵素成品。同时，这里也是酵素制作基地、垃圾分类体验中心，引导居民利用废弃的果蔬皮叶制作酵素，实现废物循环利用，倡导绿色低碳生活。二是积极创新推行激励机制，结合数字化分类技术手段，设置智慧化收运工作专项奖励，各村依据镇级既定标准对智慧化收运员进行月度考核，考核优胜者当月可获得政府部门给予的500元奖励，大大提升了垃圾分类的准确性。

（5）大麻镇。采用“四治”的方式。以“智治”提升垃圾分类便捷性：由道德评判团等成员组成的“垃圾分类指导团”上门对农户垃圾投放是否正确进行评判指导，对正确分类的农户予以扫码积分，对未正确分类的农户予以垃圾分类指导，农户可在智能积分卡平台上将累计的积分兑换为实物，形成了户户参与垃圾分类的良好氛围。以“自治”提高垃圾分类责任性：实施“三级桶长制”，其中，“家庭桶长”是负责以家庭为单位的每日垃圾分类及垃圾桶清洁的工作人员；“小组桶长”是村民小组设立来负责垃圾分类宣传以及积分记录的工作人员；“村级桶长”是对分类不正确的农户进行上门分类处理指导及对农户进行相应扣分的工作人员。“三级桶长制”可大大提高农户对垃圾分类的知晓率和参与率。以“法治”实现垃圾分类强制性：为提升垃圾分类工作的硬件设施水平，确保垃圾分类依法有序地开展，政府部门投入资金新建垃圾分类投放站。以“德治”培养垃圾分类习惯性：垃圾分类工作纳入村规民约，可有效加强农户参与垃圾分类的约束力；开展垃圾分类系列趣味活动，提升农户参与垃圾分类工作的积极性。

自2021年来，嘉兴市范围内实行生活垃圾分类星级村考核制度，结合体制机制、分类设备、管理运维、宣传氛围、分类准确率等进行综合测评，最终评选出三星级、二星级、一星级村（各镇/街道按所辖行政村总数的10%、20%和30%的名额，参与三星级、二星级、一星级村的评定）。整理评定结果基本可以掌握被抽中乡镇（街道）的生活垃圾分类成效。目前，屠甸镇整体行政村分类成效最好，62.50%的行政村为星级村。开发区（高桥街道）优秀典型最多，三星级村数最多，有3个，具体见表8.1。

表8.1　样本乡镇（街道）垃圾分类星级村情况

乡镇（街道）	三星级村/个	二星级村/个	一星级村/个	合计/个	占该乡镇（街道）总村数的比例
高桥街道	3	2	5	10	45.45%
崇福镇	2	4	3	9	34.62%
乌镇镇	2	3	6	11	42.31%
屠甸镇	1	1	3	5	62.50%
大麻镇	1	1	3	5	45.45%

8.2.4 行政村生活垃圾分类成效

在此次随机抽取的 30 个样本村中，在垃圾分类处理的设备与收运体系方面，易腐垃圾智慧收运行政村覆盖率达 100.00%，其中有 16.67%的村庄在原有一个易腐垃圾桶芯片基础上增加了其他垃圾桶芯片，实现了更高水平的智慧收运，进一步提升了农村生活垃圾分类的精准度。

在制度设计层面，样本村全部已开展垃圾处理的环保宣传工作，并设立垃圾分类奖惩制度。奖惩制度更侧重于奖励机制，有近 90%的村庄确立了垃圾分类工作的奖励措施，但仅有 16.67%的村庄针对农户的垃圾分类情况制定了惩罚措施，惩罚方式较为单一，以布告栏张贴公示为主，对农户生活垃圾分类的约束性较弱。

综上，尽管样本村的生活垃圾分类处理工作已经取得了一定成效，但在基础设施配备、政策制度制定方面仍缺乏系统性，且不同乡镇（街道）的行政村之间实际分类处理情况存在差距。

8.2.5 农户生活垃圾分类准确性基本情况

8.2.5.1 农户基本特征

根据表 8.2 数据统计的结果可知，样本村的受访农户年龄分布较为集中，其中年龄区间在 36~60 周岁的农户占样本总数的 60.3%；样本处于中年阶段的较多，符合农村年轻人多外出求学务工的基本情况，全部的年龄基本涵盖了家庭生命周期各阶段情况。被调查农户中女性比例略高，高于男性 2.2%，结合样本总数来看，男女人数基本持平。在文化程度方面，被调查农户以初中、小学及以下学历为主，分别占 29.4%和 41.8%。有 11.5%的被访查农户为党员或村干部。被调查农户的家庭常住人口以 3 人、4 人为主，分别占总体的 28.8%和 37.4%；农户人均月收入以 1000 元以下和 3000~4000（不含）元为主，分别为 20.7%和 44.9%；从随机抽样到的农户总体情况来看，主要是老年人与留守仍从事农业生产的中青年。

表 8.2 调查对象基本特征表

统计特征	分类指标	人数/人	比例
年龄	18 周岁以下	22	4.6%
	18~35 周岁	44	9.2%
	36~60 周岁	289	60.3%
	60 周岁以上	124	25.9%
性别	男	234	48.9%
	女	245	51.1%

续表

统计特征	分类指标	人数/人	比例
受教育年限	小学及以下	200	41.8%
	初中	141	29.4%
	高中	62	12.9%
	大专	43	9.0%
	大学本科及以上	33	6.9%
是否为党员或村干部	是	55	11.5%
	否	424	88.5%
常住人口数	1 人	14	2.9%
	2 人	80	16.7%
	3 人	138	28.8%
	4 人	179	37.4%
	5 人及以上	68	14.2%
人均月收入	1000 元以下	99	20.7%
	1000~2000（不含）元	35	7.3%
	2000~3000（不含）元	65	13.6%
	3000~4000（不含）元	215	44.9%
	4000 元及以上	65	13.6%

注：因四舍五入，存在相加不为 100%情况

8.2.5.2　农户参与垃圾分类概况

在被访问的 479 名农户中，有 440 名农户愿意对生活垃圾进行分类，占样本调查总数的 91.9%，总体上体现出农户参与生活垃圾分类的积极性较高。此外，据统计，有 363 名农户愿意支付相应的费用以支持推进垃圾分类工作的开展，占样本农户的 75.8%。但在全年支付的费用上，50 元以下的有 278 人，占愿意支付农户的 76.6%，50~100 元的有 86 人，占 23.7%，101~150 元的有 6 人，占 1.7%，150 元以上的有 3 人，占 0.8%。

8.2.5.3　农户生活垃圾分类准确性概况

本书按照前文所述方法，对进行垃圾分类的调查对象进行了垃圾分类准确性的测度，从需要进行测算的三个维度做简要梳理。

一是垃圾分类准确性的政府年终考核结果。本书从嘉兴市推进城乡生活垃圾分类工作领导小组办公室获取了 2021 年对样本村农户生活垃圾分类准确性考评的基本数据。30 个样本村总体的农户生活垃圾分类准确率考评得分平均为 0.81，

略高于嘉兴市全部行政村总体的农户生活垃圾分类准确率考评得分 0.80。其中，0.9≤得分<1 的村有 5 个，0.8≤得分<0.9 的村有 17 个，0.7≤得分<0.8 的村有 8 个。

二是垃圾分类知晓率。根据四分类方法，分别选取对应垃圾各两种，对参与垃圾分类的 479 名农户进行了共 8 种生活垃圾问卷测试，每种正确分值取 0.125，满分为 1。其中，完全正确（得分为 1）的共 348 人，占参与垃圾分类农户的 72.7%，问卷测评的分数得分平均值为 0.88，具体见表 8.3。通过对各类垃圾的分类情况做进一步统计可以发现，在进行垃圾分类的农户中，对易腐垃圾的知晓率最高，其中对剩菜剩饭、茶渣能正确判断类别的分别有 475 人和 467 人，分别占 99.16%和 97.49%。这一方面是因为易腐垃圾主要源于农户在日常生活最容易产生的厨余垃圾，接触频率较高，相对更为熟悉；另一方面是因为嘉兴市目前在农村中推广易腐垃圾智慧收运，农户通过亲身参与此项活动可以直接接触到易腐垃圾的分类过程，自然提升了知晓度。农户对可回收物的知晓率仅次于易腐垃圾，其中对旧衣物、塑料瓶能正确判断类别的比例为 84.55%和 95.62%。这主要是因为农户可以通过对可回收物的收集，以变卖废品、重复利用等方式获得一定收益，对此类垃圾的分类知晓率也更高。农户对其他垃圾的分类知晓率最低，其中对一次性快餐盒、破损花盆能正确判断类别的分别占 79.75%和 75.16%。这主要是因为平时农户对其他垃圾的接触相对较少，进而分类准确率相对较低。

表 8.3　农户生活垃圾分类知晓率情况统计表

生活垃圾类别	明细种类	能正确判断的人数/人	比例
可回收物	旧衣物	405	84.55%
	塑料瓶	458	95.62%
易腐垃圾	剩菜剩饭	475	99.16%
	茶渣	467	97.49%
有害垃圾	废旧纽扣电池	369	77.04%
	过期药品	406	84.76%
其他垃圾	一次性快餐盒	382	79.75%
	破损花盆	360	75.16%

三是民意测评。通过对随机抽取的参与生活垃圾分类的 479 名农户进行问卷调查，有 373 名农户认为自身可以准确进行垃圾分类，占调查总体的 77.9%，平均得分为 0.78。在简要分析垃圾分类准确性的政府年终考核结果、垃圾分类知晓率、民意测评结果的基础上，本书按照德尔菲法对垃圾分类准确性指标进行权重赋值，最终得到垃圾分类准确性计算方法：农户生活垃圾分类准确性=0.5×垃圾分类准确性的政府年终考核结果+0.3×垃圾分类知晓率+0.2×民意测评，对农户

生活垃圾分类准确性情况进行了评估计算，479 名农户得分情况如表 8.4 所示。

表 8.4 农户生活垃圾分类准确性基本情况统计

得分区间	人数/人	比例
0＜得分＜0.1	0	0
0.1≤得分＜0.2	0	0
0.2≤得分＜0.3	0	0
0.3≤得分＜0.4	1	0.2%
0.4≤得分＜0.5	3	0.6%
0.5≤得分＜0.6	16	3.3%
0.6≤得分＜0.7	19	4.0%
0.7≤得分＜0.8	66	13.8%
0.8≤得分＜0.9	73	15.2%
0.9≤得分＜1	301	62.8%
得分=1	0	0
合计	479	100.0%

注：因四舍五入，存在相加不为 100%情况

此次测算得分的平均值为 0.86，位于 0.9≤得分＜1 的最多，有 301 人，占进行垃圾分类总人数的 62.8%，这说明，当前在垃圾分类整村覆盖的大背景下，在提升农户生活垃圾分类的准确性上确有成效。但是农户进行分类并不代表其真正能准确分类，表现在两方面：一是真正能完全进行准确分类的农户尚少；二是仍有 37.2%的农户得分情况不佳。

8.2.5.4 农户生活垃圾分类准确性特征

基于上述从三个维度对农户生活垃圾分类准确性进行的分析，结果如下所示。

（1）目前生活垃圾分类工作在农村已经有了较大进展，农户的分类意愿与分类行动都有了很大提升。在被访问的 479 名农户中，91.9%的农户愿意进行垃圾分类，表现出一定的分类积极性。由于重视程度、人口数量、产业发展等各方面因素影响，镇（街道）之间、行政村之间推进质量不尽相同，如设施配备、制度设立等存在一定差距，这也影响到了农户生活垃圾分类的准确性。

（2）从农户生活垃圾分类准确性的三个角度来看，知晓率测评层面平均得分（0.88）>宏观的政府评价层面平均得分（0.81）>农户自我认知层面平均得分（0.78）。一方面，印证了从多个角度对农户生活垃圾分类准确性进行考量的必要性；另一方面，说明目前农户在对能否对生活垃圾进行准确分类的主观认知上相对较弱，因知

晓率测评得分高于自我认知得分，故可以认为，农户在垃圾分类过程中还存在时空障碍，需要政府通过进一步完善分类模式，从而进一步促进农户生活垃圾分类准确性的提升。从加权赋分后得到的农户生活垃圾分类准确性分值来看，平均值为0.86，分类准确性处于良好水平，但也说明了农户进行分类并不代表其真正能准确分类，一是能完全准确分类的农户尚少，二是仍有37.2%的农户得分情况不佳。

（3）具体到农户在不同生活垃圾分类的准确性上，可以发现农户对日常活动中接触较多的垃圾的分类准确性更高，这说明在垃圾分类投放设备的设置上，应考量农户个体特征和生活垃圾类别，需做到分类标志简明易识、类别合理、设备放置距离适宜，以确保农户可以进行准确分类。

8.3　农户生活垃圾分类准确性的实证检验

8.3.1　模型选择

本书主要运用 Tobit 回归模型分析嘉兴市农户生活垃圾分类准确性问题。该模型由 James Tobin 在 1958 年首次提出，Goldberger（1964）首先进行了运用。Tobit 回归属于因变量受到限制的一种模型，采用最大似然法对回归系数做出估计，近年来也被不少学者用于分析因变量数值截断或者切割的情况（亢一鸣等，2021；史桂芬和李真，2021）。

结合本书在前文的阐述可知，准确性赋值介于 0 到 1 之间，满足 Tobit 模型的应用条件，故通过 Tobit 模型进行实证分析。具体回归模型如下：

$$Y_i = \begin{cases} X_i\beta + \mu_i, & X_i\beta + \mu_i > 0 \\ 0, & 其他 \end{cases} \tag{8.1}$$

式中，Y_i 为因变量向量，当 $Y_i>0$ 时，Y_i 为实际的观测值；当 $Y_i \leqslant 0$ 时，观测值为 0；X_i 为自变量向量；β 为相关系数向量；μ_i 为随机变量，服从正态分布。

8.3.2　变量选取及描述性统计

8.3.2.1　变量选取

本书的被解释变量是农户生活垃圾分类准确性，根据本书设定，主要通过三个方面进行测度，最终得到衡量农户生活垃圾分类准确性的分值。测算方式为农户生活垃圾分类准确性 Y=0.5×垃圾分类准确性的政府年终考核结果+0.3×垃圾分类知晓率+0.2×民意测评，得分介于 0~1。

在问卷设计中，设定以下两个问题用于考量垃圾分类知晓率与民意测评：垃圾分类知晓率的获取为分别设置 8 种生活垃圾，并由农户回答对应的类别（每个

0.125 分，满分为 1，根据正确题目数量最终确定分值）；民意测评的获取为设置问题，即“您认为自己是否可以对生活垃圾准确分类”，认为“可以”取 1，“不可以”取 0。

垃圾分类准确性的政府年终考核结果主要参考当地政府部门年终对各行政村农户生活垃圾分类准确性的考核最终分数，目前嘉兴市对农户分类投放准确性的考核主要为随机抽检村内垃圾投放点 10 处，根据投放点分类的情况进行打分，分值取 0~1。

结合对相关理论及文献的梳理，本书总共选取了行为态度、主观规范、知觉行为控制、外部情境因素及社会人口因素五类可能影响到农户生活垃圾分类准确性的因素，具体分析如下所示。

（1）行为态度。其在本书是指农户对垃圾是否需要分类所持的一般立场，通过分类态度进行测度。根据陈绍军等（2015）、韩明敏和袁凤林（2018）、问锦尚等（2021）的研究结果，行为态度对垃圾分类行为的实施产生显著影响，个体拥有积极的行为更可能做出准确的垃圾分类。

基于文献研究，本书提出相关假设：农户对生活垃圾分类处理持积极的行为态度对生活垃圾分类准确性有显著的正向影响。在问卷中通过“您觉得生活垃圾不分类处理会有影响吗”进行测度。

（2）主观规范。其在本书中是指农户在社会期望和他人影响的共同作用下倾向于进行垃圾分类的程度。徐林（2016）、林丽梅等（2017）通过研究指出，个体生活垃圾分类处理行为的响应程度主要受到农村社会网络的影响。其所感知到舆论影响力越强，参与分类的程度也会越高，从而更可能对生活垃圾进行准确分类。

基于已有文献研究，本章提出相关假设：生活垃圾分类处理行为主观规范对生活垃圾分类准确性有显著的正向影响。在问卷中主要通过亲戚朋友（SN_1）、周边村民（SN_2）两个指标进行测度，并分别设置问题“您身边是否有较多亲戚朋友对生活垃圾进行分类处理”“如果有农户没有自觉对生活垃圾进行分类处理，会有人指责吗”进行测度。

（3）知觉行为控制。其在本书中是指农户感知到的促进或阻碍垃圾分类准确性的因素，一是内在因素，即农户对生活垃圾分类处理的自我效能感，占绍文和张海瑜（2012）发现，当了解生活垃圾的分类标准、方式后，选择环保型行为的农户也会更多；二是外在因素，即对准确进行垃圾分类的控制能力，需要克服时空障碍，阿衣包塔·塞尔克等（2018）、曲英（2011）的实证分析结果表明，垃圾分类行为中产生的障碍是影响垃圾源头分类质量的因素之一。

本书提出如下假设：知觉行为控制对生活垃圾分类准确性有显著的正向影响。知觉行为控制（PCB）在问卷中通过内部因素分类标准（PCB_1）和外部因素分类时间（PCB_2）、分类类别（PCB_3）进行测度，分别设置问题“您是否了解生活垃圾分类处理的标准和要求”“您每天花多少时间进行垃圾分类”“您家的垃圾分成几类”进行测度。

（4）外部情境因素。一是考虑垃圾智慧收运制度的完备性与合理性。相关学者的研究表明，政府有效的干预可以合理解决在垃圾分类过程中出现的外部不经济现象，提高垃圾分类效果（韦海燕，2021）。吉崇喆和鞠晓丹（2017）、闫秋鹤等（2021）的研究发现，收运水平提升对生活垃圾分类处理效果有促进作用。二是考虑奖惩制度，根据激励理论，强化理论应用于生活垃圾分类时，将影响农户生活垃圾分类准确性。孔劲松等（2019）对社区生活垃圾分类行为开展调查，指出做好监督是改善社区居民垃圾分类状况的重要因素。

基于文献研究与相关理论，本书提出相关假设：开展智慧收运的垃圾收运制度（一般而言，智慧收运首先需要设备配备完备，且采用了数字化收运方式）、具备奖惩制度对生活垃圾分类准确性有显著的正向影响。外部情境因素在问卷中分别设置“您家的垃圾是否已经开展智慧收运”和“您是否参与过村里的生活垃圾分类奖惩制度”进行测度。

（5）社会人口因素。结合生活垃圾分类行为的影响因素，推测影响生活垃圾分类准确性的影响因素。通过梳理可以发现，多数研究表明，相较于男性，女性参与垃圾分类准确性更高。徐林等（2017）、陈绍军等（2015）通过实证研究表明，垃圾分类作为一项家庭行为，女性的参与程度相对较高，分类的成效更好。Vining 和 Ebreo（1990）、Lansana（1992）、尹昕等（2017）指出，老年人对生活垃圾的分类有明显的偏好，而老年人要比年轻人的分类过程更加详细。杨金龙（2013）指出，文化水平越高、经济收入越多，就越能有效地进行垃圾分类。Akil 等（2015）在居民生活垃圾分类处理行为的研究中发现，个体受教育程度对其分类的结果产生了影响。

基于文献研究，本书提出相关假设：农户性别为女性的分类准确性更高，年龄、受教育程度、月均收入会对生活垃圾分类准确性有显著的正向影响。

因此本节根据研究内容与数据的可获取性选取以下 12 个控制变量，具体包括行为态度（分类态度）、主观规范（亲戚朋友、周边村民）、知觉行为控制（分类标准、分类时间、分类类别）、外部情境因素（智慧收运制度、奖惩制度）和社会人口因素（年龄、性别、受教育程度、月均收入）。变量说明如表 8.5 所示。

表 8.5　变量说明

变量类别	变量名称	变量说明
行为态度（AT）	分类态度	有影响=1，没有影响=0
主观规范（SN）	亲戚朋友（SN_1）	是=1，否=0
	周边村民（SN_2）	不会=1，会=0

续表

变量类别	变量名称	变量说明
知觉行为控制（PCB）	分类标准（PCB_1）	了解=1，不了解=0
	分类时间（PCB_2）	15 分钟以下=1，15~30 分钟=2，31~60 分钟=3，60 分钟以上=4
	分类类别（PCB_3）	两类=1，三类=2，四类=3，四类以上=4
外部情境因素	智慧收运制度	是=1，否=0
	奖惩制度	是=1，否=0
社会人口因素	年龄	18 周岁以下=1，18~35 周岁=2，36~60 周岁=3，60 周岁以上=4
	性别	男=1，女=0
	受教育程度	小学及以下=1，初中=2，高中=3，大专=4，大学本科及以上=5
	月均收入	1000 元以下=1，1000~2000（不含）元=2，2000~3000（不含）元=3，3000~4000（不含）元=4，4000 元及以上=5

8.3.2.2 变量的描述性分析

被解释变量：农户生活垃圾分类准确性，其平均值为 0.86，表明虽然农户的分类倾向于准确，但质量不够高，存在得分 0.3875 与 0.95 之间的差距，且没有出现满分的情况。

解释变量：分类态度的平均值为 0.75，这表明大部分农户倾向于认为生活垃圾需要进行分类处理。在主观规范中，亲戚朋友进行分类的平均值为 0.79，这表明在垃圾分类日益推进的大背景下，实际参与垃圾分类的农户较多。但周边农户对未分类行为指责的平均值为 0.79，说明尽管垃圾分类确实开展，但是农户并不倾向于对他人不分类的行为进行指责，这也符合黄光国曾提出的农村人情与面子的理论模型，熟人间的面子观、他人的舆论监督共同维持了农户间混合性关系的稳定（朱古月，2018）。在知觉行为控制中，分类标准的平均值为 0.77，说明目前进行垃圾分类的农户对垃圾分类的标准倾向于了解，但还有一部分农户尽管在进行分类活动，对分类的标准仍掌握不全面。分类时间的最小值为 1，最大值为 3，说明目前农户在垃圾分类上花费的时间从 15 分钟以下到 60 分钟不等，平均值为 1.23。分类类别的最小值为 1，最大值为 3，说明农户目前分类从分两类到四类不等，分为两类主要是由于目前嘉兴市大部分农村采用“一户两桶”的方式收集易腐垃圾，分为四类则是由于四分类法，平均值为 1.29，说明农户的分类方式以“一户两桶”的分类为主。智慧收运制度的平均值为 0.86，这也符合嘉兴市智慧收运在农村覆盖的基本事实，不过在覆盖农户率上还存在一定差距。奖惩制度的平均值为 0.79，说明目前在农村中关于垃圾分类的奖惩措施基本已经设置，不过一方面是村庄普及率不够，另一方面是农户参与率不足，因此离完全达到还有一定的距离。在年龄上，最小值为 1，最大值为 4，所有年龄阶段都有覆盖，平均值为 2.95，这符合农村基本的年龄分布。在性别上，分类的倾向差距不大。在受教育程度上，最小值为 1，最大值为 5，所有学历都有覆盖，平均值为 2.25，这符合农村学历的基本分布，也能说明准确分类的群体倾向于具有一定知识水平的人群。在月均收入上，最小值为 1，最大值为 5，所有收入水平都有覆盖，这符合农村收入的基本分布，也能说明准确分类的群体倾向于有一定收入水平的农户。以上被解释变量及各解释变量的描述性统计列示在表 8.6 中。

表 8.6　变量的描述性统计

变量名称	均值	标准差	最小值	最大值
农户生活垃圾分类准确性	0.86	0.11	0.3875	0.95
分类态度	0.75	0.44	0	1
亲戚朋友	0.79	0.41	0	1
周边村民	0.79	0.41	0	1
分类标准	0.77	0.42	0	1
分类时间	1.23	0.53	1	3
分类类别	1.29	0.70	1	3
智慧收运制度	0.86	0.35	0	1
奖惩制度	0.79	0.41	0	1
年龄	2.95	0.70	1	4
性别	0.53	0.50	0	1
受教育程度	2.25	1.25	1	5
月均收入	3.51	1.23	1	5

8.3.2.3　模型估计结果及分析

本书使用计量软件 Stata 14.0，建立 Tobit 回归模型，实证分析农户生活垃圾分类准确性的影响因素，表 8.7 是 Tobit 模型的回归结果。

表 8.7　Tobit 模型回归结果

变量类别	模型变量	*Y*（分类准确性）
行为态度	分类态度	0.035**
		（0.012）

续表

变量类别	模型变量	Y（分类准确性）
主观规范	亲戚朋友	0.070***
		（0.013）
	周边村民	−0.003
		（0.009）
知觉行为控制	分类标准	0.042***
		（0.009）
	分类时间	−0.056***
		（0.010）
	分类类别	−0.016
		（0.033）
外部情境因素	智慧收运制度	0.049
		（0.065）
	奖惩制度	0.036***
		（0.009）
社会人口因素	年龄	0.041***
		（0.006）
	性别	0.011
		（0.006）
	受教育程度	0.005
		（0.004）
	月均收入	−0.019
		（0.013）

注：括号内为标准误

***、**分别表示在 1%、5%水平下显著

（1）行为态度。分类态度对农户生活垃圾分类准确性在 5%的水平下呈显著的正向影响。这说明，越认为需要进行生活垃圾分类的农户，越持有积极的分类行为态度，其在垃圾分类过程中自觉提升垃圾分类的准确性。

（2）主观规范。在主观规范中亲戚朋友的分类行为对农户生活垃圾分类准确性在 1%的水平下呈显著的正向影响。宋丽娜和田先红（2011）指出，农村社会中重视血缘关系，宗族间信仰相似，通常会组成紧密的合作单位。这说明，如果农户身边的亲戚朋友能够开展垃圾分类，那么农户自身也会在开展垃圾分类时更好地规范自己，从而提升垃圾分类的准确性。但在主观规范中周边村民相关舆论等监督未显著，这说明周边村民对农户生活垃圾分类准确性的影响不大，与本书的假说出现了一定偏差。农村社会内部呈现费孝通（2008）所提出的“差序格局”，

董磊明和郭俊霞（2017）指出，农村社会讲究人情原则，农户在村庄公共生活中的良好表现是能够挣到面子的机会。农户往往碍于面子，并不会对身边人群的不分类行为或未准确分类的情况提出过多的指责，且农户处于关系网络外围，对其分类行为的影响程度降低，故而也不会对农户的生活垃圾分类准确性造成太大的约束。

（3）知觉行为控制。分类标准对农户生活垃圾分类准确性在 1%的水平下呈显著的正向影响。这说明，当农户在掌握了一定的分类知识与分类标准后，能够更明确如何归置生活垃圾时，其在垃圾分类的准确性上会提升。分类时间对农户生活垃圾分类准确性在 1%的水平下呈显著的负向影响。当农户在垃圾分类上花费的时间少时，其在垃圾分类的准确性上会提升。这说明，当进行垃圾分类的时间成本较低时，农户主观上的时间障碍较小，垃圾分类被认为是一件相对容易完成的事情，因而垃圾分类准确性得到提升。但分类类别对农户生活垃圾分类准确性未产生显著影响，这与本书的假说出现一定的偏差。这可能是因为政府的分类方法有所侧重，农户可能采用易腐垃圾的“一户两桶”分类或四分类法，所以在对其垃圾分类准确性的影响上不显著。

（4）智慧收运制度。智慧收运制度未对农户生活垃圾分类的准确性产生显著影响，这与本书的假说出现一定的偏差。这说明，农村智慧收运工作的开展一是吸引力不足，智慧收运设备所带有的分析等数字化功能一般是由后台掌握，加之一部分设备操作的智能化让农户不能适应，故而整体对收运设备的使用也不高；二是参与感不强，农户基本仅在投放环节参与，收运员为智慧收运的主要环节，使得分类结果与收运员“捆绑”，对农户进行垃圾分类的准确性影响不大。

（5）奖惩制度。奖惩制度对农户生活垃圾分类准确性在 1%的水平下呈显著的正向影响。这说明有效的奖惩机制可以提升垃圾分类的准确性。奖励措施可以提升农户的积极性，促进农户在参与垃圾分类活动时投入更多的精力。惩罚措施则可以进一步规范农户的分类行为。通过正向与反向影响，两者综合作用，最终推进了垃圾分类准确性的提升。

（6）年龄。年龄对农户生活垃圾分类准确性在 1%的水平下呈显著的正向影响，这说明，年龄越长，积累的生活经验越多，农户生活垃圾分类的准确性也就会越高。

（7）性别。性别未对农户生活垃圾分类的准确性产生显著影响，这与本书的假说出现一定的偏差。这说明，在参与垃圾分类的大背景下，男性与女性的生活垃圾分类准确性差别不大。

（8）受教育程度。受教育程度没有对农户生活垃圾分类的准确性产生显著影响，这与本书的假说出现一定的偏差。这说明，提升垃圾分类的准确性并不需要较高的学历水平要求，一旦农户具备基本的垃圾分类相关的标准和知识、可以参与分类的基本条件，那么不论什么学历，农户的垃圾分类准确性都会较高。

（9）月均收入。月均收入未对农户生活垃圾分类的准确性产生显著影响，这与本书的假说出现一定的偏差。可能的原因是在本文的研究样本中，调查的对象基本都是在村居住的农户，这些农户之间的收入水平差异不大，收入水平的变异程度很小，因此影响系数并不显著。

8.3.2.4 稳健性检验

为更好地检验模型质量，接下来采用 OLS 回归的方法对上述结果进行辅助验证。通过观察表 8.8 稳健性检验回归结果可以发现，分类态度、亲戚朋友、分类标准、分类时间、奖惩制度、年龄均对农户生活垃圾分类准确性产生显著影响。OLS 的估计结果与 Tobit 回归的估计系数差别不大，进一步说明 Tobit 回归估计结果是稳健的。

表 8.8 稳健性检验

变量类别	模型变量	*Y*（分类准确性）
行为态度	分类态度	0.033**
		（0.012）
主观规范	亲戚朋友	0.066***
		（0.008）
	周边村民	−0.003
		（0.011）
知觉行为控制	分类标准	0.045***
		（0.009）
	分类时间	−0.057***
		（0.010）
	分类类别	−0.019
		（0.032）
外部情境因素	智慧收运制度	0.049
		（0.066）
	奖惩制度	0.038***
		（0.008）
社会人口因素	年龄	0.043***
		（0.007）
	性别	0.011
		（0.006）

续表

变量类别	模型变量	Y（分类准确性）
社会人口因素	受教育程度	0.008
		（0.005）
	月均收入	−0.021
		（0.016）
决定系数		0.66

注：括号内为标准误

***、**分别表示在 1%、5%的水平下显著

本章运用 Tobit 回归模型，对嘉兴市农户生活垃圾分类准确性的影响因素进行了实证研究。结果发现：分类态度对农户生活垃圾分类准确性在 5%的水平下呈显著的正向影响。亲戚朋友的分类行为对农户生活垃圾分类的准确性在 1%的水平下呈显著的正向影响。农户掌握分类标准在 1%的水平下呈显著的正向影响，在垃圾分类上花费的时间在 1%的水平下呈显著的负向影响。分类的奖惩制度对农户生活垃圾分类准确性在 1%的水平下呈显著的正向影响。此外，在社会人口因素方面，年龄在 1%的水平下呈显著的正向影响。周边农户的舆论监督、分类类别、智慧收运制度以及农户的性别、受教育程度、月均收入未对农户的生活垃圾分类准确性产生显著影响。

8.4　农户生活垃圾分类准确性的相关聚类分析

前文通过 Tobit 回归分析，找到了关于影响农户生活垃圾分类准确性的显著因素，但因为一方面并不能完全体现各个影响因素对农户生活垃圾分类准确性的影响程度高低；另一方面不能充分体现分类准确性相对较低的农户群体的具体特征，所以下文引入二阶聚类法进行深入分析。

8.4.1　聚类算法

二阶聚类法适用于大型数据的聚类，与其他的聚类方法相比，可以同时解决离散型与连续型数据的聚类问题，并自动确定最优的聚类数量（钟异莹等，2020）。

8.4.2　聚类结果

本书采用 SPSS 23 进行二阶聚类。根据 Tobit 回归分析结果，选择呈现显著的 6 个分类变量，分别是分类态度、主观规范中的亲戚朋友、知觉行为控制中的分类标准和分类时间、奖惩制度、年龄。

根据聚类结果，聚类轮廓测量值为 0.7，这说明本次聚类效果较好。聚类结果

产生了 2 个集群，为集群 1、集群 2，分别有 373 人与 106 人，占参与垃圾分类总人数的 77.9%、22.1%。通过统计可以发现，集群 1 的农户生活垃圾分类准确性的平均得分为 0.89，集群 2 的平均得分为 0.73，综合集群特征，将两个集群分别定义为农户生活垃圾分类准确性较高与较低的两组。变量的颜色越深，说明该变量的重要性越高。可以发现，其中亲戚朋友的重要性最高，为 1.0，分类时间、分类态度、年龄次之，分别为 0.91、0.82、0.74，分类标准、奖惩制度重要性较低，分别为 0.43 和 0.37。

通过进一步分析可以发现，在集群 1 即分类准确性较高的 373 人中，农户身边进行垃圾分类的亲戚朋友较多（达 98.9%），其进行垃圾分类的时间均集中在 15 分钟及以下，且大部分对垃圾分类持有积极的态度（达 93.8%），此部分人群的年龄集中在 36~60 周岁，属于中青年，大部分对垃圾分类的标准较为熟知（达 90.1%），并参与过村里的生活垃圾分类奖惩制度（达 90.6%）。

在集群 2 即分类准确性较低的 106 人中，从亲戚朋友的垃圾分类情况来看，其身边未开展垃圾分类的较多（达 91.5%）。从分类花费的时间来看，主要集中在 15~30 分钟（达 58.5%），还有小部分为 30 分钟以上。并且该部分人群对垃圾分类持有消极的态度（达 93.4%）。此部分人群的年龄集中在 60 岁以上，大部分对垃圾分类的标准不了解，并未参与过分类奖惩制度。

对上述结果进行分析可以得出如下结论。

一是亲戚朋友的分类行为在影响垃圾分类准确性的重要性程度中表现最高。这说明，提升农户的生活垃圾分类准确性首先应强化农村内部非正式网络，激发农户的内生动力，促进形成约束性规范，从而实现农村垃圾分类准确性工作的逐步推进。

二是在知觉行为控制方面，外部因素（分类所花费时间）的影响程度高于内部因素（农户对分类标准的认知），一般较为适宜的时间为 15 分钟。这说明，应进一步优化垃圾分类的模式，尤其要通过设备设置、政策引导等方式优化农户垃圾分类处理时间。

三是在分类态度方面，分类准确性较低的农户一般不太认同垃圾分类做法，在垃圾分类上表现消极，且较多为老年人。这说明，第一步首先应进一步引起农户，尤其是不分类老年人对垃圾问题的关注，第二步可以对其垃圾分类意识进行培养。

四是在奖惩制度方面，目前虽然对垃圾分类的准确性产生了一定影响，但影响程度不高，可能是因为，一方面主要集中在奖励制度方面，缺少惩罚机制；另一方面，奖惩力度不够大，对提升准确性的程度不够。

本节运用二阶段聚类分析，对嘉兴市农户生活垃圾分类准确性的影响因素作进一步分析。结果如下所示。

（1）农户被自动聚为两组，根据样本特征，可分为分类准确性较高组与分类准确性较低组，分别有 373 人与 106 人。

（2）在六个变量中，其中亲戚朋友的重要性最高，为 1.0。分类时间、分类态度、年龄次之，分别为 0.91、0.82、0.74，分类标准、奖惩制度的重要性较低，分别为 0.43 和 0.37。在知觉行为控制方面，外部因素（分类时间）的影响程度高于内部因素（分类标准）。

（3）分类准确性较高的农户一般年龄集中在 36~60 周岁，属于中青年，对垃圾分类持有积极的态度，对垃圾分类的标准较为熟知，并参与过村里的生活垃圾分类奖惩制度，身边进行垃圾分类的亲戚朋友较多，进行垃圾分类的时间集中在 15 分钟及以下。

8.5　本章小结

本章首先基于 2.5 节“农户生活垃圾准确分类驱动机制”提出研究假说；其次，基于 479 份农户问卷，对农户参与生活垃圾分类准确性的影响因素进行实证研究；最后，按照农户参与生活垃圾分类准确性高低的标准对样本农户进行聚类分析。本章主要结论如下所示。

（1）目前生活垃圾分类工作在农村已有较大进展，农户的分类意愿与分类行为均大幅度提升，但农户生活垃圾分类的准确性参差不齐。因重视程度、人口数量、产业发展等各方面因素影响，镇（街道）之间、行政村之间推进质量不尽相同，如设施配备、制度设立等存在一定差距，这也会影响到农户生活垃圾分类的准确性。

（2）从农户生活垃圾分类准确性的三个衡量维度来看，知晓率测评层面平均得分（0.88）大于宏观的政府评价层面平均得分（0.81）大于农户自我认知层面平均得分（0.78）。从知晓率层面看，目前农户的垃圾分类知晓率处于中等水平，参与垃圾分类的农户中有 72.7%可以完全明确垃圾分类的基本规则和标准。按照目前实行的四分类法，在进行垃圾分类的农户中，对易腐垃圾的知晓率最高，可回收物次之，其他垃圾最低。

（3）从加权赋分后得到的农户生活垃圾分类准确性分值来看，平均值为 0.86，尽管分类准确性处于良好水平，但在一定程度上也说明了农户进行分类并不代表其真正能进行准确分类，一是真正能完全进行准确分类的农户尚少，二是仍有 37.2%的农户分类准确得分情况不佳。

（4）通过对农户生活垃圾分类准确性影响因素的实证分析发现，分类态度、亲戚朋友分类行为、农户掌握分类知识与分类标准、农户在垃圾分类上花费的时间、分类的奖惩制度、年龄对农户生活垃圾分类准确性存在显著影响。但周边农户的舆论监督、智慧收运制度以及农户的性别、受教育程度、月均收入并未对农户的生活垃圾分类准确性产生显著影响。

（5）通过对农户进行进一步聚类分析发现，生活垃圾分类准确性较高组与分类准确性较低组的比例大约在 3∶1。对影响农户生活垃圾分类准确性的因素的重要性进行排序发现，排在第一位的是主观规范（亲戚朋友），分类时间、分类态度、年龄次之，分类标准、奖惩制度的重要性较低，分别为 0.43 和 0.37。在知觉行为控制方面，外部因素的影响程度高于内部因素。

9 研究结果与激励措施

9.1 研究结果

针对农户参与农村生活垃圾分类处理及提升农村生活垃圾分类处理效率等实际问题，本书构建了“分类处理现状及政策变迁—农户参与驱动及背离原因—分类处理效率与农户参与”的研究框架。在“分类处理现状及政策变迁”部分的研究中，对相关政策进行了梳理，并基于浙江省 20 个村镇 522 户农户的调查数据对农户参与生活垃圾分类及农村生活垃圾处理现状进行了分析；在“农户参与驱动及背离原因”部分的研究中，本书构建了农户参与农村生活垃圾分类处理行为分析框架，并将此分析框架解构为农户参与农村生活垃圾分类处理行为驱动机制和农户参与生活垃圾分类处理意愿与行为的背离机制，分别运用实证分析的方法进行验证；在“分类处理效率与农户参与”部分的研究中，本书结合 Tobit 模型和 OLS 模型对农户参与对农村生活垃圾分类处理效率的影响机制进行了实证检验，并讨论了影响农户生活垃圾分类准确率的影响因素。本书主要的研究结论如下所示。

9.1.1 我国农村生活垃圾产量大，分类治理成效不佳

我国农村生活垃圾无害化率由 2015 年的 15.82%增长至 2020 年的 48.46%，6 年间，农村生活垃圾进行无害化处理率增长了 32.64%，实现了较高速率增长，表明我国农村生活垃圾分类治理能力不断增强。但结合我国农村生活垃圾治理的资金投入进行分析，在 2015~2020 年，农村生活垃圾治理投入资金的增加速度显著高于农村居民生活垃圾无害化处理能力的增长速度。综合说明农村生活垃圾分类治理的成效较弱。从农村生活垃圾无害化处理比例来看，无论是东部地区、中部地区、西部地区还是东北地区，无害化处理比例呈较高增速上涨，但东部地区生活垃圾无害化处理比例显著高于其他地区。此外，还存在制度体系不健全以及农户参与度不足等问题。样本村的垃圾分类模式、末端分类程度及农户参与度都存在差异，且较少地区依据农户及所处地区的异质性确定科学的管理体系与治理标准。

我国农村当前处于生活垃圾源头分类治理阶段，积极引导农户参与到农村生活垃圾分类处理中，是这一阶段的重点。在现阶段的农村生活垃圾治理工作中，

存在着垃圾治理资金投入逐渐增加、垃圾分类治理成效较弱、垃圾处理地区差异较大、分类治理制度体系不健全和农户参与度不高等问题。

在农户参与农村生活垃圾分类处理这一特定行为中，现有工作未充分考虑农户的个人特征，如性别、年龄、族别、受教育程度、收入、家庭人均生活垃圾日产生量等个人异质性，同样也未考虑不同村域之间的社会环境、政策制度、基础设施、市场条件等宏观环境变量不同，这使村域之间存在异质性，因此，并不能在其他村庄直接复制金华市周家村等优秀村庄的治理经验，而是要将农户及地区异质性因素纳入决策制定过程中，鼓励农户积极参与生活垃圾的分类治理，从而提升农村生活垃圾分类的处理效率。

9.1.2 农户自身特征及外在环境因素对其生活垃圾分类行为存在影响

农户参与农村生活垃圾分类处理的行为态度、主观规范、知觉行为控制和行为意愿对农户生活垃圾分类处理行为有着显著正向影响，其中，主观规范的影响最大。主观规范对农户生活垃圾分类处理行为的影响有两个方面：一方面，通过影响农户的行为意愿来间接影响其行为；另一方面，直接影响农户行为。其中，主观规范的直接效应大于其间接效应。另外，农户生活垃圾分类处理的行为态度通过影响农户行为意愿来影响农户生活垃圾分类处理行为。农户生活垃圾分类处理的行为意愿和知觉行为控制直接作用农户生活垃圾分类处理行为。

农户自身特征和外在环境因素通过影响农户参与生活垃圾分类处理的行为态度、主观规范和知觉行为控制来间接影响其行为意愿和行为，相较之下，外在环境因素影响农户参与生活垃圾分类处理行为态度、主观规范和知觉行为控制的程度更大。在外在环境更高水平的区域，农户行为态度、主观规范和知觉行为控制水平较高。由此可知，扩大农户所处的社会网络、提高农户对周围村民的信任程度、制定有效的社会规范、加强环卫设施建设，都将有助力改善农户的生活垃圾分类处理行为。

9.1.3 态度和知觉行为控制等造成了农户分类意愿与行为的背离

影响农户参与生活垃圾分类意愿与行为一致性的主要因素是农户的行为态度、主观规范、知觉行为控制及农户的个体特征因素四个方面。在农户的行为态度方面，生活垃圾是否为负担对意愿与行为的一致性有显著的负向影响。在主观规范方面，亲朋邻里的分类情况对意愿与行为的一致性有显著的正向影响。在农户的知觉行为控制方面，是否了解垃圾分类的标准和要求、垃圾收集设施的类别数量及是否有安排保洁员对意愿与行为的一致性有显著正向影响。在农户的个体特征方面，相较于女性，男性的垃圾分类意愿与行为的一致性程度更高，这可能是因为男性更加关注政府的相关政策文件。如果农户在本村担任村干部，那么会发挥模范带头作用，会提醒其在生活中产生分类行为。随着农户月均收入的提高，其对于环境的要求也越高，也越愿意分类，并且在垃圾分类方面付诸的行动也越多。

9.1.4　农户直接参与更有利于提升农村生活垃圾分类处理效率

通过农户参与对农村生活垃圾分类处理效率的实证分析结果可知，不同形式的农户参与对农村生活垃圾分类处理效率的影响不同。垃圾分类知晓率、垃圾分类参与率和垃圾分类监督次数等直接参与方式对农村生活垃圾分类处理效率具有显著的正向影响。付费垃圾治理等间接参与方式对农村生活垃圾分类处理效率具有显著的负向影响。与农户间接参与相比，农户直接参与垃圾分类处理方式更有利于提高垃圾分类处理效率。因此，政府在垃圾分类宣传教育中应着重提高农户直接参与垃圾分类处理的意识。此外，估计结果中垃圾分类宣传教育次数、村规民约、常住人口等变量对农村生活垃圾分类处理效率也具有显著影响。

9.1.5　主观规范、知觉行为控制是影响分类准确率的重要原因

通过对农村居民生活垃圾分类准确性影响因素进行实证分析发现，分类态度在 5%的水平下呈显著的正向影响。亲戚朋友分类行为对农户生活垃圾分类准确性在 1%的水平下呈显著的正向影响。村民掌握分类知识与分类标准在 1%的水平下呈显著的正向影响，在垃圾分类上花费的时间在 1%的水平下呈显著的负向影响。分类的奖惩制度对农户生活垃圾分类准确性在 1%的水平下呈显著的正向影响。此外，在社会人口因素方面，年龄在 1%的水平下呈显著的正向影响。在此次实证中，周边村民的舆论监督、智慧收运制度以及农民的性别、受教育程度、月均收入未对生活垃圾分类准确性产生显著影响。

通过进一步的聚类分析发现，生活垃圾分类准确性较高组与分类准确性较低组的比例大约在 3 : 1。对影响农户生活垃圾分类准确性的因素按重要程度进行排序发现，排在第一位的是主观规范（亲戚朋友），分类时间、分类态度、年龄次之，分类标准、奖惩制度的重要性较低，分别为 0.43 和 0.37。在知觉行为控制方面，外部因素的影响程度高于内部因素。

9.2　相关激励措施

9.2.1　激励农户参与农村生活垃圾分类处理的措施

第一，充分运用农村“熟人社会”，营造垃圾分类“全民参与”的氛围。针对在垃圾分类准确性中较为重要的社会关系网络，且表现为“差序格局”的关系格局，要灵活运用“三治融合”等手段，抓牢“三小组长”队伍。“三小组长”

具备村情民意熟悉、人际关系脉络完整的优势，通过利用好农村中宗族、血缘纽带的影响，以“三小组长”带头进行垃圾分类、上门指导准确进行垃圾投放等方式，进一步提升农村居民的垃圾分类准确性，从而更好地破解新村集聚点垃圾分类处理的难题。同时，要用足用好“市—镇—村（社区）”三级分类宣教体系，积极发挥宣教基地及垃圾分类新时尚文明实践基地教育培训、科普宣传功能，广泛普及分类知识，使得农民对垃圾分类的标准熟悉度更高，从而提升农村居民的分类准确性。运用好“百姓议事会”“茶话会”“民情夜话”等活动，通过推广先进镇村垃圾分类处理经验做法，形成人人参与、互学互比、村村争先的浓厚氛围，让村民走出“面子”的禁锢，进一步提升农村居民准确进行垃圾分类的参与积极性。

第二，提升农户生活垃圾分类处理参与率。通过外部条件的正向、负向激励形成农村居民参与生活垃圾处理的习惯，并依靠自身环境意识的提高使垃圾收集行为习惯得以延续。完善农村生活垃圾治理的政策条款、地方规范、奖惩监管等制度体系，从而使各项制度真正得到推行和落实。引导和鼓励农户参与生活垃圾分类投放、分类收集、分类运输和分类处置的管理决策、计划实施、监督评价以及利益分配整个过程，直接或间接参与农村生活垃圾治理制度的制定、执行和管理，在平等参与的过程中逐渐由被动参与转向主动参与，从而提升农户参与分类治理的偏好和积极性。在推动农村生活垃圾分类治理工作过程中，各相关主体应该上下联动，营造“全民参与、农户主体”的制度环境。国家层面继续完善相关法律法规和政策，进而优化农村生活垃圾分类治理的宏观环境。地方政府需要完善农村生活垃圾分类制度的激励和约束机制，通过集体决策制定“以奖为主，以罚为辅”的垃圾分类奖罚制度，统筹协调村集体和农户之间的利益关系；村集体应该充分尊重农户偏好，发挥农户自治制度的优势，通过邀请农户代表共同参与生活垃圾分类模式和规章制度的制定，让农村生活垃圾分类治理因地制宜，有章可循。

第三，加强宣传教育工作，提高农户生活垃圾分类意识，形成环保的舆论氛围。在农村进行绿色环保理念的宣传教育，倡导绿色健康生活方式，提高农户环保意识和责任意识，修正农户对生活垃圾分类处理的行为态度；宣传农村生活垃圾处理的知识，提升农户进行生活垃圾处理的能力；宣扬垃圾分类处理工作的先进典型、成功经验，对垃圾分类处理中先进的个人给予奖励等，改善农户生活垃圾的行为意愿。当生活垃圾分类妥善处理成为农村的主导模式时，其他农户在主观规范的影响下也会自觉地调适自己的行为。同时，当地政府选取部分单位作为垃圾分类处理的示范单位，包括居民社区、物业公司、社会单位、学校等；可以定期召开环境卫生会议，邀请对垃圾分类有想法和建议的农村居民参加，听取他们的合理意见。

第四，重视社会环境因素的作用，发挥社会环境因素对农户生活垃圾分类处理行为的推动作用。通过拓展农村社会活动的空间来增加农户间的互动与沟通，从而促进生活垃圾处理知识的传播；建立互惠共享的社会规范，对随意处理生活垃圾的群体形成压力，从而提高农户对农村环境卫生的责任感；提升邻里之间的信任，增强农户妥善处理生活垃圾的自主性。

第五，制定管控政策，培养农户妥善处理生活垃圾的习惯。政府制定和推行垃圾回收的法律法规及制度标准，并按照法律制度要求对违法行为进行惩罚。在村内，将禁止随意处理生活垃圾加入到村规民约当中，对农户随意处理生活垃圾进行惩罚。管控政策的颁布和强有力的实施能够使农户更加明确认识到随意处理生活垃圾行为会造成环境污染，也会使农户更加明确地认识到只有改变自身行为才可以避免产生环境污染。同时，制度规范的制裁能够增加农户自身的耻辱感、强化道德义务感，这都有助于农户养成妥善处理生活垃圾的习惯。

第六，完善农村生活垃圾处理设施与条件，降低农户参与分类知觉行为控制。农村生活垃圾点多而分散，集中处理并不适用于全部农村，且治理水平低与治理成本高的现状严重制约了生活垃圾处理效率。因此，需要财政倾斜的制度安排进行投资，可通过上级政府投入、设立专门的生活垃圾基金等方式多途径筹集资金。进行投资的重点应是完善基础设施建设，这是由我国农村生活基础设施严重不足的现状所决定的。由于农户的资金投入、劳动力投入对农村生活垃圾分类处理效率产生了负向作用，因此，可创新多方参与合作供给机制，政府单一供给已经无法满足农户的多种诉求。需要尊重农户偏好，充分发挥农户参与的内生动力，但是也不能局限于仅农户参与，需要不断创新，形成以政府为主导，市场、第三方部门、农村社区以及农户多方参与的农村环保公共物品合作供给机制。各级政府不仅要参与供给，而且要不断优化政策及外部环境，制定优势政策引导和鼓励市场参与供给，发挥驻地企业的作用，鼓励非营利组织和个体的积极参与。同时，县级政府下辖住房和城乡建设、发展改革、生态环境、农业农村、乡村振兴、供销合作社、城市管理等部门，应完整覆盖城乡生活垃圾治理的各个环节，并形成工作合力；统筹布局县城、乡镇和村庄三级收运处置设施和服务，充分利用城镇的设施、技术和队伍，发挥城乡统筹的作用；可以有效衔接农村生活垃圾收运处置、再生资源回收利用、有害垃圾收运处置等不同体系，提高设施利用效率。

第七，加强生活垃圾分类的法律制度建设，形成垃圾治理的长效机制。由研究结果可知，农村居民身边亲朋邻里的分类情况对其意愿与行为的一致性有显著影响，同时在调研中也发现，如果农村有关于垃圾分类的村规民约，那么也会对农村居民垃圾分类意愿及行为产生影响。因此，除了依靠主观规范之外，相关法律的完善也必不可少。要加强生活垃圾分类的法律法规建设，借鉴其他国家的优秀做法，形成垃圾分类投放的个体责任制，提高垃圾不分类的违规成本，使垃圾分类工作有法可依，有章可循；同时要建立长效的垃圾监管机制，制定各村的卫生保洁制度，及时印发到户并张贴在村公告栏，根据本村实际情况合理设置垃圾箱的分类类别数目和卫生保洁员的人数，引导农村居民的垃圾分类行为，使农村居民养成垃圾分类的好习惯。同时，可以在示范单位中指定相关责任人，做到职责明确、分工到位，负责指导和督促本单位的垃圾分类处理工作。

总的来看，农村生活垃圾分类处理从源头到末端治理，任何一个环节的脱节都会阻碍生活垃圾处理效率的提升。因此，农村社区中村规民约、“乡土人情”等在生活垃圾治理中的作用显得更为重要；通过法律保障、道德约束、自愿合作促进法治、德治、自治三者的有机统一；构建从上到下，从政府到基层到农户，从制度到文化到宣传的保障体系；做到相互平衡、相互支撑、相互制约，以实现共同发展和共同治理的目标。

9.2.2 促进农户参与提升农村生活垃圾分类处理效率的措施

第一，加强宣传教育工作，提高农户直接参与农村生活垃圾分类处理工作的程度。当地政府应通过媒体、村务宣传栏、宣传教育活动、进村入户一对一指导等方式定期开展农村生活垃圾分类处理的教育主题，增强村民主动开展生活垃圾分类的意识，提高农户垃圾分类知晓率、参与垃圾分类、垃圾分类监督次数等直接参与程度；畅通农户沟通渠道，切实增强农户直接参与农村生活垃圾分类处理的意识，鼓励农户参与垃圾治理，发挥农户在垃圾分类处理中的主体地位，构建完善农户参与垃圾分类相关处理激励措施。

第二，不同地区农户参与农村生活垃圾分类处理效率有明显差异，政府在提高农户参与农村生活垃圾分类处理积极性时要考虑地区差异。在农村生活垃圾分类工作开展过程中，适当增加垃圾分类宣传教育次数；对于经济发展较好的村，应加强对外来人员的垃圾分类宣传教育工作，鼓励外来人口参与垃圾分类。同时，基层政府在促进农户参与垃圾分类处理时要注重村规民约对农户的约束作用，扩大农村生活垃圾分类处理在农户之间的舆论效应，推动农村生活垃圾分类处理政策影响范围的扩散，以此加强村规民约的执行力度。

第三，合理增加农村生活垃圾分类处理投入，鼓励农户直接参与垃圾分类治理行为来增加垃圾分类处理产出，以此来提高农村生活垃圾分类治理成效。当地政府应倡导农户垃圾分类、参与垃圾分类和垃圾分类监督次数的直接参与方式，以此来增加垃圾分类处理产出、降低资金投入和人力投入；降低农户付费等间接参与方式，提高生活垃圾分类处理产出，从而提升农村生活垃圾分类处理效率。

第四，因地制宜地提升农村生活垃圾收运处置体系运行管理水平。按照《农村人居环境整治提升五年行动方案（2021－2025年）》的要求，始终坚持立足农村，问需于民，并在此基础之上坚持因地制宜，突出分类施策。农村生活垃圾处理体系要同区域气候条件和地形地貌相适应，同地方经济社会发展水平及治理能力相匹配，同当地文化特色和风土人情相协调，坚持数量服从质量、进度服从实效，求好不求快，既尽力而为，又量力而行。一是做好村庄保洁工作。努力实现村村有保洁，保洁员队伍建设及配比可根据所属区域面积、垃圾产量、收运方式、经济条件和基层组织情况合理确定；针对经济条件较好、保洁人员较为充足的地区，可实行垃圾定时定点收集模式，从源头提高垃圾分类减量效率。二是合理调整垃圾收运频次。针对分类减量后的其他生活垃圾，因其成分主要是不易腐烂的塑料包装、废纸等，因而其在居民家庭和垃圾收集点存放不易产生臭味，无须做到日产日清，根据产生量合理确定收运频次，在很大程度上可以降低收运成本。三是运行管护服务专业化，目前山东、安徽、河北、福建等地已经开展了很多有益探索。有的以县域为单位，实现城乡生活垃圾收运处理设施建设和运行一体化，政府向专业化企业支付服务费；有的以乡镇为单位，在县域范围内选择多家企业承担收运和处理服务，形成良性竞争。综合来看，农村生活垃圾收运处理服务在实现专业化后，除了需要政府有关部门、乡镇和行政村以及农民群众对专业公司的监督管理，有关部门还需制定服务质量的考核评估办法以保障日常检查工作，确保企业的服务满足质量要求。

第五，建立共建、共治、共享的农村生活垃圾治理工作机制。改善农村人居环境应以构建“纵向到底、横向到边、协商共治”的城乡治理体系为路径，着力构建共建共治共享的社会治理新格局。收运处置体系建设应充分发挥基层党组织的战斗堡垒作用及农民群众主体作用，发动群众“共谋、共建、共管、共评、共享”，构建农民群众全过程参与的工作机制。一是动员农民群众“共谋”分类和收集的方法。根据各地农村生活垃圾产生强度、特性，因地制宜地制定分类方式方法。垃圾分几类、何时收、何地收、收集桶如何标识、摆放位置等，都要在充分征求农民群众意见的基础上做出决策。只有农民群众普遍接受了，分类和收集设施的使用率才能真正提高。二是动员群众“共建”收运处置体系。村内事务主要由村民负责。各地应组织动员村民定期打扫庭院、房前屋后卫生。在从事传统农业生产的地区，也可以鼓励农民自建易腐垃圾沤肥设施。同时，因地制宜建立农户缴费制度，让农民群众合理缴纳一部分保洁费用，一方面可以作为收运处置体系建设资金的有效补充，另一方面也可以提高农民群众的参与程度。三是动员群众“共管”农村环境卫生。以当地政府为主导，制定村民环境卫生行为准则并纳入村规民约，明确和规范村民自觉维护公共环境的义务。四是动员群众“共评”治理成效。农村生活垃圾治理工作成效好不好主要由农民群众说了算。各地可以以自然村或村民小组为单位，成立保洁理事会、环境卫生理事会等自治组织，定期或不定期开展环境卫生检查，组织村民对治理效果进行评价。

9.2.3 促进农户参与农村生活垃圾分类处理的配套措施

第一，提升农户参与生活垃圾分类处理知晓率。各级政府、农村社区及公益组织等可通过组织开展多种形式的公益广告、文化宣传、教育培训等多种形式的宣传活动以及鼓励农户自我学习，使其了解环境污染问题，真正认识生活垃圾产生的污染及危害，不仅要强化农户对生活垃圾随意堆放、不分类产生的显性和短期不良影响的认识，如垃圾随意堆放造成的臭气熏天、蚊虫萦绕等直观现象，而且要使农户深刻认识到生活垃圾产生的隐性和长期不良影响，尤其是生活垃圾进行填埋、焚烧等传统处理方式的弊端，如混合处理产生的酸性和碱性污染物，会造成严重的水体污染和土壤污染，甚至威胁居民的身心健康等问题。通过上述举措来激发农户进行生态环境保护的内生动力,培养农户良好的生活垃圾处置习惯。

第二，优化奖惩机制建设，充分抓好典型示范。针对垃圾分类奖惩制度对农村居民的分类准确性产生影响，但总体影响发挥作用不够强、惩罚制度不够健全的情况，一是各相关主体应上下联动，优化体制建设。地方政府需统筹协调行政村和农村居民在垃圾分类过程中的利益关系，进一步完善对农村居民生活垃圾分类的约束机制。行政村除了对积极参加垃圾分类的村民给予形式丰富的奖励外，也需健全对分类情况较差的村民的惩罚机制，发挥资金在奖惩机制中的作用。奖励和罚款的资金情况最终以张贴公告等方式公布，既可以激发村民参与生活垃圾分类的热情，也可以增强其对垃圾分类工作的主体意识。二是可以进一步挖掘先进典型，从行政村角度出发，可以通过打造垃圾分类精品示范带，每条示范带可以涵盖精品示范行政村、道路、农贸市场等点位。通过串联整个精品示范带，示范带动分类质量提升，实现垃圾分类点上有“精品”、线上有“风景”、面上有“形象”。从村民角度出发，可以发现当前年轻人、学历较高的村民在垃圾分类的准确性上并没有突出成效，可以通过每月评选“分类标兵”、村小组优胜分类家庭，利用亲朋邻里的带动作用与分类激励机制，进一步提升其进行垃圾分类的准确性。

第三，强化分类过程“农民主体”，分类工作因“类”制宜。在垃圾分类准确性的影响因素中，知觉行为控制的外部因素（分类所花费时间）的影响程度高于内部因素（村民对分类标准的认知），且当前的垃圾收运（模式/设备）未对农村居民垃圾分类的准确性产生明显影响。要进一步提升农民在智慧收运制度中的参与感，首先要提升农村智慧收运制度在农户中的覆盖率，并持续更新设施、设备、资源，如通过人工智能识别反馈等，让农民真正能运用相关设备进行垃圾分类精准智能投放，减少投放所花费的时间成本。其次，应通过运用产权捆绑的方法，提升农村居民与垃圾分类的关联性，从而进一步提高分类效果。同时运用好可追溯管理、收运监控、处置监测等全流程各环节的信息采集、数据分析、辅助决策、在线监管和场景应用，提高垃圾分类信息化监管水平。

第四，在推进垃圾分类工作时要因“类”制宜。针对农村居民目前分类准确性较高的易腐垃圾，建设易腐垃圾就地减量点，鼓励开展阳光房堆肥、酵素制作等有利于农民利益的活动实现源头减量。针对农村居民认为可以回收获得收益的生活垃圾，可以通过积分兑换奖品等形式促进农村居民提升分类准确性。针对当前农民接触相对较少的有害垃圾、其他垃圾，可以通过智慧化设备或知识普及等方式，促进其垃圾分类准确性的提升。

第五，让群众“共享”治理成果。因地制宜推行农村生活垃圾治理积分奖励机制，对垃圾分类准确率较高的村民、工作情况较好的保洁员、工作成效突出的村庄给予激励奖励，提高农民群众在农村生活垃圾治理工作中的积极性、主动性。

参 考 文 献

阿衣包塔·塞尔克, 高雅, 杨立敏. 2018. 基于农户视角农村生活垃圾分类行为影响因素分析: 以新疆昭苏县为例[J]. 天津农业科学, 24(5): 39-43.

奥尔森 M. 1995. 集体行动的逻辑[M]. 陈郁, 郭宇峰, 李崇新译. 上海: 三联书店: 23-38.

奥斯特罗姆, 帕斯科, 惠特克. 2000. 公共服务的制度建构[M]. 宋安喜, 任睿译. 上海: 三联书店: 11-12.

卞荣星, 孙英杰, 李卫华, 等. 2014. 农村生活垃圾产生特性及处理处置对策研究[J]. 环境工程, 32(12): 100-102, 171.

操建华. 2019. 乡村振兴视角下农村生活垃圾处理[J]. 重庆社会科学, (6): 44-54.

曹海晶, 杜娟. 2020. 环境正义视角下的农村垃圾治理[J]. 华中农业大学学报(社会科学版), (1): 111-117, 167-168.

曹慧, 赵凯. 2018. 农户化肥减量施用意向影响因素及其效应分解: 基于 VBN-TPB 的实证分析[J]. 华中农业大学学报(社会科学版), (6): 29-38, 152.

曹占峰. 2012. 浅议生活垃圾分类收集评价指标[J]. 环境卫生工程, 20(6): 38-39, 44.

曹子健, 奉先焱, 刘海力, 等. 2019. 乡村振兴战略视角下农村垃圾治理的路径探索: 基于对湖南省娄底市的调研[J]. 环境与可持续发展, 44(2): 35-39.

常纪文, 吴雄, 孙天一. 2019. 推行我国农村垃圾分类和集中处理的法制思考[J]. 环境保护, 47(12): 11-17.

陈阿江, 林蓉. 2018. 农业循环的断裂及重建策略[J]. 学习与探索, (7): 26-33.

陈必鸣. 2014. 城市生活垃圾分类方法探讨[J]. 环境卫生工程, 22(5): 77-78.

陈金兰, 朱建军, 胡继连. 2022. 农场主希望“子承父业”吗?[J]. 农林经济管理学报, 21(2): 146-155.

陈凯, 胡静. 2018. 城市居民生活垃圾分类行为研究: 以北京市为例[J]. 城市观察, (4): 114-122.

陈兰芳, 吴刚, 张燕, 等. 2012. 垃圾分类回收行为研究现状及其关键问题[J]. 生态经济, (2):142-145.

陈冉. 2013. 沧东电厂海水淡化项目社会效益评价研究[D]. 北京: 华北电力大学.

陈蓉, 单胜道, 吴亚琪. 2008. 浙江省农村生活垃圾区域特征及循环利用对策[J]. 浙江林学院学报, 25(5): 644-649.

陈绍军, 李如春, 马永斌. 2015. 意愿与行为的悖离: 城市居民生活垃圾分类机制研究[J]. 中国人口·资源与环境, 25(9): 168-176.

陈燕茹, 李新. 2014. 生活垃圾分类试点城市管理现状对比分析[J]. 工业安全与环保, 40(2): 93-95.

陈云雁. 2014. 多中心治理视域下的南京市生活垃圾分类研究[D]. 南京: 南京师范大学.

陈占锋, 陈纪瑛, 张斌, 等. 2013. 电子废弃物回收行为的影响因素分析: 以北京市居民为调研对象[J]. 生态经济, (2): 178-183.
迟迅, 王宝杰, 孙成军, 等. 2017. 农村生活有机垃圾堆肥处理模式研究[J]. 山东农业大学学报(自然科学版), 48(5): 749-751.
褚祝杰, 西宝. 2012. 基于按排计费费用核算的城市生活垃圾付费模式研究[J]. 大连理工大学学报(社会科学版), 33(1): 84-89.
崔红志, 张鸣鸣. 2022. 农村人居环境整治的多元主体投入机制研究: 以河南省为例[J]. 农村经济, (3): 1-11.
崔铁宁, 王丽娜. 2017. 城市生活垃圾管理效率评价及影响因素研究[J]. 价格理论与实践, (10): 138-141.
崔亚飞, Bluemling B. 2018. 农户生活垃圾处理行为的影响因素及其效应研究: 基于拓展的计划行为理论框架[J]. 干旱区资源与环境, 32(4): 37-42.
戴迎春. 2017. 村镇生活垃圾源头分类减量模式探讨: 以上海市为例[J]. 环境卫生工程, 25(1): 57-61.
邓斌, 孙建敏. 2013. 我国粮油上市公司经营绩效综合评价: 基于因子分析和聚类分析[J]. 技术经济, 32(2): 77-84, 96.
邓俊淼. 2012. 农户生活垃圾处理支付意愿及影响因素分析: 基于对南水北调中线工程水源地的调查分析[J]. 生态经济(学术版), (1): 407-410.
邓立新. 2014. 农村公共产品供给效率与制度构建: 对成都市农村中小型公共设施“村民自建”试点的调查思考[J]. 经济体制改革, (3): 90-93.
邓正华, 张俊飚, 许志祥, 等. 2013.农村生活环境整治中农户认知与行为响应研究: 以洞庭湖湿地保护区水稻主产区为例[J]. 农业技术经济, (2): 72-79.
董磊明, 郭俊霞. 2017. 乡土社会中的面子观与乡村治理[J]. 中国社会科学, (8): 147-160.
董明涛, 闵锐, 曹海琴. 2013. 农村公共产品多元合作供给的治理模式研究[J]. 西北农林科技大学学报(社会科学版), 13(6): 33-38, 43.
窦璐. 2016. 旅游者感知价值、满意度与环境负责行为[J]. 干旱区资源与环境, 30(1): 197-202.
段文婷, 江光荣. 2008. 计划行为理论述评[J]. 心理科学进展, (2): 315-320.
范海玉, 申静. 2009. 论农村环境保护中的公众参与制度[J]. 保定学院学报, 22(5): 36-39.
费孝通. 2008. 乡土中国[M]. 北京: 人民出版社: 135-150.
符加林, 崔浩, 黄晓红. 2007. 农村社区公共物品的农户自愿供给: 基于声誉理论的分析[J]. 经济经纬, (4): 106-109.
付静尘, 韩烈保. 2010. 丹江口库区农户对面源污染的认知度及生产行为分析[J]. 中国人口·资源与环境, 20(5): 70-74.
付素霞, 田磊. 2013. 农村垃圾处理的路径选择[J]. 河南科技, (21): 163, 171.
高庆标, 徐艳萍. 2011. 农村生活垃圾分类及综合利用[J]. 中国资源综合利用, 29(9): 61-63.
高秀梅, 史耀疆. 2014. 农村生活固体垃圾处置服务供给的影响因素分析[J]. 金融经济, (10): 174-175.
高阳. 2014. 生活垃圾资源化的法律对策研究[D]. 乌鲁木齐: 新疆财经大学.

高月养, 陈明珠, 童智. 2020. 激励理论视角下广州市居民生活垃圾分类激励对策研究[J]. 市场周刊, 33(12): 135-137.

龚文娟. 2008. 中国城市居民环境友好行为之性别差异分析[J]. 妇女研究论丛, (6): 11-17.

谷中原, 谭国志. 2009. 农村垃圾治理研究: 以武陵山区 S 县 L 乡为例[J]. 湖南农业大学学报(社会科学版), 10(1): 34-39.

郭利京, 赵瑾. 2014. 非正式制度与农户亲环境行为: 以农户秸秆处理行为为例[J]. 中国人口·资源与环境, 24(11): 69-75.

韩洪云, 张志坚, 朋文欢. 2016. 社会资本对居民生活垃圾分类行为的影响机理分析[J]. 浙江大学学报(人文社会科学版), 46(3): 164-179.

韩明敏, 袁凤林. 2018. 居民垃圾分类的意愿及影响因素调查研究: 以扬州市为例[J]. 现代商贸工业, 39(12): 126-127.

韩泽东, 李相儒, 毕峰, 等. 2019. 我国农村生活垃圾分类收运模式探究: 以杭州市为例[J]. 农业环境科学学报, 38(3): 688-695.

韩智勇, 梅自力, 孔垂雪, 等. 2015. 西南地区农村生活垃圾特征与群众环保意识[J]. 生态与农村环境学报, 31(3): 314-319.

郝婵娟. 2021. A 市城市居民生活垃圾分类治理的困境与优化路径[D]. 延安: 延安大学.

郝明月. 2009. 垃圾分类中环境意识与环境行为的相关性探究: 北京市居民垃圾分类现状及环保意识的调查[J]. 内蒙古环境科学, 21(2): 5-10.

何可, 张俊飚, 田云. 2013. 农业废弃物资源化生态补偿支付意愿的影响因素及其差异性分析: 基于湖北省农户调查的实证研究[J]. 资源科学, 35(3): 627-637.

何孟伟, 黄世伟, 刘婧楠, 等. 2015. 助推上海市垃圾分类的"C-GSSC"循环研究[J]. 中国人口·资源与环境, 25(S2): 365-367.

何水晶, 李启彬, 刘忠鹏. 2007. 新农村建设中的垃圾处理对策探讨[J]. 农村经济, (12): 114-116.

贺文清. 2019. 垃圾分类相关概念界定及研究动态[J]. 经济研究导刊, (35): 162-165, 172.

洪学婷, 张宏梅. 2016. 国外环境责任行为研究进展及对中国的启示[J]. 地理科学进展, 35(12): 1459-1471.

胡洪彬. 2009. 新农村建设背景下农村民间组织的能力建设: 问题与对策[J]. 农村经济, (3): 50-53.

胡燕华. 2019. 农村生活垃圾污染治理的法律制度研究[J]. 农业经济, (2): 35-37.

黄开兴, 王金霞, 白军飞, 等. 2012. 农村生活固体垃圾排放及其治理对策分析[J]. 中国软科学, (9): 72-79.

黄玉莹. 2017. 农村生活垃圾概述及污染防治法律对策[J]. 法制博览, (12): 171-172.

吉崇喆, 鞠晓丹. 2017. 沈阳市生活垃圾分类收集进展效果评价[J]. 环境卫生工程, 25(5): 16-18.

贾小梅, 陈颖, 赵源坤, 等. 2018. 我国农村生活垃圾治理的困境与机制模式创新: 基于河北、浙江、广西等地农村生活垃圾治理的调研[J]. 环境与可持续发展, 43(3): 66-68.

贾亚娟. 2021. 社会资本、环境关心与农户参与生活垃圾分类治理的选择偏好研究[D]. 杨凌: 西北农林科技大学.

贾亚娟, 赵敏娟. 2019. 环境关心和制度信任对农户参与农村生活垃圾治理意愿的影响[J]. 资源科学, 41(8): 1500-1512.
贾亚娟, 赵敏娟, 夏显力, 等. 2019. 农村生活垃圾分类处理模式与建议[J]. 资源科学, 41(2): 338-351.
江淑梅. 2008. 农村生活垃圾处理对策[J]. 科技资讯, (1): 135-136.
姜利娜, 赵霞. 2020. 农村生活垃圾分类治理: 模式比较与政策启示: 以北京市 4 个生态涵养区的治理案例为例[J]. 中国农村观察, (2): 16-33.
姜太碧, 袁惊柱. 2013. 城乡统筹发展中农户生活污物处理行为影响因素分析: 基于“成都试验区”农户行为的实证[J]. 生态经济, (4): 161-164, 192.
蒋琳莉, 张俊飚, 何可, 等. 2014. 农业生产性废弃物资源处理方式及其影响因素分析: 来自湖北省的调查数据[J]. 资源科学, 36(9): 1925-1932.
蒋晓琴. 2015. 探讨农村生活垃圾处理措施[J]. 科技风, (8): 122-123.
蒋妍, 张肖阳, 郝明月, 等. 2008. 北京居民垃圾分类行为及其环境意识研究[J]. 中国青年政治学院学报, (6): 114-119.
焦开山. 2014. 社会经济地位、环境意识与环境保护行为: 一项基于结构方程模型的分析[J]. 内蒙古社会科学(汉文版), 35(6): 138-144.
焦艳鹏. 2013. 公民环境义务配置的依据与边界: 以《北京市生活垃圾管理条例》为例[J]. 中国地质大学学报(社会科学版), 13(6): 9-16, 133.
景小红, 赵秋成. 2016. 农村公共产品供给新路径: 协同供给机制[J]. 山西师大学报(社会科学版), 43(1): 33-36.
康佳宁. 2019. 浙江省农村居民生活垃圾分类意愿、行为及其一致性研究[D]. 杭州: 浙江农林大学.
康佳宁, 王成军, 沈政, 等. 2018. 农民对生活垃圾分类处理的意愿与行为差异研究: 以浙江省为例[J]. 资源开发与市场, 34(12): 1726-1730, 1755.
亢一鸣, 田国英, 王书华. 2021. 中国居民家庭杠杆率对风险金融资产投资选择的影响[J]. 经济问题, (12): 29-35.
科斯 R H. 1990. 企业、市场与法律[M]. 盛洪, 陈郁译. 上海: 三联书店: 127-136.
孔劲松, 谢旭禾, 姚歆元, 等. 2019. 社区生活垃圾分类行为调查与优化策略研究[J]. 再生资源与循环经济, 12(12): 20-25.
蓝英, 朱庆华. 2009. 废旧家电回收管理中消费者参与影响因素实证研究[J]. 生态经济, (7): 52-55.
李爱民. 2018. 农村垃圾分类的困境和出路[J]. 农村科学实验, (6): 113.
李伯华, 刘传明, 曾菊新. 2008. 基于农户视角的江汉平原农村饮水安全支付意愿的实证分析: 以石首市个案为例[J]. 中国农村观察, (3): 20-28.
李丹, 陈冠益, 马文超, 等. 2018. 中国村镇生活垃圾特性及处理现状[J]. 中国环境科学, 38(11): 4187-4197.
李丽丽, 李文秀, 栾胜基. 2013. 中国农村环境自主治理模式探索及实践研究[J]. 生态经济, (11): 166-169, 193.
李冬梅. 2016. 城市居民生活垃圾分类低效性分析: 一个行为经济学视角[J]. 知识经济, (20):

7-8.
李冠杰. 2017. 农村环境基础设施建设中的农民筹资意愿研究：以陕西省为例[J]. 生态经济, 33(12): 109-113, 126.
李红, 刘玉桥, 徐建斌, 等. 2016. 湖南省农村环境保护的社区机制模式[J]. 经济地理, 36(7): 154-159, 172.
李华, 张靖会. 2008. 公共产品需求弹性与市场供给的相关分析[J]. 财政研究, (10): 36-39.
李乐兰. 2018. 垃圾分类绩效评估指标体系构建研究[D]. 厦门：厦门大学.
李齐云, 张维娜. 2010. 农村垃圾治理服务：第三部门供给的可行性研究[J]. 山东经济, 26(1): 81-85.
李秋成, 周玲强. 2015. 感知行为效能对旅游者环保行为决策的影响[J]. 浙江大学学报(理学版), 42(4): 459-465.
李全鹏. 2017. 中国农村生活垃圾问题的生成机制与治理研究[J]. 中国农业大学学报(社会科学版), 34(2): 14-23.
李巍. 2017. 深圳市生活垃圾治理研究[D]. 大连：大连海事大学.
李相儒, 毕峰, 韩泽东, 等. 2020. 农村生活垃圾分类减量资源化模式及其影响因素与管理对策：以杭州市为例[J]. 环境卫生工程, 28(3): 93.
李小云. 2001. 参与式发展概论：理论—方法—工具[M]. 北京：中国农业大学出版社: 233-250.
李晓然. 2013. 广州市生活垃圾分类处理项目社会评价指标体系探究[J]. 商, (24): 287.
李延吉, 李玉龙, 赵宁, 等. 2012. 基于源头提质制 RDF 中垃圾机械分选效率研究[J]. 可再生能源, 30(7): 88-92.
李異平, 曾曼薇. 2019. 城市垃圾分类与居民地方认同研究[J]. 中国环境管理, 11(5): 107-114, 31.
李玉敏, 白军飞, 王金霞, 等. 2012. 农村居民生活固体垃圾排放及影响因素[J]. 中国人口·资源与环境, 22(10): 63-68.
李再兴, 秦学, 李贵霞, 等. 2014. 农村生活垃圾源头分置、分类处理方法研究[J]. 环境工程, 32(8): 85-88.
梁爽, 姜楠, 谷树忠. 2005. 城市水源地农户环境保护支付意愿及其影响因素分析：以首都水源地密云为例[J]. 中国农村经济, (2): 55-60.
梁增芳, 肖新成, 倪九派. 2014. 三峡库区农村生活垃圾处理支付意愿及影响因素分析[J]. 环境污染与防治, 36(9): 100-105, 110.
廖茂林. 2020. 社区融合对北京市居民生活垃圾分类行为的影响机制研究[J]. 中国人口·资源与环境, 30(5): 118-126.
林丽梅, 刘振滨, 黄森慰, 等. 2017. 农村生活垃圾集中处理的农户认知与行为响应：以治理情境为调节变量[J]. 生态与农村环境学报, 33(2): 127-134.
刘春霞, 郭鸿鹏. 2016. 乡村社会资本、收入水平与农户参与农村环保公共品合作供给：基于分层模型的实证研究[J]. 农业技术经济, (11): 56-65.
刘方. 2014. 我国基本公共品区域供给差异性分析[J]. 当代经济管理, 36(7): 38-52.
刘计峰. 2008. 大学生环境行为的影响因素分析[J]. 当代青年研究, (11): 61-66.

刘杰. 2013. 农村生活垃圾处理面临的形势与治理对策[J]. 山东农业科学, 45(2): 150-152.
刘洁, 何彦锋. 2013. 基于 GIS 的成都市生活垃圾收运路线优化研究[J]. 西南师范大学学报(自然科学版), 38(4): 80-87.
刘敏. 2020. 城乡融合视野下农村人居环境治理的目标与措施研究[J]. 农业经济, (3): 33-35.
刘巍, 田金平, 李星, 等. 2012. 基于 DEA 的中国综合类生态工业园生态效率评价方法研究[J]. 中国人口・资源与环境, 22(S1): 93-97.
刘贤伟, 吴建平. 2013. 大学生环境价值观与亲环境行为: 环境关心的中介作用[J]. 心理与行为研究, 11(6): 780-785.
刘莹, 王凤. 2012. 农户生活垃圾处置方式的实证分析[J]. 中国农村经济, (3): 88-96.
刘余, 朱红根, 张利民. 2023. 信息干预可以提高农村居民生活垃圾分类效果吗: 来自太湖流域农户行为实验的证据[J]. 农业技术经济, (1): 112-126.
刘云霞. 2013. 不同职业群体环保意识和环保行为特征分析: 以沈阳市居民为例[J]. 环境保护科学, 39(4): 104-107, 119.
卢崴诩. 2017. 宗教公益慈善事业的建立与运行: 台湾地区慈济垃圾分类回收志业的成功经验与启示[J]. 华东理工大学学报(社会科学版), 32(2): 1-8, 29.
鲁圣鹏, 杜欢政, 李雪芹. 2018. 从碎片化到协同: 中国农村生活垃圾治理之路[J]. 世界农业, (9): 226-231.
鲁先锋. 2013. 垃圾分类管理中的外压机制与诱导机制[J]. 城市问题, (1): 86-91.
陆莹莹, 赵旭. 2009. 基于 TPB 理论的居民废旧家电及电子产品回收行为研究: 以上海为例[J]. 管理评论, 21(8): 85-94.
罗曼, 吴越. 2015. 生活垃圾分类回收与处理的法律问题研究: 以成都市为例[J]. 光华法学, (1): 157-186.
罗仁才, 张莹. 2008. 德国城市生活垃圾分类方法研究[J]. 中国资源综合利用, (7): 30-31.
马本, 杜倩倩. 2011. 中国城市生活垃圾收费方式的比较研究[J]. 中国地质大学学报(社会科学版), 11(5): 7-14.
马国贤, 任晓辉. 2018. 全面实施绩效管理: 理论、制度与顶层设计[J]. 中国行政管理, (4): 13-18.
马俊秀. 2019. 论城市生活垃圾分类回收的法律制度[J]. 佳木斯职业学院学报, (1): 76-77.
梅帅. 2020. 城市生活垃圾分类立法: 理念、模式与制度构造[J]. 宁夏社会科学, (1): 72-80.
倪明, 杨雪蓓, 郭军华, 等. 2015. 废旧手机回收行为影响因素的实证研究: 基于在校大学生问卷调查[J]. 北京交通大学学报(社会科学版), 14(3): 89-96.
聂二旗, 郑国砥, 高定, 等. 2017. 中国西部农村生活垃圾处理现状及对策分析[J]. 生态与农村环境学报, 33(10): 882-889.
宁清同, 胡晓舒. 2011. 我国农村生活垃圾污染防治法律制度探讨[J]. 社会科学战线, (8): 202-210.
潘立力. 2015. 农村生活固体垃圾处理的影响因素分析[J]. 科技与创新, (7): 154, 156.
庞芳芳. 2010. 基于 SCI 的我国科研能力及学术水平评价[D]. 青岛: 青岛科技大学.
庞明礼, 于珂. 2020. “齐抓共管”的绩效偏差及其变通策略: 基于 W 市生活垃圾分类试点的案例研究[J]. 理论与改革, (4): 106-115.
彭卫娟. 2019. 农村生活垃圾分类政策优化研究: 以浙江省安吉县为例[J]. 经济研究导刊, (34): 21-23.
彭远春. 2011. 我国环境行为研究述评[J]. 社会科学研究, (1): 104-109.
彭远春. 2015. 城市居民环境认知对环境行为的影响分析[J]. 中南大学学报(社会科学版), 21(3): 168-174.
普锦成, 袁进, 李晓姣, 等. 2012. 我国农村生活垃圾污染现状与治理对策[J]. 现代农业科技, (4): 283-285.
祁毓, 卢洪友, 吕翅怡. 2015. 社会资本、制度环境与环境治理绩效: 来自中国地级及以上城市的经验证据[J]. 中国人口·资源与环境, 25(12): 45-52.
乔露. 2017. 城市生活垃圾分类行为意愿的影响因素分析[J]. 当代经济, (4): 76-78.
邱成梅. 2020. 农户参与度视角下的农村垃圾治理绩效研究[J]. 干旱区资源与环境, 34(5): 37-43.
曲英. 2011. 城市居民生活垃圾源头分类行为的影响因素研究[J]. 数理统计与管理, 30(1): 42-51.
曲英, 朱庆华. 2008. 居民生活垃圾循环利用影响因素及关系模型[J]. 管理学报, 5(4): 555-560.
曲英, 朱庆华. 2009. 城市居民生活垃圾源头分类行为意向研究[J]. 管理评论, 21(9): 108-113.
曲英, 朱庆华. 2010. 情境因素对城市居民生活垃圾源头分类行为的影响研究[J]. 管理评论, 22(9): 121-128.
曲延春. 2014. 四维框架下的"多元协作供给": 农村公共产品供给模式创新研究[J]. 理论探讨, (4): 164-167.
秦曼, 杜元伟, 万骁乐. 2020. 基于 TPB-NAM 整合的海洋水产企业亲环境意愿研究[J]. 中国人口·资源与环境, 30(9): 75-83.
任鸣鸣, 祝九月. 2014. 消费者投交电子废弃物行为实证研究[J]. 环境科学与技术, 37(10): 189-194.
任越, 杨俊杰. 2020. 生活垃圾分类处理方式的生态效率评价[J]. 中国环境科学, 40(3): 1166-1175.
尚虎平, 刘红梅. 2020. 城市社区垃圾分类的绩效及其影响因素测评: 一个全面绩效管理视角下的非干涉研究[J]. 甘肃行政学院学报, (2): 34-45, 125.
申振东, 姚恩雪. 2018. 我国农村生活垃圾处理: 政策演变、实施现状及完善路径[J]. 贵州社会科学, (9): 85-91.
沈昊婧, 谢双玉, 高悦, 等. 2010. 大学生环境行为调查及其影响因素分析: 以武汉地区为例的实证研究[J]. 华中师范大学学报(自然科学版), 44(4): 702-707.
沈苏莉. 2014. 从碎片化到协同: 农村垃圾的治理[J]. 特区经济, (5): 156-158.
盛光华, 庞英, 张志远. 2016. 生态红线约束下环境关心对绿色消费意图的传导机制研究[J]. 软科学, 30(4): 85-88, 92.
施晟, 卫龙宝, 伍骏骞. 2012. 中国现代农业发展的阶段定位及区域聚类分析[J]. 经济学家, (4): 63-69.
石燎燃, 吴颖霁. 2016. 城市生活垃圾分类工作中资金的使用效率研究[J]. 环境卫生工程, 24(3):

87-89.
石志恒, 张衡. 2020. 基于扩展价值-信念-规范理论的农户绿色生产行为研究[J]. 干旱区资源与环境, 34(8): 96-102.
史桂芬, 李真. 2021. 人口流动、财政分权与地方政府治理[J]. 经济经纬, 38(6): 130-139.
史雨星, 李超琼, 赵敏娟. 非市场价值认知、社会资本对农户耕地保护合作意愿的影响[J]. 中国人口·资源与环境, 29(4): 94-103.
宋国君, 张珵, 孙月阳, 等. 2018. 基于源头分类和资源回收的城市生活垃圾管理指标体系设计[J]. 环境污染与防治, 40(9): 1074-1078.
宋霁, 王昕昕. 2017. 生活垃圾分类专项财政绩效评估[J]. 城市管理与科技, 18(6): 44-45.
宋丽娜, 田先红. 2011. 论圈层结构: 当代中国农村社会结构变迁的再认识[J]. 中国农业大学学报(社会科学版), 28(1): 109-121.
宋言奇. 2010. 发达地区农民环境意识调查分析: 以苏州市 714 个样本为例[J]. 中国农村经济, (1): 53-62, 73.
宿莹. 2022. 中国农村生活垃圾治理问题研究[D]. 长春: 吉林大学.
睢党臣, 肖文平. 2014. 农村公共服务质量测度与提升路径选择: 基于因子聚类分析方法[J]. 陕西师范大学学报(哲学社会科学版), 43(5): 148-158.
孙宏伟, 李定龙, 杨彦, 等. 2012. 镇江市村镇生活垃圾产生特征及影响因素研究[J]. 常州大学学报(自然科学版), 24(1): 59-61.
孙翔, 黄如晖, 朱婧霖, 等. 2018. 基于DEA模型的农村生活垃圾处理工程环境及经济效益评估[J]. 农业工程学报, 34(16): 190-197.
孙岩, 宋金波, 宋丹荣. 2012. 城市居民环境行为影响因素的实证研究[J]. 管理学报, 9(1): 144-150.
孙钰, 王坤岩, 姚晓东. 2015. 基于 DEA 交叉效率模型的城市公共基础设施经济效益评价[J]. 中国软科学, (1): 172-183.
谭灵芝, 孙奎立. 2019. 城市生活垃圾分类回收网络治理关系研究: 基于指数随机图模型的分析[J]. 城市与环境研究, (2): 39-54.
谭文柱. 2011. 城市生活垃圾困境与制度创新: 以台北市生活垃圾分类收集管理为例[J]. 城市发展研究, 18(7): 95-101.
谭雪兰, 周国华, 朱苏晖, 等. 2015. 长沙市农村居民点景观格局变化及地域分异特征研究[J]. 地理科学, 35(2): 204-210.
唐家富, 马鸿发, 张建. 2000. 城市生活垃圾资源化利用探讨[J]. 再生资源研究, (4): 31-33.
唐林, 罗小锋, 张俊飚. 2019. 社会监督、群体认同与农户生活垃圾集中处理行为: 基于面子观念的中介和调节作用[J]. 中国农村观察, (2): 18-33.
唐旭, 张越, 方向明. 2018. 农村居民生活垃圾收运费用与支付意愿研究: 基于全国五省的调查[J]. 中国农业大学学报, 23(8): 204-211.
陶蕊. 2011. 基于计划行为理论的环保型产品购买行为分析[J]. 云南农业大学学报(社会科学版), 5(2): 76-82.
田万慧, 陈润羊. 2013. 甘肃省农村居民环境意识影响因素分析: 基于年龄、性别、文化水平群体的分析[J]. 干旱区资源与环境, 27(5): 33-39.
王爱琴, 高秋风, 史耀疆, 等. 2016. 农村生活垃圾管理服务现状及相关因素研究: 基于5省101个村的实证分析[J]. 农业经济问题, 37(4): 30-38, 111.
王常伟, 顾海英. 2012. 农户环境认知、行为决策及其一致性检验: 基于江苏农户调查的实证分析[J]. 长江流域资源与环境, 21(10): 1204-1208.
王晨阳, 张宇, 陈登航. 2022. 理性与道德的双重驱动: “双碳”目标下公众低碳减排行为影响因素研究[J]. 大连海事大学学报(社会科学版), 21(3): 66-73.
王春霞. 2013. 基于DEA的城市市容环境卫生效率分析[J]. 电子制作, (16): 249.
王大海, 姚飞, 郑玉香. 2011. 基于计划行为理论的信用卡使用意向分析及其营销策略研究[J]. 管理学报, 8(11): 1682-1689, 1713.
王笃明, 王婷婷, 葛列众. 2016. 公众生活垃圾源头分类行为影响因素研究综述[J]. 人类工效学, 22(3): 75-79.
王凤. 2008. 公众参与环保行为影响因素的实证研究[J]. 中国人口·资源与环境, 18(6): 30-35.
王建明. 2008. 垃圾按量收费的理论基础、实践效果及经验借鉴[J]. 价格理论与实践, (1): 30-31.
王金霞, 李玉敏, 黄开兴, 等. 2011. 农村生活固体垃圾的处理现状及影响因素[J]. 中国人口·资源与环境, 21(6): 74-78.
王君. 2017. 我国农村垃圾分类问题现状与改进对策[J]. 环境卫生工程, 25(1): 24-26.
王俊能, 许振成, 胡习邦, 等. 2010. 基于DEA理论的中国区域环境效率分析[J]. 中国环境科学, 30(4): 565-570.
王磊, 李佳佳, 丁孟, 等. 2020. 美丽乡村建设背景下农村生活垃圾治理问题研究: 以河北省新乐市为例[J]. 农村经济与科技, 31(15): 273-274.
王磊, 钟杨. 2014. 中国城市居民环保态度、行为类别及影响因素研究: 基于中国34个城市的调查[J]. 上海交通大学学报(哲学社会科学版), 22(6): 63-73.
王明哲, 冉伦, 张增博. 2017. 基于DEA-Malmquist和Tobit regression的物联网上市公司效率评价[J]. 数学的实践与认识, 47(11): 74-83.
王娜. 2021. 农村生活垃圾分类处理的问题及对策研究: 以LD市ZL乡为例[D]. 长沙: 湖南师范大学.
王宁娟, 赵映诚. 2013. 基于政府管制的新农村垃圾处理对策研究[J]. 安徽农业科学, 41(16): 7363-7366.
王群. 2010. 奥斯特罗姆制度分析与发展框架评介[J]. 经济学动态, (4): 137-142.
王瑞梅, 张旭吟, 张希玲, 等. 2015. 农户固体废弃物排放行为影响因素研究: 基于山东省农户调查的实证[J]. 中国农业大学学报(社会科学版), 32(1): 90-98.
王晓红. 2017. 上海农村垃圾源头分类的可行性研究[J]. 再生资源与循环经济, 10(2): 26-32.
王新. 2022. 贵州省农村生活垃圾集中处理农户支付意愿研究[D]. 贵阳: 贵州大学.
王学婷, 张俊飚, 何可, 等. 2019. 农村居民生活垃圾合作治理参与行为研究: 基于心理感知和环境干预的分析[J]. 长江流域资源与环境, 28(2): 459-468.
王亚华. 2017. 对制度分析与发展(IAD)框架的再评估[J]. 公共管理评论, (1): 3-21.
王媛, 程曦, 殷培红, 等. 2013. 影响中国碳排放绩效的区域特征研究: 基于熵值法的聚类分析

[J]. 自然资源学报, 28(7): 1106-1116.
王子坤, 邹伟, 王雪琪. 2018. 农户宅基地退出的行为与意愿悖离研究[J]. 中国土地科学, 32(7): 29-35.
韦海燕. 2021. 产权理论视角下提高生活垃圾分类效果的研究[J]. 中国资源综合利用, 39(4): 42-46, 55.
魏佳容. 2015. 城乡一体化导向的生活垃圾统筹治理研究[J]. 中国人口·资源与环境, 25(4): 171-176.
魏佳容, 李长健. 2014. 我国农村生活垃圾污染防治的法律对策: 基于湖南省常德市石门县的问卷调查[J]. 华中农业大学学报(社会科学版), (2): 16-22.
魏璘. 2014. 大学生环境态度对环境政策支持度预测的跨地区研究[J]. 福建农林大学学报(哲学社会科学版), 17(5): 78-83.
魏娜. 2015. 环境治理中公众参与模式的战略性认知与建构[J]. 陕西行政学院学报, 29(1): 16-22.
问锦尚, 张越, 方向明. 2021. "源头分类"视角下农村生活垃圾治理的有效路径: 基于全国五省的调查分析[J]. 农村经济, (3): 26-33.
巫丽俊, 王丹丹, 钟树明, 等. 2013. 农村生活垃圾常用处理技术及其发展趋势[J]. 安徽农业科学, 41(19): 8271-8272, 8297.
吴桂英. 2014. 国内环境行为研究综述[J]. 经济研究导刊, (14): 7-9.
吴建. 2012. 农户对生活垃圾集中处理费用的支付意愿分析: 基于山东省胶南市、菏泽市的实地调查[J]. 青岛农业大学学报(社会科学版), 24(2): 27-31, 41.
吴柳芬, 杨奕. 2018. 基层政府权责配置与农村垃圾治理的实践: 以桂北 M 镇"清洁乡村"治理项目为例[J]. 南京工业大学学报(社会科学版), 17(3): 32-41.
吴清津, 邹锐, 杨春梅, 等. 2014. 基于价值共创的垃圾处理服务变革和社会营销策略[J]. 中国人口·资源与环境, 24(2): 119-124.
吴书超, 李新辉. 2011. 社区居民生活垃圾源头分类认知、行为及影响因素调查[J]. 社区医学杂志, 9(5): 44-46.
吴玉锋. 2011. 新型农村社会养老保险参与行为实证分析: 以村域社会资本为视角[J]. 中国农村经济, (10): 64-76.
向玉琼, 张健培, 温瑜. 2022. 农村垃圾之殇如何破解: 一个互动治理的分析框架: 基于广东省 W 县的个案[J]. 南京农业大学学报(社会科学版), 22(2): 75-87.
肖新成. 2015. 农户对农业面源污染认知及其环境友好型生产行为的差异分析: 以江西省袁河流域化肥施用为例[J]. 环境污染与防治, 37(9): 104-109.
谢文理, 傅大放, 邹路易. 2008. 分类收集对城市生活垃圾收运效率的影响分析[J]. 环境卫生工程, (3): 41-43.
谢玉. 2017. 关于农村垃圾分类回收奖励制度的分析[J]. 现代盐化工, 44(3): 71-72.
邢俊明. 2019. 生活垃圾分类和减量效果评价: 以南方某填埋场服务区域为例[D]. 武汉: 华中科技大学.
邢美华, 张俊飚, 黄光体. 2009. 未参与循环农业农户的环保认知及其影响因素分析: 基于晋、鄂两省的调查[J]. 中国农村经济, (4): 72-79.
徐大伟, 段姗姗, 王佳宏, 等. 2011. 我国大学生环境行为群体效应的实证研究: 基于 12 所高校的调研数据分析[J]. 中国高教研究, (3): 51- 54.
徐钢, 李相儒, 屠翰, 等. 2019. 杭州市农村生活垃圾分类减量资源化模式经济性分析[J]. 环境污染与防治, 41(2): 240-245, 251.
徐林. 2016. 新加坡的“超前治理”城市管理及其启示[J]. 环球市场信息导报, (8): 7-12.
徐林, 凌卯亮, 卢昱杰. 2017. 城市居民垃圾分类的影响因素研究[J]. 公共管理学报, 14(1): 142-153, 160.
徐婷婷. 2010. 对外贸易优势行业评价模型的构建: 基于比较优势理论的分析[D]. 重庆: 重庆大学.
徐旺旺. 2017. 常熟市梅李镇农村生活垃圾分类处理现状、问题及对策研究[D]. 苏州: 苏州大学.
徐杨. 2016. 罗田县农户参与农村生活垃圾治理研究[D]. 南宁: 广西大学.
徐颖, 秋春童. 2016. 人口统计特征对城市居民生活垃圾按量缴费行为意向的影响研究[J]. 中央财经大学学报, (8): 93-102.
许增巍. 2016. 农村生活垃圾集中处理农户合作行为研究[D]. 杨凌: 西北农林科技大学.
许增巍, 姚顺波, 苗珊珊. 2016. 意愿与行为的悖离: 农村生活垃圾集中处理农户支付意愿与支付行为影响因素研究[J]. 干旱区资源与环境, 30(2): 1-6.
薛玲, 苏志国, 张淑萍, 等. 2016. 农村生活垃圾四分类法的实验研究[J]. 中国人口·资源与环境, 26(S2): 168-173.
薛庆根, 褚保金, 俞立平. 2008. 基于 DEA 的城市市容环境卫生效率研究[J]. 生态经济, (5): 133-136.
闫海峰. 2015. 新制度经济学视角下的产权制度理论综述[J]. 赤峰学院学报(自然科学版), 31(16): 99-100.
闫林. 2016. 推进农村生活污染治理的财政政策建议[J]. 中国财政, (5): 43-44.
闫秋鹤, 王洪涛, 刘彦廷. 2021. 应用含水率评价厨余垃圾和其他垃圾的分类效果以及垃圾的能源利用效率: 以张家港市为例[J]. 环境工程, 39(2): 105-109, 159.
闫岩. 2014. 计划行为理论的产生、发展和评述[J]. 国际新闻界, 36(7): 113-129.
严宇珺, 严运楼. 2020. 城市生活垃圾分类试点政策执行问题与对策探讨: 以上海市徐汇区梅陇三村为例[J]. 生态经济, 36(3): 197-200.
阎宪, 马江雅, 郑怀礼. 2010. 完善我国城市生活垃圾分类回收标准的建议[J]. 环境保护, (15): 44-46.
杨丹华. 2009. 西方社区治理中的公民参与: 从登哈特新公共服务理论实践谈起[J]. 陕西行政学院学报, 23(2): 41-44.
杨金龙. 2013. 农村生活垃圾治理的影响因素分析: 基于全国 90 村的调查数据[J]. 江西社会科学, 33(6): 67-71.
杨龑, 陈海滨, 杨禹, 等. 2018. 基于F-measure的生活垃圾分类效果评价指标优化研究[J]. 环境卫生工程, 26(3): 1-3.

杨婷. 2009. 知觉行为控制对可持续消费行为的影响研究[D]. 长沙: 湖南大学.
杨熠, 贲立欣. 2022. 辽宁省农村生活垃圾资源化利用研究[J]. 新农业, (10): 91.
姚广, 张凯, 张坤令, 等. 2020.政府干预资源化: 政府资金、社会资本与垃圾分类绩效[J]. 商业会计, (9): 38-42.
姚金鹏, 郑国全. 2019. 中外农村垃圾治理与处理模式综述[J]. 世界农业, (2): 77-82.
叶春辉. 2007. 农村垃圾处理服务供给的决定因素分析[J]. 农业技术经济, (3): 10-16.
伊庆山. 2019. 乡村振兴战略背景下农村生活垃圾分类治理问题研究: 基于s省试点实践调查[J]. 云南社会科学, (3): 62-70.
易思宇, 陈海滨, 胡洋, 等. 2012. 基于DEA模型的生活垃圾转运站产能及效率评价的初步研究[J]. 环境卫生工程, 20(1): 44-46.
尹洁林, 葛新权, 郭健. 2012. 大学生电子垃圾回收行为意向的影响因素研究[J]. 预测, 31(2): 31-37.
尹昕, 王玉, 车越, 等. 2017. 居民生活垃圾分类行为意向影响因素研究: 基于计划行为理论[J]. 环境卫生工程, 25(2): 10-14.
游文佩, 吴东民. 2014. 农村垃圾处理难题的破解: 以村民自主治理为视角[J]. 中共青岛市委党校. 青岛行政学院学报, (2): 86-89.
于伟. 2010. 基于计划行为理论的居民环境行为形成机理研究: 基于山东省内大中城市的调查[J]. 生态经济, (6): 160-163.
余福茂, 段显明, 梁慧娟. 2011. 居民电子废物回收行为影响因素的实证研究[J]. 中国环境科学, 31(12): 2083-2090.
余洁. 2009. 关于中国城市生活垃圾分类的法律研究[J]. 环境科学与管理, 34(4): 13-15.
余思海, 朱晴. 2017. 城市生活垃圾处理处置及管理: 以湖南省岳阳市为例[J]. 绿色科技, (16): 88-89.
余威震, 罗小锋, 李容容, 等. 2017. 绿色认知视角下农户绿色技术采纳意愿与行为悖离研究[J]. 资源科学, 39(8): 1573-1583.
俞振宁, 邱纪东, 夏楚瑜. 2023. 基于元分析的农户认知对宅基地退出意愿的影响研究[J]. 中国土地科学, 37(1): 80-89.
袁威, 关文晋. 2020. 农村生活垃圾分类处理长效机制优化研究[J]. 中国西部, (4): 111-117.
乐小芳, 栾胜基, 万劲波. 2003. 论我国农村环境政策的创新[J]. 中国环境管理, (3): 1-4.
乐国安, 纪海英. 2007. 班杜拉社会认知观的自我调节理论研究及展望[J]. 南开学报(哲学社会科学版), (5): 118-125, 134.
允春喜, 李阳. 2010. 农村垃圾处理与政府责任: 以山东省茌平县农村地区为例[J]. 南方农村, 26(3): 55-60.
曾贤刚. 2005. 环保产业运营机制[M]. 北京: 中国人民大学出版社: 3-24.
曾小溪, 曾福生. 2012. 农村居民参与环境保护的困境与出路[J]. 湖南农业大学学报(社会科学版), 13(2): 27-31.
占绍文, 张海瑜. 2012. 城市垃圾分类回收的认知及支付意愿调查: 以西安市为例[J]. 城市问题, (4): 57-62.

张爱平, 李民, 陈炜鸣, 等. 2017. 成都周边农村生活垃圾的特性、村民意识与处置模式研究[J]. 环境污染与防治, 39(3): 307-313, 325.

张宝兵. 2012. 我国农村生活垃圾处理制度创新: 基于收费效应的视角[J]. 农村经济, (3): 106-108.

张福德. 2016. 环境治理的社会规范路径[J]. 中国人口・资源与环境, 26(11): 10-18.

张改素, 丁志伟, 王发曾. 2013. 我国中部地区经济密度的时空分异研究[J]. 经济地理, 33(5): 15-23.

张后虎, 胡源, 张毅敏, 等. 2010. 太湖流域农村分散居民生活垃圾与生活污水共处置强化产沼技术[J]. 生态与农村环境学报, 26(S1): 19-23.

张继承. 2010. 生活垃圾回收市场机制研究[M]. 北京: 中国农业出版社: 189-201.

张书赫, 王成军. 2020. 农户参与农村生活垃圾分类处理行为机理研究[J]. 生态经济, 36(5): 188-193, 199.

张舜梅. 2006. 城市生活垃圾收费制度设计研究: 以柳州市为例[D]. 上海: 华东师范大学.

张旭吟, 王瑞梅, 吴天真. 2014. 农户固体废弃物随意排放行为的影响因素分析[J]. 农村经济, (10): 95-99.

张玉玲, 张捷, 赵文慧. 2014. 居民环境后果认知对保护旅游地环境行为影响研究[J]. 中国人口・资源与环境, 24(7): 149-156.

赵晶薇, 赵蕊, 何艳芬, 等. 2014. 基于“3R”原则的农村生活垃圾处理模式探讨[J]. 中国人口・资源与环境, 24(S2): 263-266.

赵群, 曹丽丽, 严强. 2015. 城市居民的环境态度对其环保行为影响的实证研究[J]. 生态经济, 31(8): 159-162.

郑淋议, 杨芳, 洪名勇. 2019. 农户生活垃圾治理的支付意愿及其影响因素研究: 来自中国三省的实证[J]. 干旱区资源与环境, 33(5): 14-18.

郑莹莹, 周锐, 王新军. 2015. 基于 DEA-Tobit 两阶段法的上海浦东新区垃圾转运效率及其影响因素[J]. 生态与农村环境学报, 31(3): 308-313.

钟异莹, 陈坚, 邵毅明. 2020. 基于二阶聚类的城市交通弱势群体细分算法[J]. 计算机应用研究, 37(S1): 132-134.

周玲强, 李秋成, 朱琳. 2014. 行为效能、人地情感与旅游者环境负责行为意愿: 一个基于计划行为理论的改进模型[J]. 浙江大学学报(人文社会科学版), 44(2): 88-98.

朱古月. 2018. 转型期下农村社会的人情变化: 基于黄光国人情与面子的理论模型[J]. 农村经济与科技, 29(3): 227-229.

朱燕芳, 文高辉, 胡贤辉, 等. 2020. 基于计划行为理论的耕地面源污染治理农户参与意愿研究: 以湘阴县为例[J]. 长江流域资源与环境, 29(10): 2323-2333.

邹彦, 姜志德. 2010. 农户生活垃圾集中处理支付意愿的影响因素分析: 以河南省淅川县为例[J]. 西北农林科技大学学报(社会科学版), 10(4): 27-31.

Abbott A, Nandeibam S, O'Shea L. 2011. Explaining the variation in household recycling rates across the UK[J]. Ecological Economics, 70(11): 2214-2223.

Ajzen I. 1985. From intentions to actions: a theory of planned behavior[M]//Kuhl J, Beckmann J.

Action Control. Berlin: Springer: 11-39.

Ajzen I. 1991. The theory of planned behavior[J]. Organizational Behavior and Human Decision Processes, 50(2): 179-211.

Ajzen I. 2002. Residual effects of past on later behavior: habituation and reasoned action perspectives[J]. Personality and Social Psychology Review, 6(2): 107-122.

Akil A M, Foziah J, Ho C S. 2015. The effects of socio-economic influences on households recycling behaviour in iskandar Malaysia[J]. Procedia-Social and Behavioral Sciences, 202: 124-134.

Armitage C J, Conner M. 2001. Efficacy of the theory of planned behaviour: a meta-analytic review[J]. The British Journal of Social Psychology, 40(4): 471-499.

Anderson T L, Leal D R. 1991. Free Market Environmentalism[M]. New York: Palgrave Macmillan.

Babaei A A, Alavi N, Goudarzi G, et al. 2015. Household recycling knowledge, attitudes and practices towards solid waste management[J]. Resources, Conservation and Recycling, 102: 94-100.

Bagozzi R P. 1992. The self-regulation of attitudes, intentions, and behavior[J]. Social Psychology Quarterly, 55(2): 178-204.

Bagozzi R P, Lee K H, van Loo M F. 2001. Decisions to donate bone marrow: the role of attitudes and subjective norms across cultures[J]. Psychology & Health, 16(1): 29-56.

Bai R B, Sutanto M. 2002. The practice and challenges of solid waste management in Singapore[J]. Waste Management, 22(5): 557-567.

Banker R D. 1984. Estimating most productive scale size using data envelopment analysis[J]. European Journal of Operational Research, 17(1): 35-44.

Benítez S O, Lozano-Olvera G, Morelos R A, et al. 2008. Mathematical modeling to predict residential solid waste generation[J]. Waste Management, 28: S7-S13.

Chen L, Wang Y M, Lai F J, et al. 2017. An investment analysis for China's sustainable development based on inverse data envelopment analysis[J]. Journal of Cleaner Production, 142: 1638-1649.

Chen L H, Ye Y C, Chen M Y, et al. 2010. Alegría! Flow in leisure and life satisfaction: the mediating role of event satisfaction using data from an acrobatics show[J]. Social Indicators Research, 99(2): 301-313.

Chu P Y, Chiu J F. 2003. Factors influencing household waste recycling behavior: test of an integrated model[J]. Journal of Applied Social Psychology, 33(3): 604-626.

Cialdini R B, Kallgren C A, Reno R R. 1991. A focus theory of normative conduct: a theoretical refinement and reevaluation of the role of norms in human behavior[J]. Advances in Experimental Social Psychology, 24: 201-234.

Coase R H. 1937. The nature of the firm[J]. Economica, 4(16): 386-405.

Conner M, Armitage C J. 1998. Extending the theory of planned behavior: a review and avenues for further research[J]. Journal of Applied Social Psychology, 28(15): 1429-1464.

Conner M, Sparks P. 2011. Theory of planned behaviour and health behaviour[M]//Conner M, Norman P. Predicting Health Behaviour: Research and Practice with Social Cognition Models.

Maidenhead: Open University Press: 121-162.

Czajkowski M, Hanley N, LaRiviere J. 2015. The effects of experience on preferences: theory and empirics for environmental public goods[J]. American Journal of Agricultural Economics, 97(1): 333-351.

Denhardt R, Denhardt J V. 2000.The new public service: serving rather than steering[J]. Public Administration Review, 60(6): 549-559.

Diekmann A, Preisendörfer P. 1992. Persónliches umweltverhalten: diskrepanzen zwischen anspruch und wirklichkeit[J]. Kölner Zeitschrift Für Soziologie Und Sozialpsychologie, 44(2): 226-251.

Dietz T, Stern P C, Guagnano G A. 1998. Social structural and social psychological bases of environmental concern[J]. Environment and Behavior, 30(4): 450-471.

Dunlap R E, Robert E J. 2002. Environmental concern: conceptual and measurement issues[M]//Caniglia B S, Jorgenson A, Malin S A, et al. Handbook of Environmental Sociology. Connecticut: Greenwood Press: 482-524.

Fishbein M. 1963. An investigation of the relationships between beliefs about an object and the attitude toward that object[J]. Human Relations, 16(3): 233-239.

Fishbein M, Ajzen I. 1977. Belief, attitude, intention, and behavior: an introduction to theory and research[J]. Contemporary Sociology, 6: 244.

Fornara F, Carrus G, Passafaro P, et al. 2011. Distinguishing the sources of normative influence on proenvironmental behaviors: the role of local norms in household waste recycling[J]. Group Processes & Intergroup Relations, 14(5): 623-635.

Fullerton D, Wu W B. 1998. Polices for green design[J]. Journal of Environmental Economics and Management, 36(2): 131-148.

Geller E S. 1982. Preserving the Environment: New Strategies for Behavior Change[M]. New York: Pergamon Press: 345-367.

Goldberger A S. 1964. Econometric Theory[M]. New York: John Wiley and Sons: 324-354.

Gollwitzer P M. 1999. Implementation intentions: strong effects of simple plans[J]. American Psychologist, 54(7): 493-503.

Grossman G M, Krueger A B. 1995. Economic growth and the environment[J]. The Quarterly Journal of Economics, 110(2): 353-377.

Guagnano G A, Stern P C, Dietz T. 1995. Influences on attitude-behavior relationships: a natural experiment with curbside recycling[J]. Environment and Behavior, 27(5): 699-718.

Han Z Y, Liu D, Lei Y H, et al. 2015. Characteristics and management of domestic waste in the rural area of Southwest China[J]. Waste Management & Research, 33(1): 39-47.

Han Z Y, Liu Y, Zhong M, et al. 2018. Influencing factors of domestic waste characteristics in rural areas of developing countries[J]. Waste Management, 72: 45-54.

Han Z Y, Zeng D, Li Q B, et al. 2019. Public willingness to pay and participate in domestic waste management in rural areas of China[J]. Resources, Conservation and Recycling, 140: 166-174.

Hansmann R, Bernasconi P, Smieszek T, et al. 2006. Justifications and self-organization as determinants of recycling behavior: the case of used batteries[J]. Resources Conservation and Recycling, 47(2): 133-159.

Hines J M, Hungerford H R, Tomera A N. 1987. Analysis and synthesis of research on responsible environmental behavior: a meta-analysis[J]. The Journal of Environmental Education, 18(2): 1-8.

Huang W F, Wang J, Dai X Y, et al. 2014. More than financial investment is needed: food waste recycling pilots in Shanghai, China[J]. Journal of Cleaner Production, 67: 107-116.

Imran S, Alam K, Beaumont N. 2014. Environmental orientations and environmental behaviour: perceptions of protected area tourism stakeholders[J]. Tourism Management, 40: 290-299.

Jank A, Müller W, Schneider I, et al. 2015. Waste separation press (WSP): a mechanical pretreatment option for organic waste from source separation[J]. Waste Management, 39: 71-77.

Janet V D, Robert B D. 2002. The New Public Service: Serving, Not Steering [M]. M.E. Sharpe,120-158.

Jones N, Evangelinos K, Halvadakis C P, et al. 2010. Social factors influencing perceptions and willingness to pay for a market-based policy aiming on solid waste management[J]. Resources Conservation and Recycling, 54(9): 533-540.

Kaithery N N, Karunakaran U. 2019. Study on attitude of household waste management in a rural area of Northern Kerala[J]. International Journal of Community Medicine and Public Health, 6(5): 2095.

Kim H, Hur D, Schoenherr T. 2015. When buyer-driven knowledge transfer activities really work: a motivation-opportunity-ability perspective[J]. Journal of Supply Chain Management, 51(3): 33-60.

Klöckner C A, Oppedal I O. 2011. General vs. domain specific recycling behaviour: applying a multilevel comprehensive action determination model to recycling in Norwegian student homes[J]. Resources, Conservation and Recycling, 55(4): 463-471.

Kotchen M J. 2009. Voluntary provision of public goods for bads: a theory of environmental offsets[J]. The Economic Journal, 119(537): 883-899.

Lakhan C. 2015. Evaluating the effects of unit based waste disposal schemes on the collection of household recyclables in Ontario, Canada[J]. Resources, Conservation and Recycling, 95: 38-45.

Lansana F M. 1992. Distinguishing potential recyclers from nonrecyclers: a basis for developing recycling strategies[J]. The Journal of Environmental Education, 23(2): 16-23.

Lim H, Dubinsky A J. 2005. The theory of planned behavior in e-commerce: making a case for interdependencies between salient beliefs[J]. Psychology and Marketing, 22(10): 833-855.

Lord R G, Diefendorff J M, Schmidt A M, et al. 2010. Self-regulation at work[J]. Annual Review of Psychology, 61: 543-568.

Ma Y, Chen L D, Zhao X F, et al. 2009. What motivates farmers to participate in sustainable agriculture? Evidence and policy implications[J]. International Journal of Sustainable Development & World Ecology, 16(6): 374-380.

Mamady K. 2016. Factors influencing attitude, safety behavior, and knowledge regarding household waste management in Guinea: a cross-sectional study[J]. Journal of Environmental and Public Health, 2016: 9305768.

Matthies E, Selge S, Klöckner C A. 2012. The role of parental behaviour for the development of behaviour specific environmental norms: the example of recycling and re-use behaviour[J]. Journal of Environmental Psychology, 32(3): 277-284.

McCarty J A, Shrum L J. 1994. The recycling of solid wastes: personal values, value orientations, and attitudes about recycling as antecedents of recycling behavior[J]. Journal of Business Research, 30(1): 53-62.

Miafodzyeva S, Brandt N, Andersson M. 2013. Recycling behaviour of householders living in multicultural urban area: a case study of Jarva, Stockholm, Sweden[J]. Waste Management & Research, 31(5): 447-457.

Ölander F, ThØgersen J. 1995. Understanding of consumer behaviour as a prerequisite for environmental protection[J]. Journal of Consumer Policy, 18(4): 345-385.

Palmer K, Walls M. 1997. Optimal policies for solid waste disposal taxes, subsidies, and standards[J]. Journal of Public Economics, 65(2): 193-205.

Putnam R D, Leonardi R, Nonetti R Y. 1993. Making Democracy Work: Civic Traditions in Modern Italy[M]. Princeton: Princeton University Press: 231-249.

Ramayah T, Lee J W C, Lim S. 2012. Sustaining the environment through recycling: an empirical study[J]. Journal of Environmental Management, 102: 141-147.

Reschovsky J D, Stone S E. 1994. Market incentives to encourage household waste recycling: paying for what you throw away[J]. Journal of Policy Analysis and Management, 13(1): 120-139.

Rodgers W M, Conner M, Murray T C. 2008. Distinguishing among perceived control, perceived difficulty, and self-efficacy as determinants of intentions and behaviours[J]. The British Journal of Social Psychology, 47(4): 607-630.

Rousta K, Bolton K, Lundin M, et al. 2015. Quantitative assessment of distance to collection point and improved sorting information on source separation of household waste[J]. Waste Management, 40: 22-30.

Saidou H, Aminou S. 2015. Solid waste management in the town of maradi in Niger republic[J]. Journal of Environmental Protection, 6(4): 359-373.

Sakai S, Ikematsu T, Hirai Y, et al. 2008. Unit-charging programs for municipal solid waste in Japan[J]. Waste Management, 28(12): 2815-2825.

Samuelson P A. 1954. The pure theory of public expenditure[J]. The Review of Economics and Statistics, 36(4): 387-389.

Schultz P W, Zelezny L. 1999. Values as predictors of environmental attitudes: evidence for consistency across 14 countries[J]. Journal of Environmental Psychology, 19(3): 255-265.

Schwartz S H. 1973. Normative explanations of helping behavior: a critique, proposal, and empirical test[J]. Journal of Experimental Social Psychology, 9(4): 349-364.

Schwartz S H. 1977. Normative influences on altruism[J]. Advances in Experimental Social Psychology, 10: 221-279.

Sidique S F, Lupi F, Joshi S V. 2010. The effects of behavior and attitudes on drop-off recycling activities[J]. Resources Conservation and Recycling, 54(3): 163-170.

Sinclair R G. 1987. Solid waste reduction through recycling an examination of program design[J]. Masters Abstracts International, 40(7): 203-234.

Steel B S. 1996. Thinking globally and acting locally?: environmental attitudes, behaviour and activism[J]. Journal of Environmental Management, 47(1): 27-36.

Schumpeter J A. 1949. Vilfredo Pareto (1848-1923)[J]. The Quarterly Journal of Economics, 63(2): 147-173.

Stern P C. 2005. Understanding individuals environmentally significant behavior[J]. The Environmental Law Reporter, 35(11): 10785-10790.

Taylor S, Todd P. 1995. An integrated model of waste management behavior: a test of household recycling and composting intentions[J]. Environment and Behavior, 27: 603-630.

Terry D J, Hogg M A, White K M. 1999. The theory of planned behaviour: self-identity, social identity and group norms[J]. British Journal of Social Psychology, 38(3): 225-244.

Tobin J. 1958. Estimation of relationships for limited dependent variables[J]. Econometrica, 26(1): 24-36.

Tonglet M, Phillips P S, Read A D. 2004. Using the theory of planned behaviour to investigate the determinants of recycling behaviour: a case study from Brixworth, UK[J]. Resources, Conservation and Recycling, 41(3): 191-214.

Tucker P, Murney G, Lamont J. 1998. Predicting recycling scheme performance: a process simulation approach[J]. Journal of Environmental Management, 53(1): 31-48.

Valle P O D, Rebelo E, Reis E, et al. 2005. Combining behavioral theories to predict recycling involvement[J]. Environment and Behavior, 37(3): 364-396.

van Liere K D, Dunlap R E. 1980. The social bases of environmental concern: a review of hypotheses, explanations and empirical evidence[J]. Public Opinion Quarterly, 44(2): 181-197.

von Borgstede C, Andersson K. 2010. Environmental information: explanatory factors for information behavior[J]. Sustainability, 2(9): 2785-2798.

Vining J, Ebreo A. 1990. What makes a recycler? A comparison of recyclers and nonrecyclers[J]. Environment and Behavior, 22(1): 55-73.

Wan C, Shen G Q, Yu A. 2014. The role of perceived effectiveness of policy measures in predicting recycling behaviour in Hong Kong[J]. Resources Conservation and Recycling, 83: 141-151.

Young R D. 1990. Recycling as appropriate behavior: a review of survey data from selected recycling education programs in Michigan[J]. Resources, Conservation and Recycling, 3(4): 253-266.

Ye C H, Qin P. 2008. Provision of residential solid waste management service in rural China[J]. China & World Economy, 16(5): 118-128.

Ye Q, Anwar M A, Zhou R T, et al. 2020. China's green future and household solid waste: challenges and prospects[J]. Waste Management, 105: 328-338.

后　记

时光荏苒、岁月如歌，本书作为国家社科基金重点项目“农户参与农村生活垃圾分类处理及其对处理效率的影响研究”（项目编号：18AGL015）的研究成果，从项目立项到项目结题，经历了将近五年时间。令人遗憾的是项目正当全力推进之时，遭遇全球性的新冠疫情大暴发，使原本计划进行的大量的田野调查计划一拖再拖，项目的研究工作一度陷入僵局。随着疫情的蔓延，眼看着时间一天天地过去，而项目无法开展，项目团队的小伙伴们也是心急如焚。无奈之下只能调整原定的研究计划，把大量的外省远程调查改为本省附近的小范围调查，将原本打算大批调查队员的集中式入户调查，改为分散式小组调查和线上线下相结合的调查。伴随着新冠疫情防控形势的时紧时松，课题研究工作也在时快时慢的推进中，经过大家的共同努力，最终还是赶在 2023 年 4 月份完成了预定的研究任务，并提交了结题申请。好在结题评审的专家们体谅了疫情期间这样需要大量进行室外调查项目实施的不易，最终给予了良好等级的结题评价。我们对项目鉴定专家的理解和宽容深表感谢。

如上文所述，本书的形成是集体智慧的结晶，在课题研究的过程中许多专家、同学参与其中。首先是硕士研究生吕骁泓、康佳宁、许骞骞、蔡喆妤四位同学。研究生吕骁泓做了课题的前期预研工作，其硕士学位论文《山区农户参与农村生活垃圾处理机制研究》为本书的形成做了前期准备工作，同时也是本书第 5 章驱动机制部分内容的重要支撑；研究生康佳宁同学于 2017 年开始跟随本人攻读硕士学位，自入学开始就直接参与了课题的研究工作，其硕士学位论文《浙江省农村居民生活垃圾分类意愿、行为及其一致性研究》为课题的重要研究内容，同时该学位论文也为本书的第 6 章内容提供了支撑；研究生蔡喆妤同学自本科阶段就跟随课题从事研究工作，本科期间以课题为依托开展研究，并参与了各类学科竞赛，多次获得省级学科竞赛奖励，其硕士学位论文《农村居民生活垃圾分类准确性及其影响因素研究——以桐乡市为例》是本书第 8 章的重要支撑；研究生许骞骞同学自入学开始就进入课题组学习，参与了农村生活垃圾分类处理效率测算等研究工作，并参与了本书第 7 章内容的撰写工作。在课题研究和本书形成的过程中，博士研究生张书赫、庞婧同学，硕士研究生王悦欢、陈晓婷、余哲等同学参与了课题调查和材料收集整理，以及部分内容的初步撰写工作。另外，在课题研究和本书写作的过程中，还得到了西安财经大学的贾亚娟教授，浙江农林大学的费喜敏副教授和蒋培副教授的帮助，对本书的 2.3 节、3.3 节及 4.2 节等部分内容撰写提供了支撑。在此对他们的付出深表感谢！

本书在形成过程中主要得到了国家社科基金重点项目“农户参与农村生活垃圾分类处理及其对处理效率的影响研究”（项目编号：18AGL015）的资助，同时在研究的过程中也得到了其他相关项目的协助支持，其中部分内容也是这些项目的部分成果，它们包括：贾亚娟教授主持的陕西省自然科学基础研究面上项目“基于选择实验法的引汉济渭工程沿线农村生活垃圾分类治理机制及政策设计研究”（项目编号：2022JM-414）、陕西省社会科学基金项目“乡村振兴战略背景下陕西农村地区农户参与农村生活垃圾治理及模式创新研究”（项目编号：2018S15）和陕西省社科界重大理论与现实问题研究项目“纳入农户偏好的陕西农村生活垃圾分类处理主体协作及模式创新研究”（项目编号：2020Z009）等，以及浙江农林大学蒋培副教授主持的第 63 批中国博士后基金项目“农村生活污染治理研究”（项目编号：2018M631668）等。

在中国式现代化加快发展的新形势下，推进乡村全面振兴是中国共产党和中国政府的重大战略部署，解决农村人居环境污染问题是实现乡村全面振兴的关键，因此，加强对农村生活垃圾分类治理问题的研究的必要性和紧迫性也日益显现。农户是农村人居环境的直接利益相关者，也是农村生活垃圾的直接产生者，在农村生活垃圾源头分类上能够发挥较好的作用，农户能够积极参与农村生活垃圾分类治理，是农村人居环境建设目标能否顺利实现的关键，但在推进农村生活垃圾分类治理的实践中，各级政府在引导农户参与治理的作用还不够显著，农村生活垃圾分类治理的成效与人民群众的期待还有一定差距。推动农户参与农村生活垃圾分类治理的理论创新，突破农户参与农村生活垃圾分类处理的技术瓶颈，实现农户参与农村生活垃圾分类治理的理论创新与推广应用紧密结合还面临着诸多问题和挑战，亟须学者深入研究和系统思考。本书的研究只是做了一点基础性工作，大量的问题还需要后续的研究者深入探索。受限于研究团队水平和主客观条件，书中还有不少疏漏和不妥之处，恳请读者不吝赐教，帮助研究团队在未来的道路上成长进步。

王成军

2024 年 10 月于海南海口